U0006420

鳥類創世紀

神話、餐桌到政治，
改變世界的關鍵物種

TEN BIRDS THAT CHANGED THE WORLD

STEPHEN MOSS
史蒂芬・摩斯

賴皇良 譯

獻給摯友，歷史學者、環保及愛鳥人士露西·麥克羅伯特（Lucy McRobert）

與羅伯·蘭伯特（Rob Lambert），在此致上最深的謝意。

目次

06. 181

南美鸕鶿 GUANAY CORMORANT

某位科普作家曾經粗魯卻一針見血的說道，印加帝國是個「建立在糞便上」的國家。為了成功種植作物，印加人從近海島嶼蒐集鳥糞提供作物生長營養所需。這個做法證實效果驚人：在這片曾貧瘠荒蕪的土地上，一年最多可收成三次。

07. 213

雪鷺 SNOWY EGRET

許多反羽毛交易者批評的對象都不是真正殺害鳥類、也不是從駭人交易中牟利的男性，反而是那些執意戴著羽飾帽的女性。這種厭女氛圍讓那群男性羽毛獵人躲過了大部分的指責。

08. 241

白頭海鵰 BALD EAGLE

在古代社會中，老鷹因顯著的力量、長壽和自由的特質，所以被視為至高權力與威信的象徵。牠們是頂級的獵食者，又習慣翱翔高空，看起來就像神明一樣，於是乎往後那些終將一死的帝王們都想與老鷹建立連結，藉此共享神力。

序言

人人都喜歡鳥。有哪種野生動物能像隨處可見的鳥一樣，更能入我們眼、入我們耳，還跟世人都那麼親近呢？——大衛・艾登堡爵士（Sir David Attenborough）

縱觀人類歷史，一直以來我們都與鳥類共享這個世界。

為了糧食、能量及羽毛，人類不斷地狩獵與豢養鳥類，同時將牠們置於儀式、宗教、神話及傳說的核心。我們雖然毒殺、迫害，也常常妖魔化鳥類，卻也在音樂、藝術及詩歌中讚頌牠們。時至今日，儘管人類與自然界之間的脫節令人擔憂且日益嚴重，但鳥類仍在我們的生活中扮演著不可或缺的角色。

《鳥類創世紀》將專題介紹來自世界七大洲的十種鳥類，內容橫跨整個人類史，闡述人鳥之間這份恆久卻重要的關係；透過講述這些鳥類的生活型態，以及與我們人類的互動，了解到鳥類一直以來總是以某種方式改變著人類的歷史進程。

但究竟為何是鳥？而不是哺乳動物、蛾、甲蟲、蝴蝶、蜘蛛、蛇，或是馬、狗或貓這類被人類馴養的動物呢？雖然以上提到的這些生物跟鳥類一樣，早就為人類所利用甚或歌頌，對我們的歷史文化也有著舉足輕重的地位，然而一直以來，在這世上所有的野生動物當中，鳥類才是與我們人類最親密、最深切、關係最複雜的生物。

一則是因為牠們無所不在。從極地到赤道，在這顆行星上牠們無處不在。遍及各處的牠們不僅止於空間，也存在於時間。春夏秋冬近乎一整年，我們都能看見牠們身影，也能聽見牠們聲音。

不過單憑這點，並無法解釋人類對鳥類的癡迷。我們人類除了擬人化其他物種之外（當然也包含其他非生物，比如汽車），也常常擬人化鳥類，歌頌（有時是譴責）牠們所謂的人類特質*。儘管對鳥類而言，人類是另一種龐大、步履笨重，而且最好避而遠之的生物，但縱觀歷史與各種不同文化就會發現，人們總是覺得鳥類可愛又討喜，而其他物種好鬥又可憎。

舉例來說，我們常用的音樂術語「鳥鳴」（birdsong，這個詞也會讓我們的心情變好），指的是「破曉時的群鳥和鳴」或「管弦樂隊」。我們會將雄孔雀的求偶行為視為好看的「表演」，或覺得企鵝的動作滑稽可笑。但同時，說起猛禽時又將之視為「無情殺手」、將烏鴉視為「狡猾」、將兀鷲看作「吃腐肉的討厭鬼」，而輕易忽視了牠們肩負清理腐肉及動物死屍的重要任務。

我們癡迷於鳥類的兩種生活型態：牠們飛行的能力，以及歌唱上的天賦。而當中我們最羨慕忌妒的就是飛行。第二次世界大戰的飛行員詩人約翰．葛萊斯皮．馬吉（John Gillespie Magee）在字裡行間將這種情緒表露無遺：

> 哦！我掙脫了地球的束縛，乘著銀色的笑聲雙翼在空中起舞……†

---

* 作者註：正如美國作家波莉．萊德福（Polly Redford）睿智的解釋，要是我們想將人類的特質加諸在野生動物身上，那一定會失望：「就像加諸在狗身上的忠誠、豬的貪婪、驢子的固執或狐狸的狡猾，鳥也一樣被加諸了高貴。」《浣熊與鷹：美國野生動物的兩種觀點》（*Raccoons & Eagles: Two Views of American Wildlife*, New York: E. P. Dutton, 1965）。

† 作者註：一九四一年十二月，戰鬥機駕駛員馬吉駕駛的噴火戰鬥機於訓練期間與另一架戰鬥機意外相撞身亡，得年僅十九歲。他的驟逝，使他這段詩作「高飛」的文字顯得更加沉痛。

鳥類乘風而起、飛躍天際的能力（遠遠超出人類的能力，又如此優雅高貴），讓牠們與地表上平庸的我們宛如雲泥之別。這是一種人類自史前時代便開始羨慕忌妒的天賦，而人類之所以能從近兩個世紀前開始仿效牠*，都要歸功於率先發明熱氣球的孟格菲兄弟（Montgolfier brothers）和之後發明飛機的萊特兄弟（Wright brothers）。

時至今日，雖然我們已經能登上飛機抵達天涯海角，卻還是不斷迷戀擁有能力完成同樣旅程的候鳥；畢竟候鳥不需要仰賴現代導航系統，就能找到往返目的地的路徑。

可以說，鳥鳴對我們生活上的許多方面都相當重要，數千年來啟發了無數音樂家、詩人以及日日聆聽的群眾。近來，科學家發現人們迷戀鳥鳴的原因，就是它能讓人情緒轉好。[1]另一方面，對鳥類本身而言，鳴啼更是種攸關生死的行為：它能退敵、吸引同伴及繁殖，趁著短暫的生命消逝前將基因遺產傳給下一代。

我們為何如此在乎鳥類的第三個原因，就是牠們跟我們有著許多同樣的行為習慣。的確，正如文史學者兼播報員伯里亞・薩克斯（Boria Sax）所提到的：鳥類的行為方式有時看起來跟人類社會非常相仿。[2]

但難道這就意味著，鳥類因此得以不斷影響人類的歷史進程，甚至像本書書名所說的，改變了世界？我確信如此沒錯。從本書中談到的故事我們可以得知，一直以來許多特定物種或鳥群對我們人類的歷史事件、當今時事或日常生活等面向，都有著巨大的影響。

從橫跨數世紀的長期積累影響，到人類史上某些短暫卻關鍵的時期發生的特定事件，鳥類帶來了社會革命，最終改變了人們看待世界、看待關鍵轉捩點的方式，也造成了典範轉移（paradigm shifts）。從經濟到生態，鳥類造成的影響顯著不同。

我所選的十種鳥類，皆關係著我們人類的根本面向：神話、溝通、糧食、家庭、滅絕、演化、農業、保育、政治、狂妄及氣候緊急狀態。每一項都與我們自身，還有我們與鳥類密切、持續及不斷改變的關係交織在一起。

本書《鳥類創世紀》大致上按歷史時序敘述，共十個篇章，每章專門討論一種鳥（或一群鳥）。

＊ 作者註：諷刺的是，本書的兩種主角鳥類度度鳥與皇帝企鵝都失去了飛行能力。本來這是為了適應環境並存活，然而後來的結果卻是由於無法藉由飛行來逃離人類的惡行，才導致牠們實質滅絕或有滅絕之虞。

自從諾亞在方舟派出**渡鴉**（Common Raven）後，鳥類就位居迷信、神話還有民間傳說的核心，所以我會從史前時代開始講故事。這群龐大令人生畏的烏鴉家族在北半球的創世神話（creation myths）中占有舉足輕重的位置，舉凡第一批美洲族群、北歐文化、再到西伯利亞遊牧民族，皆有牠們的蹤影。然而渡鴉的影響力卻不侷限於過往；直至今日，牠們仍持續塑造著我們的世界觀。

距今約一萬年前，原本以狩獵採集為生的人類轉換到農業，並定居下來種植作物、豢養牲畜，不久後便發現馴養周遭的野鳥能帶來龐大利益。舉例來說，原鴿（Rock Dove）是一種生性害羞膽小、住在懸崖上的物種，原先也只是養來吃，但之後牠們遠距離攜帶訊息的能力開始備受青睞，所以牠們的後代（**野鴿**，Feral Pigeon）才能分布於世界各地。雖然人們常常詆毀和忽略牠們，但這種不起眼的鳥卻幫忙贏了戰爭，甚至還改變了兩次世界大戰的進程。

馴養鳥類不只能提供我們食物，更能成為我們心靈與社會的寄託。其中一個重要的例子便是美洲的**野化火雞**（Wild Turkey），至今牠仍是英國、歐洲的聖誕晚餐，還有美國感恩節宴會上最重要的菜餚。現今人們將養殖火雞規模化，成為一種產業，這也日漸成為激烈辯論的大哉問：究竟人類是否有權因為一己之私來剝削其他活生生的物種。

十五世紀起，歐洲人四處探險，殖民行動讓全人類所付出的代價及遺緒，至今仍能感受到。

這段期間造成許許多多的鳥類傷亡，其中最知名的莫過於**度度鳥**（Dodo）。這種身形龐大、不會飛的鳥是鴿子的親戚，數千年來一直棲息於大洋上的模里西斯島（Mauritius），十七世紀時卻難以抵禦人類入侵，也無法從伴隨人類過來的各種狩獵型動物的魔爪下存活。今日，這個滅絕象徵教會了我們兩件事：一、我們與瀕危物種之間的關係難題；二、我們該如何才能拯救牠們免於度度鳥的命運。

十八、十九世紀演化科學興起，這門學科威脅並撼動了我們過往建立起的宏偉宗教殿堂。轉捩點發生於一八五九年，那年查爾斯．達爾文（Charles Darwin）發表了《物種源始》（*On the Origin of Species*），這本書大大改變了人們看待周遭世界的方式。然而正如我們理解的（不是達爾文本人）那樣，追隨達爾文腳步的一眾科學家最終會了解，做為演化實踐的經典範例，**達爾文雀**（Darwin's finches）有多麼重要。

人們常認為現代農業是在第二次世界大戰後開始發展。然而一個多世紀以前，廣大南美殖民地的海鳥（**南美鸕鶿**，Guanay Cormorant）鳥糞就為集約農法（intensive farming）帶來了長期的榮景。這點很大程度上永遠改變了北美和歐洲的地景，標誌著耕地鳥類與野生生物長期衰退的開始，同時也改變了我們種植、消費及看待食物的方式。

遭受威脅的還有其他種類的鳥。例如北美的**雪鷺**（Snowy Egret）就曾因為華美的羽毛被拿來製成女性衣帽上的羽飾，成為時尚交易的受害者，導致這種優雅的水鳥瀕臨滅絕。強烈反對這類惡意非法虐殺行為的物種保護人員陸續成立各個鳥類保護組織，當中包含美國的奧杜邦學會（Audubon Societies）以及英國的英國皇家鳥類保護協會（Royal Society for the Protection of Birds, RSPB）。時至今日，雖然有許多勇敢的男男女女致力於拯救世界上的野生物種及其棲息地，卻也因此遭受謀害。

老鷹*總讓人聯想到國家和帝國：首先是牠對古希臘羅馬人的象徵意義；再來是神聖羅馬帝國、德國和俄羅斯的聖像（icon）；最後則以**白頭海鵰**（Bald Eagle）之姿化身為美國的國鳥。不過老鷹在歷史上也曾做為極權主義政權的象徵符號，而有過黑暗的一頁：一開始是納粹德國，如今則在美國極右翼支持者之中現形。究竟這種巨大且強而有力的鳥類是如何表現出人性最黑暗的一面，這段故事讀起來可不會太舒服。

此外，一種既小又無所不在的鳥類居然捲起一場大型運動，著實令人震驚。政治人物常常成為其狂妄傲慢下的祭品，但沒有一個例子能超越這位堪稱萬人之上的專制暴君。曾擔任中國各要職的毛澤東，他的故事為人們帶來啟發：他向大自然發起挑戰，最終落敗。毛澤東對抗**樹麻雀**（Eurasian Tree Sparrow）的戰爭，不只讓該物種近乎滅絕，最終也造成底下數千萬人民的死亡。

最後是**皇帝企鵝**（Emperor Penguin），這是唯一能在南極酷寒的嚴冬下交配繁殖的鳥類。當我們人類還莽莽撞撞的朝全球氣候危機直衝而去時，牠們的命運早已與人類交織在一起。皇帝企鵝的數量正快速下降而瀕臨滅絕，牠們所帶來的警訊會來得太晚嗎？這個警訊會讓我們在這個千鈞一髮時刻懸崖勒馬，並拉大自然一把嗎？

我們從未如此迫切需要質問自己與大自然的關係。在我有生之年，由於棲地喪失、迫害、汙染與氣候緊急狀態等複合因素，導致這顆行星上的鳥類數量不斷驟降。包含鳥類在內，地球上各野生動物的數量相較於一九七〇年代，僅剩一半不到；[3]與此同時，人口數量卻從三十七億增長到八十億，足足增加了兩倍以上。[4]

儘管鳥類數量驟降，卻仍有一絲希望：我們已認識到鳥類對我們以及這顆行星的永續未來而言是如此重要。我們一如既往地仰賴牠們：不只是為了食物、肥料還有羽毛，更是為了強化我們對自然界的理解。牠們無所不在，所以牠們已然成為最重要的守門員。

＊ 編者註：本書提及所謂的「鷹鵰類猛禽」時，多半使用 **Eagle** 這個英文上不太精確的通俗詞彙，但在第八章〈白頭海鵰〉作者會加以解釋這個大眾用字的訛誤。後續若表示通俗上的意義，會譯成中文裡類似語境的「老鷹」；但若指涉鳥類專有名詞，則譯成中文裡的對應譯詞「鵰」。另外，原書的 **Hawk** 則一律譯成「鷹」。特此說明。

現今的環境危機，讓我們和自然界雙雙陷入了混亂與遭受湮沒的危機中，再也沒有比現在這個時刻更能專注於人鳥之間源遠流長、喧鬧及令人癡迷的關係了。這份專注可以幫助我們與鳥兒建立更好的未來。

史蒂芬・摩斯
馬克鎮索美塞特郡
英國

第一章　　RAVEN（*Corvus corax*）

01.

渡鴉

放出一隻烏鴉去；那烏鴉飛來飛去，直到地上的水都乾了。
——《創世紀》第八章第七節

某日早秋，暮色落下，一名住在科羅拉多河波爾德峽谷旁的婦人正在屋外工作。不過她發現難以專注手頭上的工作：不遠處有隻大黑鳥，不斷大聲啞啞的啼著。

渡鴉是種常見的鳥，但牠當天下午的舉止卻讓婦人非常困惑。儘管試著忽略，這隻渡鴉的叫聲卻越來越大、越來越反覆不斷。她事後回想：「牠發了瘋似的大驚小怪。」

她惱怒抬頭，看見這隻渡鴉飛過頭頂，停在上方的一塊岩石上。就在此時，她才意識到為什麼這隻渡鴉的舉止如此奇特。

在離她僅僅二十呎（約六公尺）遠的那堆岩石旁，有隻動物蟄伏在那兒：一頭美洲獅*，牠正用牠那雙黃澄澄的銳利眼神直盯著她。這頭蓄勢待發、準備猛撲上來的野獸超過五十公斤，比婦人還重。身高不到五呎（約一百五十公分）的她大概就是一頭鹿的大小和體重，而鹿正好就是美洲獅的日常獵物。一旦撲上來，她勢必身負重傷；最糟的話會喪命。

這名深陷恐懼的婦人大叫，飛快逃離這頭美洲獅。她丈夫聽見她的慘叫聲後趕抵現場，將這頭肉食動物趕走。

從驚恐中回過神來的她，娓娓道來這千鈞一髮的遭遇。對於整起經過，婦人不疑有它：「是這隻渡鴉救了我。」媒體表示，她的倖存堪稱奇蹟。[1]

讓我們先往後退一步看，把焦點放在這隻鳥的天性和動機上，而不是婦人的想法和感受。為什麼這隻渡鴉會想警告她遠離潛在的致命襲擊？還有，有沒有令人滿意的答案能解答這個問題：在這則故事當中，究竟發生了什麼？

自史前時代起，狼跟渡鴉就已經開始一起找尋食物了，有時是跟人類獵人一起合作，其他時期則與哺乳類的肉食動物一起。由於渡鴉體型太小，有些像鹿一般大的動物只有狼、人類和美洲獅才殺得死。

但跟渡鴉相比，這些大型陸棲哺乳類動物缺少了一項重要的優勢：牠們不會飛。只有渡鴉，才能一口氣勘查大片區域，定位出潛在獵物，再回頭引導狩獵者到目標所在處。如果狩獵者成功獵得目標，盡情享用獵物的肉，那牠們大快朵頤後留下的殘肉剩骨，也夠這些渡鴉好好享用一番了。

雖然我們可能希望將渡鴉的意圖視為善意，然而以這件事來看，不是很可能剛好相反嗎？故事中的渡鴉企圖將那頭美洲獅引誘到婦人身邊，希望能成功獵殺她，之後牠們兩個再好好飽餐一

---

* 作者註：Cougar，學名為 *Puma concolor*（concolor 為同色之意），又稱山獅或美洲獅（Puma）。

頓，這難道不是更可能的發展嗎？著名鳥類學者伯恩德．海恩利許（Bernd Heinrich）在其著作《渡鴉之心》（*Mind of the Raven*）中講了一則故事，正如他所指出的：「我對渡鴉所知的一切……跟以下這點別無二致，就是牠們不只會彼此溝通，更會跟狩獵者溝通，以便獲得獵物。」[2]

為什麼我們常常會誤解鳥類的行為動機？用上面的例子來說，我們實在很難看出這則故事能往其他更好的方向發展。這給我們上了重要的一課：遇見野生動物時一定得小心，別不知所以然就假定牠們「跟我們同一國」。雖然有時確實是如此，但唯有在牠們也能從臨時結盟中獲利時才是這樣。

真相是，渡鴉就跟這本書中的其他鳥類一樣，只想著牠們自己，想著自身的存活。這點我們最好銘記在心。

藉著檢視渡鴉的名字起源，我們可以得知人類與這種鳥有著悠長的共同歷史。在我們拿來給這種鳥命名的名字當中，「渡鴉」是最古老的一個，早在耶穌基督誕生前就已開始使用。*

我們之所以能知道這點是因為，就像少數鳥類名稱如燕子（Swallow）和天鵝（Swan）那樣，拿來給渡鴉命名的這個字，在斯堪地那維亞語、日耳曼語和英語中都長得差不多。[3]因此我們可以合理推論，這些名字有著相同的根源，當然這些根源也都來自於人類對鳥類的模仿叫聲。[4]

今日冰島語中的「hrafn」一詞（其中「f」的音發起來像「v」）與我們史前祖先用來稱呼這種鳥的名稱最為相近，有很高的機會是同義語。這個字的發音方式，是祖先們凝望著冷冽灰暗的天空時，試著模仿烏鴉的醒目叫聲。

跟追隨其他大型狩獵者時相同，渡鴉也時常跟著人類這種狩獵者，這是為了能吃到狩獵者吃剩的食物。但這可不是單方買賣。做為回報，正如我們所見，渡鴉也會指引人類和其他肉食狩獵者意識到獵物的出現。

很早就與人類建立起半共生關係，這點有助於解釋為何渡鴉在眾多早期文化的神話中都占有重要地位。的確，在這世上所有的鳥類中，渡鴉在多個古文明的起源故事中都是核心要角。橫跨整個北半球，從阿拉斯加到日本，穿過英國、愛爾蘭、斯堪地那維亞、西伯利亞再到中東，渡鴉在神話傳說中不只重要；在大部分的文化中，牠更是第一個被神話化的鳥。

在全球的神話中，其他鳥類都各自扮演不同的重要角色。當中有因所謂的智慧，而常被人們提起的貓頭鷹；在亞洲部分地區，因複雜難懂的求偶舞聞名已久的鶴與雄孔雀；與古埃及宗教相

* 作者註：Raven這個字至少可以追溯到西元前一千年中期以前，屬於印度歐羅巴語系（Indo-European family tree of languages）中的一個早期語支——原始日耳曼語（Proto-Germanic），幾乎可以確定比這更早以前就存在這個詞了。

關而受人敬重的朱鷺；代表力量與權力的老鷹（見第八章）；在前哥倫布時期中美洲文化扮演重要角色、最美麗、最受世人追捧的鳳尾綠咬鵑（阿茲特克鳥）。儘管以上鳥類都肩負著重要意義，但在重要性、地理尺度或悠長歷史上，沒有一種鳥能像渡鴉那樣與我們緊密連結。

同樣在歷史上聞名已久的，還有渡鴉所象徵的不祥先兆。這至少能追溯到遙遠的古希臘時期，儘管渡鴉不總是那麼得人信任，但（預言之神）阿波羅還是用渡鴉來傳送消息。[5]最著名的鳥類傳說之一是，如果棲息在倫敦塔*上的渡鴉飛走了，就表示英國和王室將殞落滅亡。[6]

即便在現代世界裡，渡鴉不再鑲嵌在我們的信仰與文化中了，若是美國作家喬治．馬汀（George R. R. Martin）在他的小說《冰與火之歌：權力遊戲》（*A Game of Thrones*）（及之後播出的電視影集）要選擇一種鳥類來做為預言力量的象徵，同時還要能像超強的信鴿一樣傳遞預言，那麼也只有一個可能的選擇：渡鴉。[7]

但又為何，渡鴉是這麼多古今神話的核心呢？是什麼因素讓這個烏鴉家族的成員從不同時代、地區還有各式各樣的文化中被挑出來，擔任重要角色呢？正如出現在故事、神話與傳說中的其他鳥類一樣，這可歸因於牠本身的特質：習性、行為，還有最重要的智力。

聰明、機智、適應力強、狡詐、投機取巧。這五個詞都適用於渡鴉，當然也適用於我們。渡鴉跟人類一同活了數千年之久，如同人類一樣能改變行為來適應不同環境。牠們能解決問題、自經驗中學習，甚至在經歷挫折後改變作法，好提高下次成功的機會。還有，牠們也如同人類一樣，情緒洶湧跌宕：從深惡痛絕到尊重、讚賞甚至愛。

不過以渡鴉的特質來說，還有另一個層面的原因，讓牠成為理想的神話題材，那就是獨立的勇氣。我們從最早期的鳥類著作中首次注意到這個特性，這也是聖經中首次提到鳥類：《舊約聖經．創世紀》中大洪水的故事。

洪水四十天後，挪亞努力想為方舟找一塊陸地停靠，於是他決定放出渡鴉和鴿子這兩種鳥去找，首先派出的是渡鴉，[8]而鴿子緊跟其後，但鴿子沒能找到落腳之地，於是便回到了方舟。至於渡鴉放飛後就未見過了。

渡鴉的這份獨立性，講的是牠不願屈從於當人類的同伴，而且無論文化高低，從古至今幾乎都能從每則渡鴉相關的故事中找到這個主題。三大宗教的猶太教、基督教及伊斯蘭教都抱持共同的信念看法，就是人類優於其他物種（舉例來說，聖經的第一章便寫到了人類主宰其他物種這點）。[9]然而，渡鴉卻反其道而行，除了平等的夥伴關係外，牠一概頑強拒絕，幾乎就像牠把自

＊ 譯者註：雖名為塔，但實際上是一座城堡。

已當成了另一種人類。

對許多觀察家來說，渡鴉確實如此。十九世紀的蘇格蘭鳥類學者威廉・麥吉利弗雷（William MacGillivray）不太會為賦新詞強說愁，他在五冊英國鳥類史著作合集中的史詩級敘述，多半都只是純粹的科學和描寫而已。然而提到渡鴉時，就連他也沒辦法抗拒將牠人格化的誘惑，認為這種非人類的生物具有人類的特質：

> 我知道，英國沒有一種鳥比渡鴉更具備值得敬佩的特質。牠的身體構造，讓牠能夠無畏狂風暴雪，在最酷寒的天氣中生存；牠健壯得足以擊退同樣大小的鳥類，甚至有勇氣攻擊老鷹……至於智慧方面，沒有其他物種能出其右。[10]

麥吉利弗雷簡直不像在讚美鳥類，而是在讚美戰爭英雄或探險家之類的人類夥伴。強烈認同渡鴉擁有人類那最好、有時卻也最壞的性格特質，這點在許多鳥類神話傳說中也都如實呈現。渡鴉亦正亦邪；可以是有力的同盟或可怖的敵人；不潔的食腐鳥類或維持市容整潔的得力助手。*牠們常被視為希望的象徵，卻也同時被當成一種致病徵兆。無論我們如何看待牠們，抑或多麼努力試著想搞清楚牠們，牠們仍舊保持神祕。

我們之後將會認識到這種相當人格化的特質，通常都源自於鳥類本身的行為舉止，也讓渡鴉在我們生活中有著如此扣人心弦的恆久地位。而且，因為我們將鳥類黏著在我們的文化核心之中，所以渡鴉最終也改變了我們看待世界的方式。

那麼在文化、歷史和神話之外，生物學和生態學又是怎麼描述渡鴉的呢？

普通渡鴉†，以及僅分布於非洲之角（The Horn of Africa，非洲東北部的索馬利半島）的厚嘴渡鴉（Thick-billed Raven, *Corvus crassirostris*）是**鴉科**（Corvidae）鳥類中體型最大的鳥種，也是雀形目（Passeriformes）鳥類中目前體型最大的鳥種。雀形目鳥類又稱為「燕雀目」或概稱為「鳴禽」，包含一百四十科、約六千五百種鳥類，全世界的鳥類有一半以上屬於雀形目。[11]

---

* 作者註：在《舊約聖經．利未記》中，渡鴉被判為禁止食用的「可憎之物」，這大概是牠們像眾所周知的兀鷲一樣以腐肉為食，因此也被視為「不潔」。《利未記》第十一章第十三至十五節。

† 作者註：學名為*Corvus corax*，又稱西方或北方渡鴉。當中「Corax」一詞為「嘎嘎叫」之意，指的是鳥深沉且嘹亮的聲音。

如同其他鴉科鳥類，各種渡鴉的體型和體重都不相同。*跟其他通常只能活兩三年的雀形目鳥類比起來，牠們的壽命也不可思議地長，有些更小的物種壽命更短。儘管渡鴉的典型壽命為十年到十五年[12]，卻也曾發現活了二十三年的野生渡鴉。

對渡鴉簡單明瞭又引人咀嚼回味的描述，沒有人能贏過鳥類學者德瑞克．萊特克里夫（Derek Ratcliffe）在其權威著作中的描寫：「外觀上，這是種引人注目的生物……有著厚實尖鋤狀的喙。近看其醒目黑玉般的羽翼，閃透著耀眼斑斕的紫藍青綠光澤，因而更生氣勃勃。在空中，牠展示出勾狀般的雙翼、外張的腳趾與偌大的楔形尾翼。」[13]萊特克里夫花了相當多時日在野外觀察研究渡鴉，並描繪出渡鴉飛行的特質和獨特的叫聲：「在比較悠悠哉哉的時候，渡鴉……常常沉浸於古怪滑稽的飛行姿態、像是翻滾著向下俯衝片刻再反轉，而且牠還會發出低沉、嘹亮而悠長的嘎嘎聲，以便向眾人展現自己的存在。」[14]

要在生物學和文化上釐清並區分渡鴉，一直以來都是件難事，但在萊特克里夫將渡鴉描述成「荒野之心」（the spirit of the wilds）之時，渡鴉在他心中便確實兼具了形體與隱喻的特質。要真正理解渡鴉的特質，我們就必須好好地去看、去聽這種鳥類。一旦近距離體驗過與這種迷人生物的邂逅，我們就不會再將渡鴉錯當成普通的烏鴉了。

跟人類一樣，渡鴉有著難以置信的成就：在幾百萬年前，牠們便已跨越了新舊大陸間的陸橋，所以在整個北半球都可以見到牠們的蹤跡，包含廣袤的歐亞大陸還有大部分的北美洲。[15] 最終，在鴉科的一百三十多種成員中，渡鴉是世界分布範圍最廣的一個。

渡鴉之所以能這麼成功，一個關鍵是牠有辦法適應多樣的氣候條件、棲地還有海拔等差異。鳥類學者克萊爾・伍思（Karel Voous）解釋，唯有遊隼（Peregrine）有辦法活用較大的環境變化；[16] 一本探討西古北區†（歐洲、北非及中東）鳥類的著作也表示，渡鴉有很好的適應力，所以「棲息地」（habitat）這個概念很難適用在牠身上。[17]

渡鴉的分布地區北至極圈內，南至北非沙漠；遍布於丘陵、海岸、森林、農地還有城市郊區；海拔高至聖母峰前三分之二段的路程，低至北太平洋島嶼。在這些地方儘管有時很不容易，

＊ 作者註：典型的成年渡鴉身長六十至七十公分，翼展一百至一百五十公分長，體重一點一五至一點五公斤，平均來說雄鳥會較雌鳥來得大又重。以此判斷，比起世界上最小的雀形目鳥類——侏儒叢林山雀（Pygmy Bushtit），渡鴉的身長長了八倍、體重則重了三百倍，若與小嘴烏鴉（Carrion Crow）和短嘴鴉（American Crow）相比，則重了兩倍半之多。

† 譯者註：Palearctic，正式名稱為古北界（Palearctic realm），為八個生物地理分布區下的一區。

但牠們已與人類發展出緊密的連結。這種關係可以追溯到數千年前，早在現代人類文明初始之前。

正如萊特克里夫所解釋的：「在歷史中，渡鴉……跟其他鳥類比起來，與早期的人類文化生活也許更加緊密。」[18]我們之後會認識到，這種關係將以不尋常、且往往令人訝異的方式自我揭露，有些事甚至我們才剛得知不久而已。

二〇〇九年九月二日，業餘考古學者湯米・奧萊森（Tommy Olesen）在東丹麥萊爾鎮近郊某處挖掘時，發現了一尊迷你銀雕。這尊小雕像高僅十八公釐重，也只有九公克。兩個月後，這則消息在羅斯基勒博物館（Roskilde Museum）向附近媒體及公眾公開，該雕像現今於該館展出。

雕像的歷史可追溯至西元九百年前後，雕的是位居王座、左右各伴著一隻鳥的人。這個人的身分一直以來都有爭議，但仍以「萊爾的奧丁（Odin of Lejre）」為人所知，而且大部分專家也相信上頭雕的就是北歐神奧丁，和祂身旁那兩隻忠誠的渡鴉：福金（Huginn）和霧尼（Muninn）。[19]

在北歐神話眾多廣為人知的角色當中，奧丁*的名氣僅次於雷神索爾（近期因漫威電影宇宙英雄系列而聲名大噪）而已。獨眼的絡腮鬍奧丁又被稱為眾神之父（father of the gods），跟祂關係緊密的那對渡鴉為祂帶來睿智的特質，奧丁也因此特質受人歌頌。這兩隻渡鴉的名字，福金代表「思想（thought）」，霧尼則代表「記憶（memory）」或「心智（mind）」。[20]

根據傳說，每日早晨這兩隻渡鴉會先飛到世界各地，再回到奧丁肩上向他低語報告旅途上的所見所聞。與渡鴉的親密關係讓奧丁得到「渡鴉之神」（Ravneguden，丹麥語）的稱號。[21]

學者長期以來爭辯這兩隻渡鴉的象徵意義。有些人認為，牠們與奧丁共享自身思想的能力跟薩滿教有關，薩滿巫師會藉著進入近似恍惚的狀態[22]來與靈界建立連結，此外這兩隻渡鴉也代表北歐神話「fylgja」（冰島語，意為跟隨、遵從）的概念，包括在人類與動物間轉換形體、好運跟守護神等等。[23]

這兩種概念大大影響了《冰與火之歌》的情節走向。劇中殘疾的小男孩布蘭†時常進入恍惚狀態並「化身」為三眼渡鴉，化作渡鴉後，他便有了能看見過去、現在及（以第三隻眼）看見未來的能力。‡

* 作者註：在斯堪地那維亞和包含盎格魯撒克遜在內的日耳曼國家，奧丁在神話和民間傳說中占有舉足輕重的地位，而祂的名字「沃登（Woden）」的變體寫法，至今仍存在於一週裡的那天之中：星期三（Wednesday）。

† 作者註：這個名字源於凱爾特語（Celtic），渡鴉或烏鴉之意。

‡ 作者註：馬汀稱這種天賦為「綠之視野」（Greensight），意為「在夢中感知未來、過去或離現在不遠之事件的能力。」雖然在《冰與火之歌》中，人類角色經常莫名死亡，但渡鴉幾乎從第一頁到目前為止發行的第五部為止都持續存在（在整整八季電視劇中也是）。奇怪的是，比起正常世界的渡鴉，劇中渡鴉的聲音極為奇特，有點哽咽、更高亢卻又沒那麼嘹亮。我猜那是烏鴉的錄音。

作者馬汀已證實，在他把這種鳥放進故事的核心時，心中早先已有了奧丁和渡鴉。他將渡鴉形容為「無所畏懼、好打聽、擅長飛行……還有兇猛到甚至連最大型的鷹要攻擊牠們前都得三思。」他也解釋了牠們的卓越智力，並總結「我的學士們拿牠們來當信使，並將七大王國維繫在一起，這也就不奇怪了。」[24]

除了渡鴉外，奧丁也常被跟兩匹狼描繪在一起，分別是基利（Geri）與庫力奇（Freki）。一直以來牠們的象徵與內涵都是人們思索的主題，其他人則認為牠們存在的根源來自真實世界。海恩利許則認為在描述奧丁時，人、狼及渡鴉之間的關係得依靠行為來解釋，而非象徵意義。[25]

他解釋道，這反映出了三種蓬勃發展的種族間的真實關係：即早期獵人與這兩種野生生物之間的共生或互利。正如他所指出的，「生物學上的共生關係，就是一種生物／有機體通常會支持著另一（些）物種的貧乏。」獨眼的奧丁需要他人幫助才能看得見；而且祂還滿健忘的；因此那兩隻渡鴉便成為祂的助手：「加上兩頭隨侍在側的狼，所以人／神—渡鴉—狼之間的關係，就像個單一的有機體，牠們各司其職；渡鴉扮演著眼睛、心智及記憶的角色，兩隻狼則負責供應食物與營養。」[26]

海恩利許繼續討論這份關係，以及它象徵我們與自然界脫節的起因。奧丁神話將人類與這兩種生物的關係，被他概括為所謂的「強大的狩獵聯盟」。[27]

然而，隨著時間流逝和人類文明的進展，人、狼與渡鴉之間的連結卻開始瓦解。當我們祖先的生活方式由游牧、狩獵採集轉換到農耕這種安穩的生活型態時，我們與渡鴉的關係就改變了：從合作同盟轉變為競爭敵人。*

過去數千年間，這種轉變使得渡鴉複雜又不斷變動的命運裡有了第一次顯著變化：從英雄變成惡棍——當然，之後又會變回來。

從斯堪地那維亞到北美的太平洋西北地區，在幾乎大半個世界的古老文化與神話中，渡鴉都占據了重要地位。如同歐洲的原住民一樣，第一民族†早早就與渡鴉建立起密切的共生關係，以幫助他們尋找食物。[28]因此，將渡鴉融入他們的起源神話中，也僅是其中小小的一步而已。[29]

---

* 作者註：順帶一提，英文字「ravenous」的語源來自於渡鴉貪婪進食的習性：見瑞秋・華倫・查德（Rachel Warren Chadd）及瑪麗安・泰勒（Marianne Taylor）合著的《鳥：神話、傳說與傳奇》（*Birds: Myth, Lore and Legend*）。然而，儘管這個字的英文拼法（由 ravinous 或 ravynous 轉變為 ravenous）可能是後期才（巧合的）與這種鳥的名字連結，但《牛津英語詞典》中卻解釋，這個字的語源其實完全不同。

† 譯者註：the First Nations，泛指加拿大境內的北美原住民。

在這些原住民文化之中，渡鴉被當成世界及宇宙（包含太陽月亮）的造物主。這些神話故事都有著常見的主軸：渡鴉可以變換形體、幻化成人或動物，保持神祕，以及為人類同伴提供寶貴的學習經驗。最重要的是，渡鴉維持極度獨立：牠受慾望驅使，為的不是他人，而是滿足自身的需求。如同我們將在人類與渡鴉共同的歷史上見到的，這點正是兩者關係密切的核心。30

在這些神話故事中，常常都有「火」這個元素，比如某個神話故事，渡鴉原本潔白的羽翼因攜帶火把帶給大地溫暖，而被燻個焦黑。然而，這種鳥的象徵意義仍然模稜兩可：牠代表了造物主，但同時也是個調皮的搗蛋鬼——我們通常不會把牠跟無所不能的神祇聯想在一起。31 這裡跨越白令海峽到俄羅斯的堪察加半島，我們同樣能找到以渡鴉為主題的類似創世神話。這裡的渡鴉就跟北美的一樣，常被描繪成騙子。北美原住民的祖先起源於亞洲東北部，並在大約一萬四千年至兩萬年前向東進入北美洲，所以這兩種文化之間有如此密切的關係，也就不那麼令人意外了。

其他地方像是古希臘、羅馬、凱爾特文明、中國、日本、印度、澳洲還有中東的神話，渡鴉一樣占有重要地位：除了聖經之外，古蘭經中的渡鴉也向該隱示範如何埋葬那位受害者，也就是他的弟弟亞伯。32

在人類歷史中，渡鴉不是只有象徵面，在實際面也有相當的意義。戰場上常可見這種大型的黑色鳥類，舉凡古希臘羅馬到撒克遜、維京、諾曼等種族的戰場，十五世紀的玫瑰戰爭，再到一七四六年英國本土的血腥遭遇戰——卡洛登戰役（the Battle of Culloden），都有牠的蹤跡。牠們出現在戰場上的理由只有一個：以死屍還有將死之人為食，通常會先從眼睛這類柔軟部位開啟饗宴。因為這種令人生厭的習性，牠們常被認為是死亡或災難的徵兆。[33]愛德華·阿姆斯壯（Edward A. Armstrong）於一九五八年出版的《鳥類民間傳說》（*The Folklore of Birds*）一書中相當看重渡鴉的這種特性，他花了整整一章描述渡鴉，更煞有介事地將標題命名為〈厄運與洪水之鳥〉（The Bird of Doom and Deluge）[34]。然而就像神話與民間傳說中的眾多鳥類一樣，阿姆斯壯相信渡鴉不僅僅只有邪惡這種單一面向的象徵意義；牠具有微妙而相當矛盾的面貌，能扮演亦正亦邪的角色。而且，牠也如同牠的遠親喜鵲，可以同時具備好運與厄運兩種象徵，下面這首傳統民謠就唱出了這點：

看見一隻渡鴉是好運，這是真的
但偶遇兩隻就是歹運
遇到三隻就是見鬼了！[35]

不過，人類至少還是能暫時習慣有渡鴉在身邊。在許多文化中，渡鴉的其中一個常見角色，就是在精神與實際面上引導人類。對於需要出海遠航的維京人來說，渡鴉既是重要象徵，也很實用。渡鴉讓人聯想到死亡，所以戰士會用渡鴉圖像裝飾他們的盾牌和旗幟，相信這樣就能恫嚇敵人。而當維京人開船橫越北海、準備入侵英國時，還會利用渡鴉幫忙找陸地靠岸。36

西元九世紀，一位名叫弗洛基・維爾格達森（Flóki Vilgerðarsson）的古斯堪地那維亞探險家打算遠離家鄉，試著前往冰島（這座島嶼早在這幾年前就由他的同胞納多德〔Naddodd〕意外發現）。37相傳他帶了三隻渡鴉幫忙尋找陸地。在他放出第一隻渡鴉後，這隻渡鴉朝著來程的路上飛了回去，這表示他們還得再航行好一段路程。第二隻則在船的上方飛著飛著就回來了，這意味著他們仍在茫茫大海中，距離陸地相當遙遠。第三隻則飛上天際，然後頭也不回地朝西北方向飛去。佛洛基意識到，這表示他要找的那塊地就在不遠處，於是便跟著這隻渡鴉成功抵達冰島。因為利用渡鴉找尋陸地，所以他被戲稱為「渡鴉佛洛基」（Hrafna-Flóki），「Hrafna」就是渡鴉的意思。38

就像許多神話與民間傳說，這則故事同樣也以渡鴉的習性為基礎元素。古典學者兼鳥類學者傑洛米・麥納特（Jeremy Mynott）舉出一則故事，表示渡鴉有種特殊能力，可以向來自四面八方的其他渡鴉「共享」戰況：「西元前三九五年，經過色薩利法薩盧斯這場極為慘烈的屠殺後，據說現場聚集了數量龐大的渡鴉，『牠們拋棄了平常的棲息地……意味著牠們藉著某種感官來彼此溝通』（後面這句引述自亞里斯多德）。」[39]

從這類故事和人類與渡鴉的接觸來看，全都歸結到了古今人們所普遍相信的特質：渡鴉非常聰明。正如海恩利許指出的，從古北歐人一路到動物行為研究先驅的康拉德・勞倫茲（Konrad Lorenz），大家都認為渡鴉是世上最聰明的鳥類之一。

像其他鴉科鳥類一樣，渡鴉的腦與體型的比例比起大部分的鳥都來得大，因此得以執行其他物種無法執行的複雜任務。舉例來說，田野調查與實驗室研究中都表明，禿鼻鴉（Rook）尤其擅於解決問題，[40]而新喀鴉（New Caledonian Crow）不只會製造和使用工具，更會根據特定任務選擇對的工具，這顯示出牠們能為未來做規劃：這曾被視為是人類獨有的能力。[41]

渡鴉非常聰明，但或許更重要的是，人類觀察家通常將牠們的這項特點理解成具備智慧、狡猾、機警和預知能力。[42]乍看之下，這似乎是又一個我們將人類特質強加在鳥類身上的案例，但不是這樣的：渡鴉**真的**具有高度智能。的確，一項近期的科學研究顯示，渡鴉執行複雜任務的能力堪比大猩猩。[43]另一則研究解釋，渡鴉可以像大猩猩一樣延遲享樂（delayed gratification），為了更大的獎賞而延遲當下的獎勵。[44]許多科學家也相信渡鴉展示了何謂「心智理論」，即有能力理解他人的想法和心理狀態。[45]

似乎是為了證明古希臘和其他早期文明認為渡鴉具有原因不明的溝通能力這點可能是正確的，語言學者德瑞克．比克頓（Derek Bickerton）表示，渡鴉是所有動物群體中唯四（其他分別是人類、螞蟻和蜜蜂）可以展現「超越時空性」（displacement）的動物，即溝通在空間或時間上非屬當下的概念的能力。[46]就像蜜蜂會用「來回舞動」來指出花蜜與蜂巢的相對距離和方位，獨自覓食的渡鴉也可以在晚上棲息時，將屍體腐肉的所在地傳達給同伴知道。或許這就是一成群的渡鴉會被喚作「陰謀」（conspiracy）的原因。*

渡鴉的成鳥與幼鳥會從事一種看起來像在「玩樂」的活動：牠們會成雙成對或獨自在空中翻滾，或從雪堆上滑下來。[47]我常常看見個別渡鴉突然上下顛倒著飛，之後又馬上翻轉過來，除了看起來好玩之外，沒有什麼顯而易見的理由。

所以，儘管將渡鴉與人類進行過於相近的類比，有時得格外小心，但當我們目睹這種種行為時卻很難不這麼做。這種聰明、既光明又黑暗的特質，也理所當然影響了經典文學與大眾文化中的渡鴉形象。

一提到文學作品中的渡鴉，你可能會立刻聯想到「渡鴉曰：『永不再』（Quoth the Raven, "nevermore"）」，出自十九世紀美國作家埃德加．愛倫．坡（Edgar Allan Poe）最知名的敘事詩《渡鴉》（*The Raven*）。[48]這首詩於一八四五年一月問世，之後不到五年愛倫・坡就逝世了。這首美國歌德文學的名作廣受歡迎，出版兩百年後仍歷久彌新；如今在網路上的詩作排行榜，它幾乎都高居前十。[49]

《渡鴉》以一種奇特的輕鬆活潑卻詭異不祥的節奏，訴說著一名男子的故事。他「在沮喪的午夜」被敲門聲吵醒。原來訪客是一隻渡鴉，牠進了屋子就只會說一個詞：「永不再」。這段人鳥之間的對話幾乎都是單向的，男子意識到渡鴉不斷重複同樣的字，這讓他憶起了他失去的愛人愛勒諾，於是男子一點一滴焦躁地生起氣來。漸漸地，他陷入瘋狂，對著這隻渡鴉大罵道：「頑強，醜陋，恐怖，枯瘦的不祥之鳥。」

如同許多古神話中的渡鴉，愛倫・坡主要將渡鴉當成戲劇技巧來使用：映射，同時多少加快了男子的心理崩潰。在渡鴉出現的其他文學作品當中，同樣的描繪手法不斷出現，而且幾乎都將渡鴉用來當作不祥的預兆。

舉例來說，莎士比亞《凱薩大帝》（*Julius Caesar*）的最後一幕開頭，渡鴉、烏鴉還有鳶鳥飛過一群注定失敗的刺殺軍上頭：

---

* 譯者註：一群渡鴉，除了可以用「conspiracy」這個集合名詞來稱呼，也有用「不仁」（unkindness）來稱呼的。

……在我們的頭頂盤旋，
好像把我們當成垂斃的獵物一般。

無須多言，這群鳥正是在譴責可怕的弒君行動。[50]當莎士比亞找到合適的象徵意義後，多半會傾向重新創作，再次使用。因此在《馬克白》（*Macbeth*）中，馬克白夫人如此宣告：

鄧肯要到我的城堡裡來，
這凶兆的消息就是由渡鴉來報，也要嘎聲吧。[51]

我們可以從該劇前頭的這段台詞中推知，鄧肯可怕的噩運在他真的被謀殺前早已預先鉛封——封在渡鴉啼叫的凶兆聲當中。在《哈姆雷特》（*Hamlet*）中，渡鴉同樣以注定失敗的凶兆樣貌出現，「聒聒叫的渡鴉喊著要復仇」；[52]然後是《奧賽羅》（*Othello*），同名悲劇英雄哀嘆著，痛苦的記憶返回他身邊「就像預兆不祥的渡鴉在染疫人家的屋頂上迴旋一樣」。[53]受到快要能夠享用的屍體所吸引，渡鴉在感染瘟疫的患者住屋上聚集。想必莎士比亞的觀眾會拿此來當成熱門參考。

另一部跟渡鴉有關聯的知名文學就友善多了，那是個關於寵物、而不是瘟疫的故事。查爾斯·狄更斯（Charles Dickens）在倫敦家中養了三代的寵物渡鴉（這三隻都叫同一個古怪名字：格里普〔Grip，提把之意〕），專門嚇唬小狗和作者的小孩。[54]在狄更斯一八四一年出版的小說《巴納比·拉奇》（*Barnaby Rudge*）中，渡鴉地位舉足輕重。其中一隻甚至跟著他橫越大西洋到費城，在那裡碰到了愛倫·坡本人。大家都相信，就是這次相遇才激發了愛倫·坡創作出他最知名的那首詩。[55]

愛倫·坡的《渡鴉》和莎士比亞等其他引用渡鴉的文學作品，常常都會聚焦在渡鴉的聲音上。海恩利許將這點跟奧丁渡鴉的故事連結在一起，祂的渡鴉每天遊歷回來後都會向祂報告。然而他也指出矛盾之處：儘管渡鴉的叫聲引起眾人的興趣與評論，但「我確信我們對此也所知不多。」[56]海恩利許總結：「我可以從渡鴉的聲音和肢體語言察覺到驚訝、快樂、逞強及自我膨脹，但我沒辦法這樣辨識出麻雀或鷹的各種情感變化。」[57]

如果不是因為以下這兩點，那麼人們可能很容易就會認為，這只是海恩利許在擬人化渡鴉罷了。首先，海恩利許已經觀察研究渡鴉八十多年了，如果他說可以察覺到牠們的這些情緒，我們就該認真看待。再來，不是只有他這樣認為：任何跟渡鴉相處過的人都知道，牠們的叫聲的確很具人性。也許，這可以用來解釋愛倫・坡那首經久不衰的人氣詩，詩中的渡鴉催眠般地反覆唱誦著「永不再」。*

流行文化中很常引用古典文學，雖然這種引用有時顯而易見，但以隱晦方式出現卻更常見，比如那些眾所周知的故事會轉化成新書新電影中的基本劇情再重新推出。所以一九九〇年十月，當《辛普森家庭》（*The Simpsons*）電視節目的片商決定以愛倫・坡的《渡鴉》為藍本，設計萬聖節〈恐怖樹屋〉（*Treehouse of Horror*）那集的部分內容時，也就不令人意外了。更不尋常的是，當時該劇仍被視為兒童觀賞的卡通，但片商卻選擇完整保留全詩未加以刪減。劇中由聲音富有磁性的好萊塢演員詹姆斯・厄爾・瓊斯（James Earl Jones）擔任旁白，辛普森一家的成員各自扮演詩中角色，這堪稱電視上的壯舉；古典文化與流行文化結合的佳例。[58]它處理得很有趣，卻也讓人驚訝不安。

許多現代文學作品也會加以描繪渡鴉；同樣地，它們也紛紛援引既有的神話和傳說。一九三七年，托爾金（J. R. R. Tolkien）在他最暢銷的兒童奇幻小說《哈比人》（*The Hobbit*）中[59]讓羅克（Roäc）和卡克（Carc）兩隻老渡鴉擔任要角。牠們的名字明顯取自擬聲詞，而這點也明顯取自福金和霧尼。

電影製片人華特・迪士尼似乎一直都特別鍾愛渡鴉。所以牠們會在最早期的足本動畫劇情片現身，如《白雪公主》（跟《哈比人》同樣於一九三七年發行），以及一九五九年的動畫電影《睡美人》（劇中名叫迪亞佛〔Diablo，西班牙語的「魔鬼」，亦有「妖術」之意〕）。《睡美人》在二〇一四年重製為《黑魔女：沉睡魔咒》（*Maleficent*）及二〇一九年的續集《黑魔女2》（*Maleficent: Mistress of Evil*），劇中渡鴉能夠化為人形（又一次對渡鴉與薩滿教的致敬）。如同那些古老神話，迪士尼作品的渡鴉非常多變：時而有趣、時而詭計多端、時而不祥，但更常同時三者兼具。

路易斯・卡洛爾（Lewis Carroll，維多利亞時代作家兼數學家查爾斯・道奇森〔Charles Dodgson〕的筆名）也讚賞渡鴉複雜又多變的特質。在他一八六五年的最暢銷著作《愛麗絲夢遊仙境》（*Alice's Adventures in Wonderland*）中，瘋帽客（Mad Hatter）在茶會上向賓客提出一道謎語：「為什麼渡鴉長得像寫字檯？（Why is a raven like a writing-desk?）」世世代代的讀者都試著用各種

＊ 作者註：諷刺的是，儘管《渡鴉》讓愛倫・坡家喻戶曉，他卻沒從這首史上最常再版、最被廣泛引用的詩作中賺到錢。至今，從美式足球巴爾的摩烏鴉隊〔Baltimore Ravens〕的隊名上仍能清楚見得這份遺產。這個隊名的來源，一方面是一九九六年由粉絲所票選出來的，二方面是為了向當地的棒球隊巴爾的摩金鶯隊〔Baltimore Orioles〕致敬，三方面則是因為愛倫・坡葬在這座城市。

角度尋找這個不解之謎的答案：包括現實面（渡鴉的雙翼對應寫字檯的兩個蓋子〔flap，有封蓋和振翅等意思〕）、概念面（因為兩者都會產生note＊）再到超現實面（小說《美麗新世界》作者阿道斯・赫胥黎〔Aldous Huxley〕的解答：「因為兩者都有一個『b』，而且都沒有『n』。」〔Because there is a "b" in both, and there is a "n" in neither.〕）。[60]†

現在大部分的評論員都認為卡洛爾是故意戲弄讀者，謎題根本無解。也許是因為我們一直都用渡鴉本就富含多重意義的目光來看待渡鴉，所以作者才選了渡鴉來提問。

幾世紀以來，渡鴉歷經古神話傳說、古典文學再到大眾文化，種種這些都大大影響了今日我們看待牠的態度。做為狩獵夥伴、有益的食腐動物，以及時而致命的死敵，這種生活在我們周遭的迷人鳥類，實在很難避免被長遠的歷史淵源給塑型。

我們已經理解早期人類究竟是如何跟渡鴉塑造出密切的共生關係。牠們會隨行狩獵旅途，並指引獵人到潛在獵物的所在地。但當我們祖先從狩獵轉為農業後，渡鴉如今會吃掉珍貴的大量莊稼，這就等於威脅到人類的生計，於是渡鴉很快地就從盟友變成了敵人。[61]

自中世紀起一段期間，渡鴉在歐洲大部分地區扮演的角色以及我們看待渡鴉的態度，又再次發生了轉變。渡鴉與紅鳶一同成為城鎮中令人熟悉也大受歡迎的食腐動物；牠們是保持街道免於腐爛動物死屍遍布的「清潔隊」。一位十五世紀末的威尼斯旅人驚訝的指出，英格蘭的渡鴉甚至還受敕令保護。「那裡的人不會厭惡我們所厭惡的東西……渡鴉可以隨意嘎嘎叫，沒人會在意預兆什麼的；在那裡殺害渡鴉甚至還會遭到處罰，因為他們說，渡鴉會保持鎮上街道的整潔。」[62]

但自十八世紀初期開始，隨著城市的衛生條件改善，對這些鳥類的需求就跟著下降，公眾輿論的風向也開始不利於紅鳶和渡鴉。當時的狀況是迫害且不保護。同樣的情形也發生農村，那裡的渡鴉一直以來都靠死去的牲畜為食，大概就像現在以獵殺小型動物出名的禿鼻鴉和烏鴉一樣。十九世紀初時，英國幾乎每個郡都有渡鴉的蹤跡，但到了維多利亞女王一九〇一年統治結束時，儘管渡鴉在英格蘭最南端的幾個郡仍有立足之地，但已經從英格蘭中部和東英吉利（East Anglia）等地消失了。[63]

對渡鴉持續的騷擾、迫害與威脅，導致牠們被迫逃往遙遠的高地避難。以萊特克里夫的話來說就是：渡鴉成了「被僻地、牧羊場、高沼地、山區和岩石海濱所拋棄的生物。」正如十九世紀

---

* 譯者註：取 note 的兩個意思：筆記、音調。

† 譯者註：字面意思如內文（雖然正好相反），但這句話想說的其實是：both 這個字中有一個「b」，而 neither 這個字中有一個「n」。赫胥黎之所以玩文字遊戲，答非所問，目的是為了鼓勵對未知事物的發問：只有提出問題，才有想像思考的空間跟可能。

博物學者兼獵人阿貝爾・查普曼（Abel Chapman）所稱：「如今的渡鴉就是一群突然消失生物的典型例子，跟狼、熊和野豬一樣。」[64]英國的高地名稱有許多都以渡鴉命名，這並不是巧合。特別是雷文斯克雷格（Ravenscraig）、雷文斯卡（Ravenscar）和雷文斯代爾（Ravensdale），分別指渡鴉的懸崖、岩石和河谷，都是在描述牠們棲息地的地景。[65]

然而就連在這些偏遠地區，牠們仍遭受迫害。自十七世紀到十九世紀，一隻死渡鴉（無論幼鳥或成鳥）可換得四個古便士（約相當於今日的四英鎊）的獎賞。[66]詩人威廉・華茲華斯（William Wordsworth）這麼回憶他童年的風俗：「我常常想起〔一七七〇或一七八〇年代〕在霍克斯黑德教堂墓園懸掛著一串串羽翼未豐的雛鴉，那是因為願意冒險的獵鴉人都可以獲得豐厚的獎賞。」[67]

羅傑・洛夫格羅夫（Roger Lovegrove）在著作《沉默的野外》（*Silent Fields*）中曾鉅細靡遺地描述英國的「害鳥」迫害史，他表示接下來的兩百年和更久遠的以後，渡鴉都會持續被迫害、毒殺和侵擾。事實上，蘇格蘭部分地區允許殺害渡鴉的法律，即便在一九五四年的《鳥類保護法》（*Protection of Birds Act*）頒布後仍長期存在，一直要到一九八一年才撤除。[68]

渡鴉的死敵並不只有牧羊場主人與賞金獵人而已。十八、十九世紀興起的野雞射獵活動，以及獵場看守人決意保護他們珍貴的鳥類獵物，這兩點實際上都判了鴉類死刑。洛夫格羅夫表示，低地渡鴉數量的減少，完全肇因於「普遍且持續的迫害，尤其來自牧羊人和獵場看守人。」[69]

至今，渡鴉（以及其他捕食性動物，如灰澤鵟〔Hen Harrier〕和金雕〔Golden Eagle〕）在許多私人獵場仍持續被違法迫害。儘管如此，渡鴉的生存領域仍在擴大：歷經幾世紀的迫害後，牠們最終橫跨英格蘭低地，返回牠們以前的棲息地，甚至象徵性地回到了多佛白色懸崖（White Cliffs of Dover）繁殖。[70]

讓我們理性看待一下這樣的說法：一九七〇年代開始接觸鳥類時，為了看到我的第一隻渡鴉，我得從我倫敦的家旅行超過三百公里，前往北威爾斯的史諾多尼亞（Snowdonia）。三十年後，當我搬到索美塞特郡低地（Somerset Levels）時，住在這兒的頭一兩年很少看見渡鴉。如今在這些沼澤平原，已經常常能見到或聽到牠們了；而二〇二〇年春天因新冠肺炎（Covid-19）第一次封城時，我在離家不到一英里的某個野外，就碰見過不下三十五隻的這種大型鳥類。

這些我的個人經驗，有《地圖集》（*Atlas*）的定期調查數據支持，這是一九六〇年代起業餘賞鳥人士受英國鳥類學信託基金會之託而展開的調查。該基金會的第一份鳥類繁殖《地圖集》，調查時間自一九六八年至一九七二年，範圍涵蓋幾乎整個英國北部和西部的高地及海岸，但實際紀錄並不包含低地以及東部南部。[71]《冬日地圖集》（*The Winter Atlas*）的調查時間則為一九八一年至一九八四年，數據幾乎沒什麼變化：兩者的調查都顯示，無論在繁殖期或冬季，十平方公里內渡鴉的棲息地僅占一半不到（百分之四十四）。[72]

大約再往後快轉四分之一世紀，二〇〇七年到二〇一一年的《鳥類地圖集》（*Bird Atlas*）和圖片集則顯示出天壤之別的結果。在受干擾的數十年間，渡鴉的繁殖區域仍然擴大了三分之二，在冬季則幾乎擴張了兩倍。[73]地圖中顯示英格蘭東部各郡仍有落差，但編輯解釋，「如今渡鴉在田園或混著低地的農田和森林中數量很多，就如同在高地一樣。」[74]大約在最後一次全國調查過後十年，現在全英國各地都有渡鴉繁殖。

該物種的復甦也改變了人們態度。在渡鴉的案例中，親密不會產生蔑視，而會產生讚美。我們已學會讚頌這種鳥的存在，當牠上下顛倒從夏日高空翻滾而下，我們便讚嘆牠的雜技與滑稽。我們從蒼穹中不只是聽見，而是真的去**感受**牠那深沉低啞的叫聲。

再來，除了這些在早期神話中迴盪的渡鴉，最後還有一個故事的渡鴉也位居我們的文化核心。當中渡鴉不只重要，還很關鍵：防止聯合王國（United Kingdom）最終淪陷的保護者。

倫敦塔不只是倫敦、英格蘭以及聯合王國歷史的一部分，它在許多方面都是歷史的見證。確切地說，約一千年前征服者威廉（William the Conqueror）開始建造該城堡，自那以後一直以來，它都統治著這個國家。還有，儘管它現在跟周遭高聳的辦公大樓比起來相形見絀，但倫敦塔不只在英國，在世界各地都是令人印象深刻的建築。

時間回到一九六〇年代晚期，那時我第一次跟媽媽一同參觀倫敦塔。超過半世紀之後，我在九月某個和煦的日子再次回到那裡，感受孩童時期曾初次感受到的感嘆與驚奇。這裡是許多英格蘭君主加冕前待過無數夜晚的地方，是某些人被囚禁的地方，更是亨利六世（Henry VI）和愛德華五世（Edward V）被謀殺的地方。同時，這裡也是三位都鐸王朝王后安妮・博林（Anne Boleyn）、凱薩琳・霍華德（Catherine Howard）和女王珍・葛蕾夫人（Lady Jane Grey）以及其他四百人，包含湯瑪斯・摩爾（Thomas More）和湯瑪斯・克倫威爾（Thomas Cromwell）等人被處決的地方。然而，儘管有著這些久遠恐怖的歷史，但現在這座城堡也擁有兩樣廣為人知，獨一無二的吸引力：王冠及權杖上的御寶和渡鴉。

我抵達之前就事先上過倫敦塔的官方網站讀了這裡的故事，一來是當初渡鴉怎麼到這裡的故事；二來是那個常常被引用的重要信念，也就是如果渡鴉不見、死亡或飛走了，那麼這個王國將會滅亡的說法。

根據網站，這則故事的起源普遍認為可追溯到三百五十多年前的英王查理二世（King Charles II）在位時期。據說當時的皇家天文學者約翰・弗蘭蒂斯德（John Flamsteed）就曾抱怨過倫敦塔周遭飛來飛去的渡鴉造成龐大噪音，干擾到他無法專心。他因此表示，在當時早已是倫敦最高的建築之一、由征服者威廉興建的那座白塔中，他很難從事重要的天文觀測。但當查理二世下令殺光渡鴉時，據說有人告誡，如果這些渡鴉離開倫敦塔，那麼國王就會死亡。國王因而改變心意並頒布命令，永遠都要留下至少六隻渡鴉在那。

當時首都才剛經歷過兩場致命的創傷，一場是一六六五年的瘟疫，另一場是隔年緊接而來的倫敦大火。奇蹟般地，而且幾乎是立刻地，國家的命運開始轉變：經歷毀滅性的英格蘭內戰（或稱清教徒革命）分裂和令人震驚的處死國王查理一世（King Charles I）事件後，他的兒子查理二世成功恢復君主制。英格蘭爆發的這最後一場瘟疫和幾乎同時發生的災難性大火橫掃了這座中世紀城市的殘餘部分，也讓克里斯多夫・雷恩爵士（Sir Christopher Wren）得以用新時代的樣貌重建首都。當時一切都很好，儘管這一切的好轉並不歸功於待在倫敦塔內的渡鴉，但這些鳥仍做為國家穩定的象徵。這是一則暖心的故事。

只是有個很小的問題。幾乎不像真的。這是我跟克里斯多福・斯卡夫（Christopher Skaife）交談時發現的，他自二〇一一年起便擔任倫敦塔的近衛軍儀仗衛士跟渡鴉大師（Ravenmaster）。

我幾年前在哈查茲書店（Hatchards）舉辦的書籍發表會遇過克里斯，這是一間位於倫敦市中心的知名書店，當時他身著光鮮亮麗、黑紅相間的「牛肉食客」*制服。後來我造訪倫敦塔時他正好休假，改穿了有點鮮艷的淡紫色T恤，上頭恰如其分地印著美式足球巴爾的摩烏鴉隊標誌。

克里斯在寫他那本有趣又有見識的自傳《渡鴉大師：我與倫敦塔的渡鴉》（*The Ravenmaster*）時，[75]便研究過這則「王國滅亡」的故事。他發現，這故事如同許許多多與英國歷史遺產有關的故事，很大程度都根據神話而來。實際上這則故事於一八八三年首次出現在兒童讀物中，在此之前完全沒有渡鴉留在倫敦塔內的紀錄。[76]但有跡象顯示，渡鴉出現在倫敦塔的時間更早，這可能含有一點真相在內。查理二世統治時期（一六六〇年至一六八五年）之前，渡鴉在倫敦街道就已經很常見了，牠們時刻留心街上的腐肉。有則故事提到，這些野生渡鴉都以倫敦塔內受處決者的肉為食，包含一五三六年五月下場悲慘、被斬首的王后安妮．博林。另一個常被提到的恐怖軼事則聲稱，珍．葛蕾夫人的頭被砍下、擱在行刑台上時，渡鴉啄出了她的眼睛，美國作家博里亞．薩克斯（Boria Sax）稱之為「最終，死後的侮辱」。[77]

克里斯告訴我，冒險家、詩人兼政治家華特．雷利爵士（Sir Walter Ralegh）自一六〇三年起便被囚於倫敦塔，一六一八年遭處決。因為這些渡鴉亂啄他花園裡的花，所以他曾寫信給看守他

＊ 譯者註：Beefeater，近衛軍儀仗衛士的別稱。

的塞西爾勛爵（Lord Cecil）抱怨「這些該死的渡鴉」。但關鍵點是，雷利並不是說倫敦塔的渡鴉，他說的僅僅是在倫敦塔的渡鴉，所以我們無法確切推論那群渡鴉就是今日受制於此的渡鴉先驅。儘管如此克里斯認為，所有的證據都顯示，這個倫敦塔渡鴉讓王國免於覆滅的概念，幾乎可以確定是相當現代的神話。多年來這個概念一次次重複，於是約定俗成，就成了渡鴉存在於此的說法。

最後，儘管克里斯不在乎故事真實與否，但對他而言，重要的是這些故事表明了鳥、人類和歷史的重要連結。正如他所說，「這些故事，就像深夜在走廊行走的幽魂，都是構成倫敦塔的部分或全部特色。它們就是真的，至少在人們心中是如此。」

我隨興問他，從第一次有確切紀錄的一八八三年以來，那六隻受制於此的渡鴉是否都一直待在這。他回答前的那段遲疑讓我心跳加速。他解釋，在二戰倫敦大轟炸（the Blitz）期間，有兩隻渡鴉因爆炸聲驚嚇而死，僅有三隻倖存。接著當中兩隻突然攻擊並殺了第三隻；這是場意外，他解釋，「這段已從歷史上粉飾掉了」。後來事情變得更糟，剩下的兩隻接著飛走了，所以有好幾周倫敦塔內完全沒有渡鴉：相關當局想方設法向媒體和公眾隱藏消息。幸運的是，儘管納粹的侵略步步逼近，但王國仍然沒有滅亡，換上替代的渡鴉入駐倫敦塔後，從那之後牠們就一直在此成長。然後，儘管所有的證據都牴觸說法，但倫敦塔內的渡鴉守護王國的看法仍在英國大眾之間廣泛迴盪。

克里斯顯然熱愛他的工作，他每天都會跟這群高貴又非常聰明的鳥兒互動，他用形容人類的方式形容牠們：「牠們全都有自己的特質；我懂牠們的情緒波動、牠們的快樂與悲傷，牠們具備著我們人類的所有情緒。我不認為有其他鳥能像牠們這樣跟我們如此親密，而且如此長久。」然而，正如他向我指出的，渡鴉不像馬或狗那些早已被人類豢養的生物，牠們一直以來都保持野性不馴：「我開始這份工作時，那時我以為我能控制渡鴉；畢竟我是人稱的渡鴉大師。不過很快我就了解到，我無法控制牠們，反而是牠們在控制我，牠們只做牠們想做的事。」

渡鴉不只是世上最聰明的一種鳥，牠更是所有物種中跟人類最平等的一種，這點已被證實。事實上，有時牠們還比我們厲害。克里斯說：「遠古時期牠們就已經會利用我們，而且未來也一直會。」*

---

* 作者註：克里斯也觀察到，渡鴉是一種習慣性的生物：「牠們喜歡牠們的習慣。牠們喜歡牠們啄食的次序。牠們喜歡知道誰是誰，跟什麼是什麼。」他把這種對秩序的需求比喻成人類幫派，成員不會跨越那條隱形的線進入他者的領域。有時在新的均勢平衡下來前，這種界線和個別渡鴉間的啄食次序會突然改變。再一次地，就跟人類社會一樣。

我問他，渡鴉大師的工作有沒有任何缺點。他停頓了一會。

無論我在哪，牠們時時刻刻，每一天都在我心中。我不會離開牠們：無論我是否在倫敦塔、在家或放假，我都可以不停為牠們操心。這對我和我的家人來說是個困擾。但若我不再操心了，那麼我就知道是時候離開了。

與克里斯相處的時光，我看見他與他塔內的渡鴉（實際上是國家的）的關係是如此密切。臨別時，他透露他的終極夢想是環遊世界，到許多不同環境去觀察渡鴉，然後跟這些人聊聊這種鳥在他們的生活文化扮演怎樣的重要角色。我衷心盼望他能實現夙願。

準備離開倫敦塔時，我近距離看到了渡鴉。僅幾呎之遙。牠們比想像中更大，更令人印象深刻。牠們有著青黑光亮的羽翼、碩大的喙，以及比什麼都非凡的呱叫聲。這證實了我的看法：比起這星球上的其他物種，這種鳥類更與眾不同，也絕對更鼓舞人心。

第二章 PIGEON（*Columba livia domestica*）

02.

鴿子

對我而言，只有一種天賦，似乎就會像信鴿一樣有點聰明又有點蠢。

——喬治·艾略特（George Eliot），英國作家

一九四二年二月某個下午，天氣濕冷得難受，布里斯托爾．博福特（Bristol Beaufort）魚雷轟炸機的機組員完成了挪威外海的對德船舶投彈任務，返航途中的他們期待著熱騰騰的餐點、急切地想喝上一杯酒，還有那暖呼呼的床鋪。

不過當機組員發現轟炸機被防空砲擊中、一部引擎瞬間失效後，好心情隨即轉為絕望。他們唯一的選擇是在北海迫降。飛機因迫降而四分五裂，組員全落入冰冷的海水中。他們奇蹟似地設法爬上了救生艇。而如今這艘小小的橡皮艇正在波濤洶湧的大海上載浮載沉。[1]

墜落前一刻，無線電操作員設法向蘇格蘭東岸的英國皇家空軍魯赫爾斯（Leuchars）基地發出簡短的求救訊號。海空搜救隨即出動，不幸的是訊號太過微弱，搜救隊無法得知這群組員的確切位置，自然找不到他們。海水凜冽刺骨，逐漸失溫的組員們開始哀嚎抱怨。

話雖如此，他們還是有一線存活的機會。這群機組員帶了另一位乘客：一隻雌鴿，正式名稱叫 NEHU.40.NS.1，後改名為溫琪（Winkie）。溫琪在迫降中幸運活了下來，牠的籠子還正好漂浮在救生艇旁。夜幕低垂，得加緊腳步了。他們放出這隻鴿子，眼中閃著一絲希望，看著牠飛入重重黑幕中。

在黑夜惡劣的天候中，剛泡過鹹鹹海水、渾身沾滿墜機漏油的溫琪，往家的方向直飛而去，這是一趟將近兩百公里的旅程。十六小時後的破曉，溫琪筋疲力盡地回到了牠鄧迪

（Dundee）郊區布勞蒂費里（Broughty Ferry）的鴿舍。飼主喬治・蘿絲（George Ross）立刻致電英國皇家空軍魯赫爾斯基地，軍方盡最後努力出發尋找機組員。帶隊的空軍中士睿智地利用風向，以及最後發出簡短求救訊號的時間地點，成功找出飛機迫降處。此舉顯然奏效了，組員全數獲救。[2]

隨後，他們舉辦了一場特別晚餐餐會以茲紀念，座上嘉賓正是溫琪。溫琪成了第一隻獲得迪金勳章（Dickin Medal）的鴿子，該勳章等同於動物界的美國國會榮譽勳章（Congressional Medal of Honor）或維多利亞十字勳章（Victoria Cross）。[3]

在鴿子所展示的耐力和導航技能等眾多非凡事蹟裡，溫琪這奇蹟的一飛僅是其中一例；此外，牠們生活在我們身邊的時間遠比其他鳥類都還久。在這份長遠關係中最早的一例，也是最廣為人知的一例，當屬《舊約聖經》挪亞方舟的故事。

如我們所知，四十天之後洪水仍未消退，挪亞先放出渡鴉，但牠頭也不回地飛走了。於是挪亞又試了一次：這次放的是鴿子。不過洪水仍覆蓋整個地表，鴿子沒有可駐足之地，所以便飛回了方舟上挪亞的身邊：挪亞伸出手接住鴿子，並將牠帶進了方舟。[4]

七天後，挪亞又試了一次，當天傍晚鴿子還是飛回了方舟。不過這次牠卻叼著剛採的橄欖枝回來（準確地說應該是嫩枝），這證明洪水終於開始消退，陸地近在咫尺。一向謹慎的挪亞又等了七天，才第三次、也是最後一次放出鴿子。這次鴿子就再也沒有飛回方舟了。除了挪亞方舟中那些被救下的「成雙成對」生物之外，洪水摧毀了世上所有的生命，現在它終於消退。

挪亞方舟的故事是聖經寓言中最歷久彌新的一個，也許是因為這個故事裡包含了人類如何在惡劣天災中存活下來的根源。這也是一堂我們現今該好好留心的一課。

不過，這也顯示出我們與自然界之間的關鍵矛盾，這份矛盾深深地嵌在挪亞從方舟放出的這兩種鳥的天性之中。渡鴉頭也不回地飛走，但鴿子卻回頭了不只一次，而是兩次。渡鴉反覆無常不值得信任，但鴿子堅定可靠。渡鴉生性反骨，但鴿子謹守本分又順從。

做為人類與自然之間的矛盾關係案例——彼此都是自然界的一部分，卻也都試著控制它——這種對照再鮮明不過了。而我們長期以來都將渡鴉和鴿子對比看待，更能印證這點。渡鴉象徵戰爭，鴿子象徵和平；渡鴉神祕詭譎，鴿子平易近人；渡鴉放蕩不羈，鴿子溫馴可人。最後，一個在本質上代表原始，另一個代表馴化。5

然而，鴿子與顧家（domesticity）的漫長連結究竟始於何時？更準確來說，是如何連結起來的？還有，自有紀錄開始起一路至今，人鳥之間這種錯縱複雜的關係如何界定和塑造了人類歷史，尤其在通訊領域？

一旦涉及《聖經》的時代，我們便得仰賴考古調查，去檢驗憑知識經驗的猜測。學者常試著將諾亞方舟的故事與真實歷史事件連結起來，但時序上仍存在著令人心煩的不確定性。

歷史學者幾乎可以確定，在耶穌基督誕生前的兩千至一萬年間，大洪水確實曾發生在我們現今稱作「中東」的地區。[6]這個說法認為，上個冰河期結束後冰河快速融化，並在地中海產生一道水牆，淹沒了鄰近的黑海。而考古學者也找到可佐證的證據，大氾濫的時間可追溯至西元前五千年左右，氾濫的土地面積達到十五萬平方公里，比英格蘭還大，約莫為如今飽受洪水威脅的國家孟加拉的大小。[7]

對我們的故事來說，有趣的是，上述時間與人類文明史的一個關鍵時刻非常吻合：野鴿第一次被馴化。據信這發生在西元前三千年至八千年之間，地點可能位於美索不達米亞平原，也就是底格里斯河與幼發拉底河流域、現今伊拉克及其鄰近區域。該區域之後以「肥沃月彎」（Fertile Crescent）之名著稱，被認為是最早的文明搖籃之一，也是首位游獵採集者開始種植穀物、豢養家畜為食的定居之處。

新定居生活早期，人們會抓野鳥，但不只是要立刻殺來吃，也為了羽毛之類的副產品而飼養牠們，現在的我們將這種行為稱為馴養。由於缺乏有力證據，究竟是哪個時間點出現馴養行為，以及究竟人類首次馴養的是哪一種鳥類，這兩方面存在巨大爭議。許多歷史學者都相信，距今約八千年前南亞的紅原雞（Red Junglefowl），牠的後代是眾所周知的家雞（Domestic Chicken），很可能就是人類馴養的第一種野鳥。[8]但光憑這點還不足以說明事情的全貌。

至於鴿子，其被馴養的第一份文字證據出現在美索不達米亞出土的楔形文字碑文上，距今約五千年前。包括埃及、希臘和羅馬等其他古文明的文字紀錄在內，對馴養和飼養野鴿都有鉅細靡遺的描述。然而，對鳥類的圈養飼育行為，很可能遠比現有證據所顯示的還更早；也許早在一萬年前就開始了。

人類飼養任何一種鳥類的主要理由都是為了食物，也就是牠們的肉和蛋。這就是為什麼許多家禽都體型龐大、肥美且適合食用：特別是雞、鵝、鴨、火雞和（半野生的）天鵝。

儘管鴿子的體型小得多，但仍適合食用；被稱作乳鴿的幼鳥尤其美味，會在三四周大的時候被宰來吃。《舊約聖經》中的《利未記》提供了充足的證據，當中多次提到馴養和野生的鴿子經常做為昂貴羔羊的替代品獻給上帝，以此贖罪。[9]

家鴿身上有價值的不是只有肉而已。牠們被當成食物宰殺後，拔下來的羽毛常被用來填充坐墊和枕頭，而牠們的糞便也會被聚集後加以乾燥，用作灶火的燃料。

然而這種鳥有個截然不同的一面——也許是某個人偶然發現的——這帶來了重大的結果，讓鴿子從人類所馴養的各種鳥之中脫穎而出，那就是：在數百、甚至數千公里之外，牠們仍能找到回家的路；這種能力現今仍被大量的鴿友所用。也正是這點，不起眼的鴿子才能成為我們故事的核心。

但在三百多種的鴿子家族成員中，人類一開始為什麼選擇馴養原鴿？

「家鴿」（Dove）和「鴿」（Pigeon）這兩個字，就像「燕子」（Swallow）和「崖燕」（Martin）一樣，基本上可以互換。一般傳統上來說家鴿體型較小較脆弱，而鴿則較大較健壯，不過斑尾林鴿（Wood Pigeon）以前叫做「林鴿」（Ring Dove），而原鴿有時指的是「岩鴿」（Rock Pigeon），所以這兩者其實沒什麼區分的必要。

原鴿在鳩鴿科（Columbidae）成員中屬於中等體型，體長介於三十一至三十四公分，重約三百公克。這樣的體型大約等同於歐洲的歐鴿（Stock Dove），比北美最常見的哀鴿（Mourning Dove）略長一些（儘管體重是牠的兩倍重）。

許多鳥類都會跟牠們的野生近親雜交，導致名稱上日漸難以定義。雖說如此，大部分典型的野生原鴿色澤均為藍灰色，頭部、胸部和頸部（陽光下會透出斑斕的紫色或綠色光輝）呈深灰色，尾部和翼尖為深色。在展翅時，翼上可見兩條黑色條紋。

野鴿（Feral Pigeon）的身形與其他野生鴿種相差不多，但色澤型態分布極廣，可以從近乎全黑、灰、棕色和黃褐色到淡奶油色和純白色。這種差異性源自兩個因素：為了討喜的美觀外貌而選擇性培育，以及曾被圈養的鴿類後代隨機交配後逃到了野外。*

如同原鴿的名字所示，雖然可在田間、林間和森林中找到牠的近親，但牠主要將巢築在峭壁的岩架、岩縫以及洞穴的入口處。原鴿因此與早期人類有了近距離接觸，甚至共用同一個生活空間。†

早在原鴿被馴養前，人們就已經常常將乳鴿從巢中取出食用。這種關係至少可以追溯到六萬七千年前，也就是現代人類踏上歐洲大陸的數千年前、位於現今直布羅陀的一個洞穴中。數千年來尼安德塔人都在此捕食野生原鴿。雖然這還稱不上真正的馴養，卻也在捕獵野鳥和更晚近的正式馴養之間搭起了一座橋樑。[10]

原鴿的原始分布範圍從歐洲西部及部分南部岩岸，到北非和中東沙漠，往東再擴及廣大南亞的帶狀地區。這與許多早期人類文明的分布範圍吻合，所以毫不意外，人類為了自己的利益，很快就開始利用起這群生活在周遭的鳥類。

對當時的人來說，原鴿是最好的選擇。為了安全、為了抵抗狩獵者，原鴿會群聚在一起築巢；此外，牠們一年四季都在繁殖，一年可以下到六窩蛋。因為乳鴿會被餵哺高能量的「鴿乳」（crop milk）‡，所以牠們比其他鳥類的雛鳥成長得更快，孵化後不到兩天體重就能達到兩倍重。[11] 鴿乳非常獨特，親鳥無論吃下什麼都能分泌，因此牠們一年四季都能透過攝取現有食物，將它轉換為富含能量的物質。[12]

因此，受馴養的原鴿整年都能頻繁而規律的產卵養育乳鴿。比起早期人類所開發的其他物種，例如海鳥，這是個巨大的優勢，海鳥雖能成為饗宴卻也能帶來饑荒：相較於春夏兩季時有眾

---

* 作者註：諷刺的是，現今這些野鴿的原種（ancestor）因其混種後代的繁盛而瀕臨絕種。二〇二二年一份研究顯示，由於與野鳥雜交，大不列顛和愛爾蘭的純種野生原鴿正面臨嚴重消逝的危機。該份研究也顯示，全球的原鴿都面臨同樣危機，讓導致該物種最終走向滅絕。Smith *et al*, 2022. 'Limited domestic introgression in a final refuge of the wild pigeon', *iScience*.

† 作者註：野生原鴿一直以來都將巢穴築在這些地方，這點已於一九四〇年代得到證實。業餘鳥類學者約翰・李斯（John Lees）發現，牠們整年都會在蘇格蘭東岸的克羅馬提（Cromarty）海岸岩洞繁殖。見John Lees, 'All the Year Breeding of the Rock-Dove,' *British Birds*, vol. 39, 1946.

‡ 譯者註：又稱嗉囊乳。嗉囊（crop）為鳥類消化食物前暫時儲放食物的囊袋。

多海鳥，在一年剩下秋冬時節，當牠們離開飛到汪洋大海上時人們也就一無所獲了。*

原鴿生命週期的這種群聚天性，讓人類得以輕易留住牠們。人們很快就發現，只要為這種鳥搭建小屋、設個入口、打造安全的築巢環境，再提供牠們種子和穀物等形式的食物，就能誘使這種自由飛翔的鳥兒每晚歸巢。

人們後來稱這種建物叫鴿舍，它最早見於古埃及和伊朗。那裡的人會利用鴿子的糞便，將皮革曬成褐色並製成火藥。而在拜占庭帝國時期（西元四世紀至十五世紀）的內蓋夫沙漠（Negev Desert），也就是今日的以色列，那裡的人們則將鴿糞當成肥料用來改善土質。[13]

這些古鴿舍也能在以色列的其他地區看見，包括哲立科（Jericho）、馬沙達（Masada）和耶路撒冷，除此之外還有鄰國約旦的佩特拉（Petra）。[14]就連古羅馬也有這些鴿舍的蹤跡，之後更遍及整個中世紀歐洲。鴿子在當時是歐洲貴族的身分象徵，意味著財富與權力。[15]

在馴養第一批原鴿後不久，部分原鴿遠走高飛，回歸野外。隨著歐洲人加速征服全球，探險隊將鴿子當成食材帶在身邊，而且也許出於刻意、也許出於意外，這些鴿子被放到了野外，而這群適應力佳的鳥類很快就自我維持了其族群數量。

結果，這些野鴿（又稱家鴿、城鴿或街鴿）的分布範圍遠遠超過了牠的野生原種。現今除了南北極、撒哈拉沙漠和其他自然或半自然棲地，像是非洲叢林、草原和熱帶雨林中找不到牠們的蹤跡外，野鴿的足跡已遍及了南北美洲、歐洲、亞洲、非洲和澳洲等地。[16]大城市的野鴿數量龐大，牠們聚集在紐約中央公園、威尼斯聖馬可廣場（St. Mark's Square）和倫敦特拉法加廣場（Trafalgar Square，該廣場還於千禧年時大規模根除鴿子）等城市地標，因而聞名。

這些鴿子常常因人們餵食或遺落的食物而大批群聚，牠們也因此成了名副其實的害鳥，甚至被說成「美國最令人厭惡的鳥類」。[17]在許多用來形容這群鳥的貶義詞中，最知名也最侮辱的一個，或許就莫過於「有翅膀的老鼠」了，該詞於一九六六年首次出現於《紐約時報》。[18]不過之後我們就會發現，儘管鴿子常常惹人厭惡，但牠們卻也深深受人欣賞、重視與愛戴。

原鴿的「歸巢本能」（homing instinct）是一種能夠導航返回閣樓或鴿舍的能力，這讓牠們得以跨越長距離、用比人類信差或驛使更快的速度攜帶訊息，也因此這個物種被稱作「原始的網際網路」（the original Internet）。[19]

---

* 作者註：如聖基達群島（St Kilda）的「鳥人」（bird people），一旦海鳥飛向海洋不再出現時，這群人就必須在一種叫做「cleit」的儲藏石屋或茅屋中風乾春夏兩季捕獲的海鳥，儲藏秋冬兩季的食物。見 BBC Four series *Birds Britannia*, episode 2, 'Seabirds'（二〇一〇年十月首播）。

這種鳥首次被當成信差的紀錄，可追溯回大約五千年前，也就是西元前二千九百年。在古埃及這個最先進的早期文明，船隻進港前會放出鴿子，以提前通知有貴賓抵達。[20]幾個世紀後的美索不達米亞平原，阿卡德帝國（Akkad）的薩爾貢大帝（King Sargon）更是好好利用了這種鳥。從他總部派出的每位信差都會帶著一隻鴿子：如果信差被俘虜了，他們就會放出鴿子；只要鴿子回巢，大帝就知道得派出第二名信差了。這次的信差也會走不同的路線，以避免再被俘虜。[21]

古希臘與古羅馬也常常利用信鴿。在西元前七七六年，早期奧林匹克運動會的結果也以飛鴿傳書的方式發送。凱薩大帝征戰高盧期間，他也利用牠們在軍營間傳遞訊息。[22]

值得注意的是，鴿子並不是唯一擁有歸巢習慣的鳥類。所有的候鳥或多或少都擁有這種能力，尤其是那些長距離、一年進行兩次遷徙，橫跨全球大片地域的候鳥。例如家燕（Barn Swallow）就能橫渡北歐到南非這段一萬公里的路程，找到正確的路回到出生地。[23]

為了順利歸巢，這群世界旅行家會利用一連串複雜的導航工具，例如地球的磁場；（夜晚移動時）利用日月；（白天移動時則）利用偏振光；地形特徵，比如海岸線和山脈範圍；在接近家鄉時，牠們還會借助河流甚至鐵路和道路之類的人造物地標來認路。[24]

在一份二〇〇四年的研究中，牛津大學的科學家在鴿子身上裝入微型設備，來追蹤牠們從野放地返回巢中的路線。科學家發現，有些鴿子會忠於走主要幹道，就像人類駕駛和衛星導航系統那樣，尤其是在規劃輕鬆抵達（但不必然是最短）的路線時。[25]令研究人員訝異的是，這群鴿子照著道路系統走，有時可能讓牠們的旅途多上百分之二十的路程，但牠們還是一直這麼做。如首席科學家吉姆．吉佛德（Tim Guilford）所指出的，儘管以物理觀點來看可能會需要更多路程，用掉更多體力，但心理上卻來得更輕鬆容易。他開玩笑地說，就連烏鴉大概也不會「像烏鴉一樣飛」（as the crow flies）。[26] *

除了這些實用面，在神話、宗教和古文明信仰中，鴿子與家鴿也占有一席之地。然而，這並非出於牠們的歸巢能力，而是出於牠們知名的忠誠度。任何花上時間觀察過野鴿或家鴿的人都知道，牠們的求偶行為非常複雜，往往既滑稽又可愛。

在求偶時，雄鴿首先會接近雌鴿，在牠身旁趾高氣昂地走著，好引起注意。接著再像職業拳擊手般抖鬆脖子與胸口羽毛，藉此讓自己看起來更雄赳赳氣昂昂。在這個階段，雌鴿常常會假裝毫無興致，繼續吃著牠的食物，好像雄鴿完全不存在一般，或是開始用嘴整理自己的羽毛。這種

* 譯者註：意為筆直、成一直線。

行為叫作「替代性活動」（displacement activity），以生物學來說，這和我們人類與感興趣的對象聊天時會下意識玩弄頭髮或搔搔頭一樣，沒什麼不同。[27]

儘管如此，雌鴿仍會漸漸開始接納雄鴿，對牠的態度也從忽視存在轉為積極鼓勵。接著牠們會整理彼此的羽毛，在我們看來是種非常撩人的愛撫動作，最後雄鴿會與雌鴿交配，過程僅維持幾秒。交配之後，牠們通常就會回歸平常，譬如找尋食物。[28]

早期馴養鴿子時，觀察家便將這種顯見的親密求偶行為與人類的行為相互連結，這點並不需要多大的想像力。從那時起，鴿子就成了愛、忠誠與一夫一妻制的象徵，而這些正是我們人類所提倡模仿的。

羅馬時期的博物學者兼哲學家老普林尼（Pliny the Elder）對這些鴿子行為的早期描述，為人類夫妻明確提供了一個榜樣。他的巨作《自然史》（*Natural History*）發行於西元七七年（該年適逢維蘇威火山爆發，作者死於龐貝城），書中寫道：「我們在﹝鴿子﹞身上看見忠誠，這種生物不會荒淫無度地雜交。就算這群鴿子整窩整窩住在一起，牠們也不會違背夫妻間彼此該有的忠貞原則。」[29]

也許正是這種毫不掩飾的擬人觀點，才讓鴿子與家鴿無可避免地融入舊世界三大宗教——猶太教、基督教與伊斯蘭教的象徵與教義中。然而，在亞伯拉罕信仰出現前的異教徒信仰裡也能尋得端倪。考古學者在美索不達米亞文明的神廟裡發現了許多鴿子相關的雕刻品；而在古希臘，家鴿和代表愛與美的阿芙羅黛蒂女神（Aphrodite，即羅馬神話的維納斯女神）息息相關，所以也就不難見到祂被白鴿環繞的這類描述。[30]

然而對鴿子來說，如此的關注並不太妙。西元前一一〇〇年，埃及的法老拉美西斯三世（Rameses III）開始將五萬七千隻鴿子當成祭品獻給底比斯的太陽神阿蒙（Ammon），這項風俗至少一直持續到耶穌基督誕生為止。根據《路加福音》記載，馬利亞和約瑟將他們的孩子耶穌帶到耶路薩冷，「將耶穌獻給上帝」，那時他們選用的祭品就是「用一對斑鳩（Turtle Doves），或用兩隻雛鴿獻祭」。[31]同樣地，象徵純潔的白鴿也常代表著聖靈（Holy Spirit）：耶穌受洗時曾「看見神的靈彷彿鴿子降下，落在他身上」。[32]

重要的是，白鴿一直以來都象徵和平，這份關聯源自早期基督教，後來也為眾多世俗文化所採納。而在諾亞方舟故事中，家鴿常被描繪成叼著橄欖枝的模樣。畢卡索被這個概念深深感動，我們在他的畫作中都能看見許許多多的例證。一九四九年，他更將剛出世的第四個孩子取名為帕洛瑪（Paloma），亦即西班牙語的家鴿。[33]

不過，在我們與鴿子的眾多關係裡，最重要的還是通訊聯絡這塊，在戰時更是如此。從漢尼拔將軍到成吉思汗，在整個人類軍事對峙史中，鴿子一直都被當成信差，當十字軍捕獲敵方的信鴿時，還會巧妙地利用牠向敵人傳遞假情報。[34]西元前四三年的摩德納包圍戰（Battle of Mutina）之際，羅馬的布魯圖．阿爾比努斯（Decimus Brutus）想方設法透過信鴿向城外傳遞消息，所以後來援軍才得以抵達，助他突圍，並在最後打敗了他的對手馬克．安東尼（Mark Antony）。[35]

十九世紀拿破崙戰爭期間，飛鴿傳書更創造了一個不朽神話。一八一五年六月十八日，由威靈頓公爵（Duke of Wellington）所率領的英荷普聯軍於滑鐵盧戰役中擊敗了法蘭西皇帝拿破崙。據事後報導稱，一隻隸屬羅斯柴爾德家族銀行的信鴿早了人類信差整整三天橫越英吉利海峽抵達倫敦，傳遞了這則重大戰報。據稱，這讓該公司高層納森．羅斯柴爾德（Nathan Rothschild）得以率先出售因懼怕輸掉戰事而跌跌不休的英國政府債券；等戰勝消息發布前夕，他再以更低的價格將之購回，從而大賺一筆。[36]

我必須很掃興的說，事實上，羅斯柴爾德是從人類身上得知威靈頓公爵戰勝的消息，而不是鳥。[37]儘管如此，這表示在今日所謂的可靠媒體管道中，這則鴿子的浪漫故事仍會不斷反覆地播送。[38]

相較之下，巴黎圍城戰期間利用鴿子傳送訊息的故事，虛構成分就少得多，而且更非比尋常。自一八七〇年九月至隔年一月，這四個多月間巴黎市民遭普魯士軍隊包圍，坐困愁城。他們施展各種妙計，讓訊息得以進出首都巴黎，當中包含熱氣球。不過事實證明，熱氣球笨重，又容易被普魯士軍隊的砲火打下來，所以他們回頭採用早已身經百戰的信鴿。

受困的市民利用早期攝影技術拍下訊息照，然後將訊息縮小尺寸，印在薄薄的底片上。利用這種「微縮攝影」（microphotography）的劃時代技術，光一隻鴿子就能攜帶上千則訊息。[39]之後收件者再利用投影，將每封信件放大投射到螢幕上閱讀。藉著這個方法，圍城期間有超過一百萬則訊息進出巴黎。[40]

進入二十世紀，人類爆發了史上最嚴重的兩場軍事衝突：兩次世界大戰，信鴿也進入鼎盛期。毫無疑問的，鴿子拯救了無數生命，最終也改變了這兩場大戰的進程。

在華盛頓特區的美國國立歷史博物館，參訪者可以見到許多珍貴的美國歷史文物：包括第一面星條旗，美國國歌《星條旗》的創作靈感來源正是這面旗幟。[41]博物館的參訪者也會好奇另一件不那麼起眼的展品：一隻名為謝爾阿米（Cher Ami）的信鴿標本。這隻信鴿單靠一條腿支撐，身上還有蟲蛀的痕跡，看起來一點都不特別。不過在一九一四年至一九一八年的一次大戰期間，牠的故事卻很卓越非凡。*

* 作者註：謝爾阿米究竟是雄是雌，這點還有爭議。當時的人認為牠是雄鳥，但在將其製成標本展出時，卻又被認為是雌鳥。不過我通篇都會以雄性角度來稱呼牠。

謝爾阿米（法文意為「親愛的朋友」）是美國陸軍通信兵（US Army Signal Corps）於一次大戰期間所使用的六百隻信鴿中的一隻。這隻鳥和牠的連隊士兵一起駐紮在法國東北部凡爾登市一帶，靠近對德前線。謝爾阿米總共出了十多次飛行任務，最後一次為一九一八年十月四日，一個多月後德國就投降了。

有一群大部分自紐約受徵召入伍的鬆散士兵，隸屬第七十七步兵師的一個營，共有五百五十人。在這要命的一天，他們跟其他美軍走散了。查爾斯・懷特・惠特爾西少校（Major Charles Whittlesey）率領的這群士兵現在全陷入困境：這困境並非來自敵人，而是來自他們自己人布下的火網。他們不只彼此聯繫中斷，傷亡慘重，還離司令部太遠，無法以無線電回報他們的所在位置。在絕望中，惠特爾西少校開始放出一隻又一隻的信鴿，每一隻的腳上都裝有一個小盒子，裡面附有營地位置詳細資料。然而一旦牠們飛向天空，幾乎都會被立刻擊落。

隨著人員傷亡攀升，指揮官送出最後一隻信鴿謝爾阿米，牠在這樣的環境下帶了一則極簡短的訊息：「我們在與二七六點四平行的道路沿線。我們的砲兵正對我們直接開砲。看在上帝的份上，停火吧。」[42]

老實說，成功機會渺茫。而且謝爾阿米在飛行途中確實也中了槍，不只胸口負傷，還失去了右腳和一隻眼睛，不過牠仍舊飛回了牠的鴿舍，成功將裝有重大訊息的小盒子送達。不到數小時，一百九十四名倖存者就獲救了。後來被稱為「迷路大軍」（Lost Battalion）的他們能夠獲救，一切都歸功於鴿子想回家的本能與決心。

謝爾阿米於隔年春天以軍事英雄的身分回到美國，法國政府為了表達感激，便授予牠棕櫚英勇十字勳章（Croix de Guerre with Palm），這是專為戰時表現傑出的英勇者而設的獎項。[43]然而不到一年，一九一九年六月，牠便因這趟了不起的飛行所受的重傷而身亡。[44]西部戰線的美國遠征軍總司令約翰．約瑟夫．潘興（John J. Pershing）將軍特別為牠哀悼：「我們美國沒辦法為牠多做些什麼。」[45]

二〇二〇年，在這隻鴿子死後一世紀，牠的故事被作家凱斯琳．魯尼（Kathleen Rooney）寫成小說《謝爾阿米與惠特爾西少校》（*Cher Ami and Major Whittlesey*）。書中謝爾阿米悲戚地自述，牠的英勇事蹟早已隨著歲月流逝被遺忘：「我已成了一座紀念雕像、一座玻璃櫃中的羽毛雕像。我活著時是隻鴿子，更是名戰士。死後，我只是個再普通不過的標本，全身積滿灰塵。」[46]

雖然謝爾阿米的故事確實引人注目，但這只不過是兩次世界大戰期間利用鴿子的無數例子之一。在戰場上若要傳遞生死攸關的訊息時，鴿子往往仍是最好的選項。

第二次世界大戰期間，雖然已發展出無線電，用以取代過往戰事所使用的路上線路，但交戰雙方仍廣泛利用信鴿來傳訊。美國的通信信鴿隊（The Signal Pigeon Corps，正式名稱為美國陸軍信鴿軍〔US Army Pigeon Service〕）[47]由三千一百五十位軍人和五萬四千隻以上的鴿子組成，每一隻都受訓過傳遞訊息，成功遞訊的機率高達百分之九十。

大西洋另一頭的英國信鴿軍於一次大戰結束後解散，但一九三九年二月又再度倉促成軍（即二次大戰爆發前七個月），名為國家信鴿軍（National Pigeon Service, NPS）。[48]如果有必要，國家信鴿軍有權向全英國十萬餘名賽鴿飼主徵召賽鴿報效國家。戰雲密布之際，國王喬治六世就立刻捐贈了他位於諾福克郡（Norfolk）桑德令罕宮（Sandringham）鴿舍的鴿子，不過其他飼主就沒有這樣的熱忱了；部分理由是比起皇家支持者，廣大的鴿友都是不太富裕的工人階級，承擔不起失去寶貴的鴿子。實際上，鴿子甚至被戲稱為「窮人的賽馬」。[49]儘管如此，隨著時間的推進，飼主們還是獻出了他們的鴿子協助戰事，不過當中有許多都壯烈犧牲了。

一九四〇年末，軍事情報部門發動了「鴿之行動」（Operation Columba）。在這場野心勃勃的計畫中，他們打算利用微型降落傘，將國家信鴿軍的信鴿投放到歐洲大陸。在法國抵抗運動（French Resistance）等眾多抵抗納粹入侵的大小團體及個人的幫助下，每隻信鴿都旨在探查出納粹占領區的近況。在這場行動中，危險的不只是這些信鴿而已；任何人被發現持有非登記於名下的鴿子，就會被逮捕槍殺。

自一九四一年起的四年間，超過一萬六千五百隻鴿子被空投到納粹占領區。大約只有九分之一，也就是一千八百五十隻左右的鴿子歸巢，不過這就夠有價值了。ＢＢＣ安全記者戈登．科雷拉（Gordon Corera）在他二〇一八年出版的書籍《神祕的信鴿軍》（*Secret Pigeon Service*）中，就講述了這段非凡故事，以及二戰期間廣泛利用鴿子的情形。[50]

此外，英國情報部門甚至打算用鴿子來當間諜，潛入德國陸軍信鴿軍內部，這種驚人的思路轉折很有間諜作家約翰．勒卡雷（John Le Carré）的味道。然而，如果他們不知道德軍用腳環辨識軍鴿的具體方式，或德軍軍鴿攜帶訊息用的容器設計的話，那該如何才能潛入呢？

之後事情有了突破性進展。英國想方設法在北海抓到了兩隻德國軍鴿，如此就能複製腳環和容器裝到他們自己的軍鴿上，再暗中將這群「密探」投放到歐洲的納粹占領區。英國採取了一個違反直覺的聰明之舉：他們所選的鴿子不擅飛行；意思是，鴿子們不會立刻飛回家，而是加入當地鴿群，迂迴潛入德軍所使用的鴿群中。然後這群第五縱隊*就能獲得德軍的消息，被放回英格蘭，再飛回牠們自己的鴿舍。英國便是透過這個方法得知德軍的祕密通訊內容。[51]

---

* 譯者註：指潛伏在敵方內部的間諜。

與此同時，跟一次大戰時一樣，人們在緊急危難時會利用鴿子傳訊。一隻名叫「特種兵」（GI Joe）的美國軍鴿功勞赫赫，創下了拯救義大利那不勒斯北方卡爾維維奇雅（Calvi Vecchia）村村民及一千多名英國士兵的功績。牠帶回了該村已被英國步兵成功奪回的消息，該村才免於被己方空軍轟炸的命運。這次無線電科技再次失效，鴿子則再次立功。

在這隻特種兵的努力下，牠於二十分鐘內飛越了三十二公里，趕在戰機起飛前抵達，所以特種兵也跟溫琪一樣獲頒迪金勳章，表揚牠們「在第二次世界大戰擔任美國軍鴿期間所創下的出色飛行」。實際上，二次大戰期間頒出的迪金勳章超過五十面，當中有三十二面頒給了軍鴿。[52]

另一隻獲頒迪金勳章的軍鴿名叫魔鬼司令（Commando），牠在法國抵抗運動當中扮演重要角色，幫了大忙。魔鬼司令位於薩塞克斯郡的飼主為一戰老兵兼熱心鴿友，雪梨・莫（Sid Moon）。魔鬼司令曾在英法間往來近百趟，在一九四二年六月至九月期間的三趟飛行中，還帶回了敵軍位置與英國傷兵數等重大資訊。時間來到二〇〇四年，也就是牠立下英勇事蹟後六十年，雪梨・莫的孫女以九千兩百英鎊的價格拍賣了魔鬼司令的迪金勳章。[53]

然而，鴿子在影響戰爭未來走向所發揮過的最重要影響力，當屬一九四四年六月的諾曼第登陸（D-Day），當時盟軍計畫於諾曼第海岸對歐陸發動陸海空三面總攻擊。

眾將軍在組織反攻行動時遇到了一個大難題。他們平常所仰賴的無線電通訊本來就很容易被攔截，如果使用，就等於向德軍洩漏了反攻的時間地點。這時鴿子再度救場。一隻名為古斯塔夫（Gustav）的軍鴿頂著強烈逆風，從諾曼第飛了兩百四十公里，抵達英格蘭南部海岸，牠遞送的訊息顯示第一批反攻軍已搶灘成功，反攻仍持續進行。[54]另一隻軍鴿的名字恰巧與地名相符，叫做諾曼第公爵（Duke of Normandy），牠歷經風雨飛了二十七小時，[55]橫越英吉利海峽，抵達盟軍總部，傳遞德軍防禦砲台已被摧毀的重大戰報。

古斯塔夫的這趟飛行壯舉後來被改編成英國動畫電影《鴿戰總動員》（*Valiant*），於二〇〇五年上映，由約翰・克里斯（John Cleese）、伊旺・麥奎格（Ewan McGregor）和休羅利（Hugh Laurie）等人配音。不幸的是，古斯塔夫的死並不光彩：某位不知名人士在清理牠的鴿舍時意外將牠踩死。[56]

除了惡劣天氣以及被德軍射手擊落的危險之外，這些軍鴿在返家路程上還面臨其他危險。當中有一項威脅特別讓英國指揮高層感到氣憤：他們的珍貴軍鴿很可能會被遊隼獵殺。[57]

遊隼是地表上飛行速度最快的生物。在狩獵時，牠們的時速可高達三百九十公里（超過兩百四十英里）。儘管目前已知牠們會狙殺各種不同的生物，不過最主要還是專攻鳥類，而在所有獵物中牠們最常狩獵的，就是鴿子。[58]

但就算在可怕的狩獵者面前，鴿子也不是那麼容易被擊敗的。牠們也許無法飛得像攻擊牠們的狩獵者那樣快，卻可以在半空中扭身轉向，藉此避開攻擊，身段機靈多了。話雖如此，牠們還是常被獵殺。這些攜帶重大戰訊的軍鴿會遭盜猛禽捕食，是因為這群猛禽當中，有一些是德軍刻意訓練來專門殺英國軍鴿的。在得知了這狀況後，顯然得有因應措施。

一九四〇年，負責國安事務的英國安全局軍情五處有個名叫遊隼獵殺小組（Falcon Destruction Unit）的部門，該部門的目標是讓軍鴿的傷亡數降至最低。他們訓練出五名宛如詹姆士·龐德那般的一流神槍手，還發給了他們「獵人執照」。很快地，空軍大臣便發布了《遊隼獵殺令》（*Destruction of Peregrine Falcons Order*）。59

遊隼獵殺小組在英國南部海岸巡視遊隼。他們開著美國敞篷帕卡德豪華轎車，不過也許是因為車後拖著睡覺用的露營拖車，所以豪車看起來也就沒那麼豪了。巡視時，小組成員只要一發現遊隼就會立刻射殺，戰爭期間他們獵殺了不下六百隻遊隼。然而這種有條不紊的屠殺行動，讓數量早已下滑的遊隼雪上加霜，也讓英格蘭的遊隼幼鳥數量整整少了一半，最終將這種棲息在大不列顛島南部的雄偉猛禽推向滅絕邊緣。60

不過當時納粹早已在英國國內安插間諜，而這些間諜不斷用自己的軍鴿發送祕密訊息回德國，導致遊隼獵殺小組為戰事所做的努力事與願違：正因為獵殺了不少遊隼，英國無意間讓這些德國軍鴿所攜帶的訊息能順利遞回德國。之後，英國政府的另一個部門開始用自己的遊隼狙擊德國軍鴿，卻以失敗告終：牠們確實殺掉了七隻，但殺的卻是英國的軍鴿。[61]如果無能的英國政府對鴿子、遊隼和人們帶來的後果不那麼嚴重的話，那麼人們對此應該只會覺得好氣又好笑吧。

二次大戰結束後數年，原本就因遊隼獵殺小組的關係大量減少的英國遊隼，後又因農業上廣泛使用ＤＤＴ殺蟲劑而再次受到打擊。這種殺蟲劑會進入食物鏈，累積在鳥類體內，導致蛋殼變得又薄又脆，不利於孵化。這造成了鳥類數量驟減，一直要到半世紀後的千禧年間才開始改善。[62]蒙受苦難的不只遊隼，還有鴿子：兩次世界大戰期間，許多的信鴿不是死於捕獵，就是飛到精疲力盡死亡。

如同人類捐軀一般，這些鳥類的犧牲並也不會被遺忘。除了少數那些獲頒迪金勳章的鳥之外，二〇〇四年十一月，為了追認那些在戰時為國捐軀的鳥兒等動物的集體功績，政府在倫敦的公園徑（Park Lane）立了個紀念碑以茲表揚。活動由安妮長公主（Princess Royal）揭幕，之後政府募得了兩百萬英鎊。這個動物戰爭紀念碑上有兩段碑文，第一段是簡單的獻詞；而第二段言簡意賅地寫著：「牠們別無選擇」。*

---

* 作者註：在沃辛薩塞克斯鎮（Sussex town of Worthing）的海濱公共公園裡也有一座較小的紀念碑。它小到不起眼，上面覆蓋青苔，就連碑文也磨損不清。碑文寫著：紀念在服役中奉獻生命的那些軍鳥。

這段話理所當然寫下了這些鴿子的英勇，決心要完成任務；但事實上，鴿子就跟渡鴉一樣，只是遵循著自己的天性，完全沒意識到萬一失敗了會給人類帶來什麼後果。

如今是兩次世界大戰之後科技發展日新月異的世界，對於安全傳遞重大資訊，我們也許不再認為鴿子能夠在該領域扮演積極角色。但就算進入了二十一世紀，還是有些例子證明，牠們在傳遞訊息方面的存在感，遠比我們想像的還要久。

二〇〇六年之前，東印度奧迪薩邦（Odisha）的四百間警察局一直以來都透過鴿子郵政進行日常通訊，但在電子郵件興起後，這種物理通訊的需求也就相對過時，最終鴿子郵政解散了。不過在這之前，鴿子郵政曾在兩次天災中拯救了數千條人命：一次是一九七一年的強烈熱帶氣旋，另一次是一九八二年的大洪災。[63]

試想一下，鴿子在代替這些高科技上有哪些好處。牠們可以不分晝夜快速飛行，還可以在相對短的時間內找到返回特定地點的路徑。牠們不是無線電訊號，就算混入其他鳥群也不會被偵測到，也就不會輕易被攔截。而且牠們不像人類的信差會被敵人拷問，也不會像雙面間諜那樣背叛牠們的主人。

不過，在我們這個日益多疑的妄想世界，有時就連鴿子也會啟人疑竇。二〇一〇年在一座鄰近巴基斯坦邊界的印度村莊，某位青少年偶遇了一隻身上帶有烏爾都語（Urdu）*訊息的鴿子，隨後這隻鴿子被警察扣留。雖然他們用X光掃描後沒發現異狀，卻依然向上呈報這隻鴿子是「可疑間諜」。事後社交媒體上流傳了一系列嘲諷官員有妄想症的梗圖。64

不過，這樣小心翼翼也許是對的。根據福斯新聞二〇一六年五月報導，伊拉克內部有個自稱「哈里發國」（caliphate）的伊斯蘭國（ISIS）武裝組織，他們就是利用信鴿發消息給境外的臥底。65在這前一年，伊拉克東部也出現數篇報導，伊斯蘭國的聖戰士以持有、飼養鴿子的「罪名」逮捕了十五名年輕男子。相關報導表示他們當中有人因這種看似無害的業餘愛好而遭受處決。66

鴿子的未來在哪裡？隨著高科技無人機的問世，鴿子在戰爭、諜報和組織犯罪領域會逐漸式微嗎？美國國立歷史博物館（謝爾阿米的家）館長法蘭克．布萊薩奇（Frank Blazich）博士斬釘截鐵地加以否定。博士指出，在這個新穎高科技所統御的世界，可靠、低科技的生物信差還是有著許多的好處。他解釋，多虧了大容量的 microSD 記憶卡，只要一隻鴿子就能輕輕鬆鬆的長距離運送大量影片、聲音與靜態圖片檔，還不用擔心像大部分的無人機那樣被傳統的監控系統偵測到。67

* 譯者註：巴基斯坦官方語言，印度也有大量人口使用該語。

有人在二〇〇九年測試了鴿子與網路的相對傳輸速度。他們在南非讓一隻信鴿帶著一張記憶卡從豪威克（Howick）飛往德班（Durban），旅程約一小時、距離差不多一百公里。同一時間，也用寬頻網路讓數據在兩座城市間傳送。令各地所有鴿友欣慰的是，鴿子打敗了網路。如今寬頻速度已經呈指數成長，如果現在再比賽一次，結果很可能有所不同，但南非的這個實驗證明了信鴿效率仍歷久不衰。[68]

況且，科技也有它的問題。二〇二一年八月，英國網路安全專家艾倫・渥德華（Alan Woodward）教授抱怨道，有幾隻「煩人的鴿子」停在他新安裝的衛星天線上，搞得他暫時無法使用寬頻服務。他懷疑，那是因為廚房屋頂上那個灰色上彎的天線像個鳥盆，又或者這幾隻鴿子只是在找回牠們自己的鳥盆。[69]

儘管謝爾阿米和諾曼第公爵在戰爭期間的豐功偉業為牠們自己贏得了許多讚譽，但我們人類的記憶似乎還是既短暫又具選擇性。當野鴿出現在城市的公共場所時，有時會引起當局和普羅大眾近乎偏執的敵意。過去多年來，人們對鴿子採取了許多根除和遏制措施，包括利用鷹和隼巡視、射殺、誘捕、電擊，以及拿走牠們的蛋。儘管研究顯示，牠們的數量雖然很快就能從這些蹂躪中恢復過來，但那僅僅是因為牠們繁殖的速度夠快罷了。

鴿子之所以能在城市裡發展興旺，是因為城市空間為這種適應力優越的鳥類提供了各種所需。科學家將城市稱為鴿子的「相似棲地」，牠們可以在其中尋得食物、水源、大量的棲地和築巢處：對牠們而言，這些人造建築等同於自然界的懸崖、峭壁和洞窟。*

城市裡的鴿子不是被詆毀，就是被徹底忽略，就連賞鳥專家也不覺得牠們是「合適的」觀賞鳥類。不過還是有個引人注意的例外。身兼鳥類學者、作家和節目主持人的艾瑞克・希姆斯（Eric Simms）曾在一九七九年出版了《街鴿的公共生活》（*The Public Life of the Street Pigeon*）一書。[70]希姆斯住在倫敦西北部郊區，這讓他有大量機會可以近距離觀察這群不受矚目的鴿子，不只如此，他更為這些鴿子平反，因為原本在鳥類學者的心目中並不覺得這些野鴿是什麼值得研究的主題。

希姆斯在書的開頭描述了一段一九六五年初的地鐵之旅，途中他和其他乘客觀察著一隻街鴿，這隻街鴿從某一站上車（當時尚未地下化），接著在下一站下車（該站同樣是地面車站），而且牠似乎沒怎麼在意乘客的目光。[71]十年後，他又看見另一隻街鴿，不過這次牠是在倫敦市中心的石拱門地下車站覓食。接著他進一步解釋街鴿的習性，好讓讀者讀到後面能驚喜地了解到，這

---

* 作者註：同樣的道理，理所當然也能適用於鴿子的天敵遊隼。這解釋了為什麼這兩種鳥在過去數十年間會一起搬到城市裡居住。

些我們平常忽略的鴿子居然如此迷人，特別是牠們在人類身旁被忽視，卻仍能適應良好的活著。

鴿子出現在城市與牠們所造成的問題，絕非現代專屬。早在古羅馬時期就有鴿子讓街道變得髒亂的記載。時間倒轉回十四世紀末，當時倫敦聖保羅大教堂的主教還抱怨道，人們對著這群鴿子丟石頭，卻砸破了大教堂的窗戶。[72]

在那之後城市範圍持續擴大，鴿群數量也隨之增長。不過，當二十世紀早期馬車被汽車取代後，鴿群的數量曾短暫減少了一陣子（這是因為，城市不再有餵食馬匹用的穀物，大批鴿子也隨之挨餓）。

接下來，二次大戰後城鴿的數量有所回彈；這可能是因為城市居民和遊客無意間掉落身上的食物或刻意餵食，讓鴿子的食物供給來源變得更加廣泛。在一部一九六四年上映的電影《歡樂滿人間》（*Mary Poppins*）中，有一首叫〈餵鳥〉（Feed the Birds）的歌讚頌了這種習慣。片中主角瑪麗．包萍（Mary Poppins）由首次出演便獲得奧斯卡金像獎的茱莉．安德魯絲（Julie Andrews）飾演，她在劇中動人地唱道：「一位坐在聖保羅大教堂台階上的老太太，賣著一袋兩便士的麵包屑」。[73]電影裡被吸引來的成群白鴿實際上都清洗過了，真正的倫敦鴿灰撲撲又髒兮兮。電影上映後半個世紀，大教堂網頁上刊登了「餵鳥」紀念杯碟的廣告，卻矛盾地在教堂外頭掛上「請勿餵食鳥類」的警告標語，看來大教堂官方對野鴿的態度也很模稜兩可。74

聖保羅大教堂並不是倫敦唯一一處禁止餵鴿的觀光場所。另一處知名地標特拉法加廣場也曾是英國最知名的餵鴿場所，在這兒常有自營飼料攤商沿街兜售飼料，而且「一袋遠不止兩便士」。*二〇〇三年，時任倫敦市長肯．李文斯頓（Ken Livingstone）做了個驅逐飼料攤商的激進決定，並利用北美哈里斯鷹（Harris Hawk）來嚇跑鴿子。他為什麼要這麼做？那是因為數以千計的鴿子群聚在廣場，產生的大量鳥糞對人體健康有害（一隻典型的鴿子一年約製造十二公斤的糞便）。75

事實證明，這個決定並不受歡迎。對倫敦人和造訪首都的遊客來說，特拉法加廣場已經與餵鴿子的地方畫上等號。同時該政策很快就爆發了成本爭議：達到令人瞠目結舌的十三萬六千英鎊，等同於一隻鴿子花三十英鎊。市長辦公室提出反駁，表示一旦政策實施，就不再需要頻繁清洗納爾遜紀念柱和廣場上的眾多雕像，例如噴水池邊的獅子雕像，省下的潛在費用遠遠超過驅逐鴿子的初期成本。76

* 作者註：在一九六五年上映的一部間諜電影《機密檔案》（*The Ipcress File*）中，米高．肯恩（Michael Caine）主演一名反派間諜英雄哈里．帕默，片中他的上司羅斯上校在辦公室窗台上餵著鴿子，背景正是特拉法加廣場的納爾遜紀念柱（Nelson's Column），這足以證明該廣場與鴿子的淵源頗深。

抗議聲浪最終還是平息了。自二〇〇七年九月起，全面禁止在特拉法加廣場和周邊一帶餵食鴿子，違者處五百英鎊罰款。[77]此後，歐洲與北美的許多城市紛紛仿效，威尼斯與紐約也同樣推出餵鴿禁令。[78]

推行該政策的一個常見理由是，鴿子身上帶有各式各樣的疾病，當中有一些會對人類造成潛在傷害，在少數不幸狀況下甚至還會致命。[79]然而不是每個人都同意用這麼嚴苛的態度來對待鴿子。《全球鴿子》（*The Global Pigeon*）一書作者[80]、紐約大學社會學與環境研究教授柯林・傑羅麥克（Colin Jerolmack）就質疑，就算鴿子數千年來早已跟人類共同生活在大小城鎮與城市之中，政府和廠商還是一律把城鴿妖魔化為「害鳥」。

他發現，人們對鴿子的態度轉變發生在一九六〇年代早期，那時鴿子與和平神聖之間的連結開始斷裂，並轉變成他口中「需要消滅的危險害鳥」。他接著表示，當局藉著消滅倫敦最知名公共場所的鴿子，來宣揚一個過時、錯誤且冥頑不靈的觀點，那就是城市屬於人類，而非屬於自然。[81]

話雖如此，在不尋常的極端狀況下，鴿子還是會對人類的健康構成嚴重威脅，這點無庸置疑。餵鴿禁令的支持者指出二〇一九年發生的一件慘劇，當時格拉斯哥（Glasgow）的某間醫院由於衛生條件不佳，導致一名孩童死於真菌感染，而真菌的來源很可能就是鴿子的糞便。[82]不過，是否有必要因此對城鴿發動全面對抗，仍有待商榷。

提到城鴿這個主題，就不得不提到史上最偉大的諷刺歌曲創作人湯姆・萊勒（Tom Lehrer）和他的歌曲〈在公園裡毒鴿子〉（Poisoning Pigeons in the Park）。這首歌收錄在一九五九年萊勒發行的專輯《與湯姆・萊勒一同消磨夜晚》（*An Evening Wasted with Tom Lehrer*）[83]中，它預示了人們對這種無所不在的鳥類所抱持的負面態度。這首歌曲短捷、調性輕鬆活潑，隱晦傳達出了陽光燦爛下的暗黑幽默，令人訝異。

事實上，萊勒很同情這群受人喜愛的城市之鳥；那些既挖苦又詼諧的歌詞，其實是劍指美國魚類及野生動物管理局（US Fish and Wildlife Service）。該單位職員曾在穀物裡加入馬錢子鹼*，企圖毒死紐約中央公園的鴿子。

鴿子也許會被迫害、毒殺與妖魔化，但就連我們自己都沒意識到，牠們仍然持續影響著我們的集體想像力。仔細看看社交媒體巨擘推特（Twitter）的符號吧†；這個大家都認得的符號顯然是一隻飛躍中的鳥，但究竟是哪一種鳥呢？

---

* 譯者註：strychnine，該物常被製成老鼠藥。

† 譯者註：Twitter已於二〇二三年七月更名為X。

這取決於你看到的是哪個版本的標誌。有時 Twitter 標誌呈現的是白底青鳥；但有時又是青底白鳥。青鳥版本常讓人聯想到某個特定鳥種：山藍鴝（Mountain Bluebird，學名：*Sialia currucoides*）。這種麻雀般大小、具有遷徙習性的鶇科鳥類在西北美山地一帶繁殖，棲地範圍北從阿拉斯加，南到加利福尼亞，正好距離 Twitter 位於舊金山的全球總部不遠。[84]

但白鳥版本明顯代表了另一種鳥：我們人類與牠的象徵關係，可以追溯到文明的開端。這顯然與二〇一二年六月推出新版本標誌時 Twitter 前任創意總監所說的相符：這種鳥意味著「自由、希望與無限可能的終極體現」。[85]

除了不起眼的鴿子外，這世界上最有效率的傳訊信差，還能是誰呢？

第三章 WILD TURKEY（*Meleagris gallopavo*）

03.

野化火雞

火雞：一種大型鳥類，在特定宗教紀念日食用牠的肉，具有證明其虔誠與感恩的特質。

——安布羅斯．比爾斯（Ambrose Bierce），《厭世辭典：愛在酸語蔓延時》（*The Cynic's Word Book*），1906 年[1]

他們和其他美國家庭一樣，在寒冷十一月的某天坐在一起用餐。同樣重要的是，也要謝謝上帝帶給他們這一年的豐收。禱告後，大家開始享用大餐——餐桌中央擺著一隻巨大的烤火雞。

這頓晚餐是美國神話中「第一場感恩節」大餐，席上約五十名朝聖先輩（Pilgrim Fathers）或稱朝聖者（Pilgrim）的倖存先驅，一年前他們才搭乘《五月花號》（*Mayflower*）來到新大陸。

一六二〇年九月十六日清晨，一行人自英國普利茅斯的德文港（Devon port）啟程。* 儘管人們樂觀地說，這趟旅程有著「順風」的有利條件，但它仍然漫長、不適且充滿危險。原本預計幾周就能抵達，不過卻遇到強風，因而在沒有帆的情況下漂流許久，花了整整兩個月才抵達。[2] 最後，他們在十一月十九日看見陸地；兩天後，《五月花號》在現今麻薩諸塞州的鱈魚角（Cape Cod）靠岸。

雖然這群朝聖者安全抵達了新大陸，但第一個冬天卻異常難熬：嚴寒氣候意味著他們無法找到合適地點建造定居地，所以他們只好繼續住在船上，許多人死於壞血病、肺炎和肺結核。[3] 因為地面凍結，所以無法種植作物，暴風雪也阻礙了他們探索周邊區域。到了隔年春天，有五十三人活了下來，只有原本人數的一半而已。[4]

不過，之後這群朝聖者的處境漸漸從谷底攀升。在原住民萬帕諾亞格人（Wampanoag）的幫助下，他們學會了如何在這片陌生的惡土存活。一六二一年十一月，也就是抵達後滿一周年的這個月，這群朝聖者終於能以第一次成功收穫之名向上帝獻上感恩。他們與萬帕諾亞格人坐在一起，足足享用了三天的盛宴。[5]

這就是現代感恩節的前身，舉辦時間在每年十一月底，後來林肯總統於一八六三年確立了這項傳統。如同盛宴上的其中一位朝聖者愛德華．溫斯洛（Edward Winslow）寄回英格蘭的家書中所言：「收成後，總督派了四名男性去獵禽（fowling），這樣大家就能匯聚辛勤的果實，一同以特別的方式歡度。」[6]

我們無法確認這場歷史盛宴上所烹飪食用的究竟是哪種「禽類」。但考慮到某種特殊禽類的數量和體型，盛宴上的主菜很有可能就是世界上最大的野禽：野化火雞。†

‖

據估計，美國人每年消費掉二點五億到三億隻的火雞，當中有六分之一會在感恩節享用。全國火雞聯合會表示，在被戲稱為「火雞日」（Turkey Day）的這天，將近百分之九十的美國人會

＊ 作者註：所有日期均為現今的新曆法，若採當時的曆法，時間會再早個十天。

† 作者註：有人認為所謂的「獵禽」指的是主要獵物鴨或鵝；不過，「第一場感恩節」的概念實在太過強大，所以這種吹毛求疵的爭論常為人所遺忘。附帶一提，當時的「家禽」指的是所有大型鳥類，當中也包含火雞。

以火雞為主菜，主要還是出於實用與文化因素：沒有一種鳥能像火雞那樣，大到可以一次餵飽聚會上的眾人。「火雞在美國人生活中扮演的一項最重要功能」，就是成為感恩節盛宴上的焦點。[7]

從班傑明・富蘭克林（Benjamin Franklin）到亞歷山大・漢彌爾頓（Alexander Hamilton）等政治人物都曾讚揚過火雞在這個一年一度的慶典上無所不在，漢彌爾頓甚至宣稱，「在感恩節這天，所有美國公民都不該不享用火雞」。這當然也包括國家元首：大約一個世紀以來，每年感恩節美國總統都會收到一隻活火雞，在這天和家人一同享用。不過近年來送去的火雞都會得到總統赦免，允許牠安然度過餘生。

亞伯特・哈森・萊特（Albert Hazen Wright）一九一四年發行了一本詳述美國野化火雞的編年史，他在書中總結，火雞在美國早期史扮演非常重要的角色：「所以，我們知道野化火雞對探險家有多麼重要、牠在開拓者和印地安人儲備食物上的幫助有多麼顯著、牠成為了我們原住民、居民和外國運動員的運動獎品*，以及牠早早就被大家選為歡樂節慶的象徵。」[8]

後世的歷史學者拋出疑問，他們質疑一六二一年盛宴與現代感恩節的關聯，同時也指出感恩節與朝聖者的關係直到南北戰爭期間才變得明確，但這已是距離首次盛宴後兩個多世紀的事了。當時林肯總統宣布，今後感恩節這個全國性節日就定在十一月的最後一個星期四。[9]

但是，如同本書中的許多故事證明的，最終神話的力量還是壓過事實。如同某位歷史學者所言，「因為火雞產於美洲同時也是荒野富饒的象徵，所以人們才會在感恩節盛宴上選擇享用火雞。」[10]所以，象徵意義似乎還是戰勝了歷史事實：如同一九六二年電影《雙虎屠龍》（*The Man Who Shot Liberty Valance*）的名言所說的，「一旦傳說成為事實，那就把它印出來。」

當今的火雞早已被馴化、並以工業化方式量產。在大西洋兩岸，火雞也不再只在感恩節才會出現，就連聖誕節也以火雞為主餐。[11]我們在這些節慶圍繞餐桌而坐，食物將我們聚在一塊，讓我們能忘卻平日裡那些家庭紛擾與爭端。正如美國作家兼製片人諾拉．艾芙倫（Nora Ephron）所言，「火雞、番薯、餡料還有南瓜派。還有什麼比這些更能讓我們認可的嗎？我想沒有。」[12]

究竟火雞是如何成為食物、家庭，以及「家」這個概念的關鍵橋梁，還有牠是如何成為歷史學者安德魯．史密斯（Andrew Smith）口中的「美國象徵」的[13]，一則引人入勝的故事可以回答這兩個問題。這將追溯至遠在朝聖者抵達前的早期美洲文明。故事需要抽絲剝繭，但牠對現代社會的重要性，跟塑造美洲大陸歷史的兩群人不相上下：美洲原住民及歐洲定居者。

---

* 譯者註：中世紀歐洲農民會於節慶或農閒時打保齡球，但由於要連續三次全倒有難度，所以後來在感恩節時，火雞就被拿來當成三次全倒的獎品。

畢竟，若這群朝聖者先驅沒有這些唾手可得的大量野火雞肉的話，那麼歐洲人也許也就完全不可能活著殖民北美大陸了。換句話說，如果沒有火雞，世界歷史的進程也許會走上不同的道路。

野化火雞是目前我們每年節日所消費的家養火雞的祖先，是北美近二十種野禽中最大的一種，也是該大陸中最大型的鳥類之一。野化火雞也是雞形目（Galliformes，俗稱野禽）近三百種物種中體型最大、體重最重的一個。*

雞形目是世上最古老的一種鳥類家族，成員包含了雉雞、山鶉、鵪鶉、松雞、孔雀和叢林雞（家雞的祖先）。據信野化火雞大約於兩千萬年前演化而來；牠的祖先可能曾經與恐龍同個時期。[14]牠的近親是猶加敦半島（位於墨西哥東南部，貝里斯以及瓜地馬拉部分地區）上的眼斑火雞（Ocellated Turkey），馬雅人甚至將猶加敦稱為「火雞之國」。[15]

乍看之下，野化火雞就像身材纖細緊實的家養火雞。牠的體型龐大、笨重又帶點豐腴，脖子也長，雄火雞在求偶時會像孔雀一樣開屏。牠的色調整體偏深，不過仔細看會發現當中又有許多不同的變化，泛著斑斕綠褐色調，翼尖為白色（大部分無毛）；至於頭頸喉部則呈現紫銅色光澤，藍紅相間。

火雞偏好住在混合林和一些草地裡的果園中，除此之外，沼澤等郊外也是牠們的棲息範圍，換句話說，牠們在那些可以覓食和安全躲避獵食者的地方，都能成長。†跟那些滑稽、被養得過胖來吃的家養火雞不同，野化火雞在遭受威脅時能以快速低飛或驚人的速度逃離，短跑時速高達每小時二十五英里。[16]有必要的話，火雞甚至會展開尾巴、收起雙翼，然後用牠們有力的雙腳蹬水游泳。[17]

野化火雞遍布北美各地，不過有些地區的火雞，是為了打獵目的而被引進的野化火雞後代。另外，由於與家養火雞雜交，所以美國東部地區的火雞很可能或多或少都帶有一點牠們的基因。火雞後來也被引進到美洲之外的地區，並獲得大小不一的迴響。當中有一小群被引進德國和捷克（不過當中有一些可能是該地家禽的後代）；夏威夷和紐西蘭的火雞則較大群，而且已能自

＊ 作者註：一隻成年雄火雞身高可達一百二十五公分、重達十一公斤。雌火雞矮得多也輕得多，典型的身高介於七十六至九十五公分之間，重則在二點五至五點四公斤之間，整體大小不到雄鳥的一半。根據全國野化火雞聯合會的資料顯示，目前已知最重的雄性野化火雞，體重達到驚人的十六點八五公斤，是紀錄中最重的野鳥之一。

† 作者註：牠們的獵食者實在很多，包含狐狸、浣熊、貓頭鷹、烏鴉、鷹、鵰、蛇、美洲獅、土狼、短尾貓、山貓、貓和狗，但這些獵食者的主要目標並不是龐大又兇狠的成年火雞，而是牠們的蛋跟幼鳥。另外，倒楣一點的火雞甚至會在水邊喝水時被潛伏的鱷魚逮住。

我獨立維持數量。[18]至於英國，十八世紀中期英王喬治二世在倫敦西南方里士滿的皇家花園放養了好幾千隻火雞，以供游射或獵犬狩獵之用。[19]

在北美，野化火雞的數量據估計約（從一九七三年的一百五十萬上升到）六百七十萬隻左右。[20]不過，若將感恩節與聖誕節前後、現象級的四億二千萬隻家養火雞相比，這個數量就顯得黯然失色。[21]

對早期生活在北美的原住民來說，這樣體型龐大、數量充足且能輕鬆到手的食物來源，顯然很受歡迎。不過就如同其他美味的野禽和水禽，比如家雞、鵝和鴨的祖先，這些原住民最終一定會意識到，若能夠圈養牠們，生活就輕鬆多了。這麼做也遠比到野外打獵簡單，全年都有穩定的肉和羽毛供應。

據信，舊大陸的雞和鵝在大約七千至五千年前被馴化，很快地鴿子也接著被馴化（見第二章）。[22]後來的火雞則在約兩千至兩千三百年前，也就是耶穌基督誕生前不久被馴化。在那之前，美洲的原住民大多過著游獵採集的生活；得等到他們建立定居處，能種植穀物養活自己和牲畜，牠們才有餘力開始圈養動物。因此火雞才成為美洲唯一馴化的重要物種（其他像是鵝和雞，是先在舊大陸就被馴化，後來才被帶到新大陸）。[23]

有兩處相隔甚遠的地方，兩個不同族群幾乎在差不多時間開始馴養火雞。一個位於墨西哥南部，他們在阿茲特克人（Aztecs）之前的某個時間點便開始馴養起火雞（阿茲特克人常被誤認為是第一個馴養火雞的族群）；[24]另一個則是居住於美國西南部四角落（Four Corners）的阿納薩齊人（Anasazi）。[25]不過約八百年前，阿納薩齊人所馴養的火雞與他們的文明一起滅絕了，也就是說，墨西哥南部的亞種火雞是當今所有家養火雞的祖先。[26]諷刺的是，這支獨特的亞種目前在野外已瀕臨滅絕。

根茲維（Gainesville）佛羅里達自然歷史博物館的考古學者最近挖掘到一些出土證據，顯示至少在兩千三百年前，家養火雞就已經在慶典上被拿來供奉和食用。他們更發現西元前三五〇年，馬雅統治者所舉辦的宴席上，火雞就已經成為主菜，這比先前認為的還早了約一千年。

這個新出土的真相，讓歷史學者重新審視了馬雅文明一番。如同首席研究員艾琳·甘迺迪·桑頓（Erin Kennedy Thornton）所言，我們現在了解到馬雅文明有大量能輕易取得的食物來源，因此便不再將早期馬雅人當成僅能勉強維持生計的獵人，甚至他們還能對食物加以管控：

「對動植物的馴化，透露出人類與環境之間極其複雜的關係，也就是我們人類企圖調整並控制環境。」[27]

不過，我們人類並不是只出於食物這個主因才馴養火雞。二〇一二年，考古學者在科羅拉多州挖掘某個美洲原住民村莊時，發現了一個滿是火雞骨的墓穴；那些骨頭不會是宴會後隨意丟棄的，肯定是在某些宗教儀式上經過仔細排列後掩埋的。[28]

有些族群，例如夏安族（Cheyenne）相信吃了火雞的人會變膽小，所以他們是為了火雞長長的尾羽才馴養火雞，這些羽毛可以用來製成箭、衣物和毯子，或者在慶典上使用。翅膀的羽毛可以做成臨時掃帚跟扇子。腿後利爪上的尖刺有時可以做成耳環，或是製成拿來射殺小動物的箭頭。[29]

過去這些火雞具有象徵性意義，所以原住民就算收成欠佳，依然會拿珍貴的玉米餵食牠們，將牠們養胖保持活力。[30]不過到了普魏布勒時期（Pueblo period，西元七五〇年至一五〇〇年）*的某個時間點，可能當時食物短缺到人們別無選擇，便開始烹煮這些火雞來吃。來自外部的威脅也可能是另一個原因，這些威脅讓長途跋涉去狩獵動物變得危險不堪。我們可以從考古遺址研究中推測出這點：幾乎就在鹿骨消失的同時，火雞骨出現了。無論原因是什麼，如同一位考古學者所說的：「從食用火雞禁忌到大量飼養食用火雞，這樣的轉變何其巨大。」就算到了今日，某些早期獵人的後代仍舊認為，火雞具有重要的象徵意義與文化價值。[31]

在南方的墨西哥，阿茲特克人吃掉的家養火雞也不少。十五世紀上半葉，蒙特蘇馬二世（Montezuma II，又稱莫克提蘇馬〔Moctezuma〕）就拿火雞去餵食他蒐集的大型猛禽，部分資料顯示數量多達一天五百隻。若將王族的飲食需求也考慮進去，那麼蒙特蘇馬二世一天所需的火雞數量將超過一千隻。[32]

在最初為了宗教儀式和慶典宴會而飼養火雞開始，近兩千年間，美洲的家養火雞和野化火雞一直共存，期間也存在著少量的火雞貿易。接著就迎來了一連串永遠改變美洲歷史文化的歷史事件：歐洲征服者的到來。首先是克里斯多福・哥倫布（Christopher Columbus）和胡安・龐塞・德萊昂（Juan Ponce de Léon），然後是埃爾南・科爾特斯（Hernán Cortés）；哥倫布登陸後一個世紀，則是英國探險家、詩人兼冒險家華特・雷利爵士（Sir Walter Ralegh）。

據信在一五〇二年，哥倫布在宏都拉斯外海一座島嶼上大快朵頤了一種體型龐大的不知名野禽，[33]所以他可能是第一位看見跟吃到火雞的歐洲人。可以肯定的是，西班牙人於一五一八年發現墨西哥後不久，就把活火雞帶回了歐洲，這堪稱歷史上的大事件。如同阿利・蕭爾格（A. W. Schorger）於他的權威物種史書中指出的：「北美之所以能在鳥類方面對全球史做出重大貢獻，都是西班牙探險者將火雞帶回了西班牙的緣故。」[34]

＊ 譯者註：名稱來自美國西南部的印地安人村莊。

馴養和食用火雞的風俗迅速從西班牙向北傳播，途經法國，最後在十六世紀中葉傳到了英國。人們常常把將火雞引進英格蘭的功勞歸給探險家兼地主威廉·史翠克蘭（William Strickland），他的家徽上畫有一隻揚起尾巴、拖著聖經的雄火雞。[35]

歐洲人對於玉米、番茄、馬鈴薯和巧克力等等相當挑剔，他們花了許多時間才願意吃這些新大陸的食物，不過火雞卻另當別論，很快就成了歐洲人的最愛，尤其是英國人。事實上，後來火雞甚至取代了鵝肉和另一種大型食用鳥類天鵝，畢竟天鵝肉（尤其是成鳥）可是出了名的難咀嚼。

食物歷史學者大衛·詹帝科（David Gentilcore）教授表示，因為火雞肉屬於白肉，跟歐洲人早就在食用的肉質相似，所以人們馬上就知道該怎麼料理這種鳥類。除此之外，他認為還有一個聽起來較勢利的原因，那就是火雞肉是一種唯有上層階級才消費得起的肉品，是昂貴的舶來品，於是火雞很快就成了地位與財富的象徵。[36]一位評論員逗趣地說道：「在這個鸛鳥肉、鷺肉和鳾肉才算得上美食的大陸，肥美多汁的火雞肉引起了一陣騷動。」[37]

安德魯·史密斯（Andrew Smith）表示，在接下來的一世紀，「火雞飼養場在全英格蘭如雨後春筍般冒出。」[38]他還指出，到了十七世紀中葉，一大群一大群的火雞會像牛一樣定期被趕到數英里外的市場上賣。發行過數本鄉野遊記的小說家丹尼爾·笛福（Daniel Defoe）*於書中寫道，東盎格利亞（即東英格蘭）通往倫敦的道路上全塞滿了火雞，每群都多達一千隻。39

由於火雞飼養方興未艾，火雞肉很快便失去了獨特地位，隨之成為一種新興中產階級也負擔得起的食物。甚至早在朝聖者抵達北美大陸前，英國就出現了火雞食譜烹飪書。40另外在十六世紀，歐洲之所以能免於大規模饑荒，很可能就是多虧引進了火雞。史密斯表示，當時農地逐漸退化，導致主要糧食短缺：「歐洲處在普遍營養不良與潛在饑荒的臨界點。此時的火雞不再為富裕貴族專屬，而是迅速成為幾乎所有人都能輕易取得的食材。在缺乏蛋白質的十六世紀歐洲，肉多多益善。」

早在一五七〇年代，火雞傳入英國後不久，很快人們便在聖誕節這天有了享用火雞的風俗，料理方式多元，或煮或烤或燉。然而隨著清教徒興起，慶祝聖誕節的風俗一度沒落，這項傳統也被大力禁止，一直要到一六六〇年的王政復辟時期才恢復。41到了一七九二年，火雞與節日大餐已畫上等號，詩人約翰．蓋伊（John Gay）為此還創了這樣的對句：

＊ 譯者註：知名著作為《魯賓遜漂流記》。

下自農民上貴族
火雞肉香溢家戶[42]
（From the low peasant to the lord
The Turkey smokes on every board.）

到了十九世紀中葉，也就是查爾斯・狄更斯（Charles Dickens）的年代，火雞已成為聖誕節的必備餐點。也許在英國節慶料理中將火雞的核心地位發揚光大的，正是狄更斯本人，不只如此，他還創造了現代聖誕節的儀式傳統。在他一八四三年出版的《小氣財神》（*A Christmas Carol*）一書中，改過自新的守財奴史古基送給他的員工克拉奇一隻火雞，好讓他們一家人能享受豪華大餐，而「這隻火雞足足比克拉奇那骨瘦如材、體弱多病的兒子小提姆還大上一倍」。[43]

不過，人們早在很久以前就開始對這種鳥的名字感到困惑。就如同先有雞還是先有蛋的問題一樣，人們常常好奇，火雞（turkey）這個英文名字究竟是不是以土耳其（Turkey）的國名來命名的。火雞這種源自美洲的鳥，牠的名字居然跟遠在另一頭、那個橫跨歐亞大陸的國家一模一樣，一想到這兒，兩者間的關係就更讓人費解了。*

關於火雞名字的起源有兩種說法。[44]一種說法認為，第一批從西班牙運抵英國的火雞是由土耳其君士坦丁堡（今日的伊斯坦堡）的商人所負責。這種說法有事實根據支持，因為當時的英國人傾向將「Turkey」或「Turkish」一詞加到產地，或更遠方的舶來品名稱上。

第二種說法是，英國當時已經把珠雞（Guinea Fowl，原產於非洲）叫做火雞，而珠雞也由土耳其商人負責運送到英國，所以命名脈絡同上。因此，儘管真正的火雞大得多，但這種相似的鳥一被送到英國，也就輕易得到相同的名字了。

綜合這兩種說法，答案大概呼之欲出。事實上，火雞這名字的由來更早：蕭哲指出，早在十四世紀左右，被馴養的孔雀和野生大雷鳥（Capercaillie，雄鳥長得很像小隻雄火雞）也都叫做「火雞」。[45]這種身分危機同時也反映在野化火雞的學名 *Meleagris gallopavo* 之中，大致翻譯成白話文就是「像珠雞的雄孔雀」。[46]

首次提到火雞（當成一種鳥類被提及）的作品，於一五五五年問世；到了一五九八年，莎士比亞寫下《亨利四世（第一部）》（*Henry IV Part I*）時，火雞一詞早已為吟遊詩人廣泛使用，無需多加解釋。[47]

---

* 作者註：土耳其於二〇二二年決定放棄「Turkey」這個英文譯名，選擇改用該國自稱「Türkiye」，以便讓人們不再將兩者混淆。

無論火雞名字由來為何，但峰迴路轉的是，這群朝聖先輩帶著家養火雞，踏上了橫跨大西洋的長途旅程，讓牠們最後又回到了那片牠們祖先所生活的土地。這群先驅在麻薩諸塞州努力探索新家園時，最終想必會驚訝地發現，有許多同種的火雞在森林裡自由遊走。

當時肉類的來源主要來自狩獵，而野化火雞體型碩大、肉質鮮美、（在當時）數量充足而且不怕人類，所以是一種理想的獵物。如同早期殖民者威廉・史崔奇（William Strachey）於一六一〇年所說，火雞肉是「我在那裡所吃過最好吃的鳥肉」。[48]定居者時常藉助技巧純熟的美洲原住民獵人幫他們追蹤、獵殺和捕捉火雞。十七世紀一篇紀錄中還提到，就算火雞遭到射擊而無法飛行，也還是要快點追趕、逮住牠們，否則牠們就會逃之夭夭，躲進森林裡。[49]

其他的捕獵方法，還包括趁牠們在啄食地上的玉米粒時撒網、利用誘餌包圍牠們再趕進圍欄，或是用吹箭射，這種孩童用的捕獵法成功率也不低。若是在嚴冬時期就更好捕獵了，因為在積雪中奔跑的火雞很容易就跑累跑不動。[50]

還有另一種找出野化火雞的方法，那就是製造巨響。人們很早就發現火雞像孔雀和雉雞等野禽一樣，會對任何出其不意的聲響迅速做出反應。藝術家兼探險家約翰・詹姆斯・奧杜邦（John James Audubon）觀察到，只要在火雞聽得到的範圍內劈砍林樹，牠們就會發出巨大的格格叫聲，此舉很可能是在警告同伴有潛在危險。諷刺的是，牠們這麼做反而讓自己很容易遭到追捕射殺。[51]

到了十九世紀上半葉，火雞被大量飼養，成為一種常見食材。一八三三年，湯瑪斯．漢彌爾頓上校（Captain Thomas Hamilton）在參加了一場提供火雞的費城晚宴後，他寫下了一段話，對往後的晚餐禮儀造成了有益的重大影響：「沒人可以在滿嘴火雞時口出惡言，所有的爭端與紛歧都在一同享用火雞餐時忘卻。」[52]

大概就是這個時期，火雞比其他鳥類還愚蠢的觀念（儘管一點也不合理）開始深植人心。這可能是因為火雞就算被逼到絕境，也不肯奔跑或飛行，或是因為牠們晚上常棲息在低矮的樹叢間，導致常常輕易就被射殺。[53]不管原因為何，火雞在諺語中成為蠢笨的代名詞。馬克．庫克（Mark Cocker）在他的《鳥與人》（*Birds and People*）一書中記錄了不少鳥類文化信仰，當中有一則廣為流傳的都市神話：如果火雞在雨天時仰望天空，牠會吞下一堆雨水把自己給溺死。[54]儘管此說早已被徹底駁斥，但人們還是深信不疑。

此外庫克還指出，令人訝異的是，「gobbledegook」（或作 gobbledygook）一詞的起源是晚近到一九四四年才出現的，它在字典裡定義為「特指官僚、官方語言或行業術語裡充滿矯飾、冗長枯燥或過度專業，致使到了對普羅大眾來說難以理解的地步；胡扯、令人費解。」這個字源自於模仿雄火雞所發出的奇特喉音，常寫作「格格格格」（gobble gobble），最早的紀錄出現於十八世紀初。[55]

「火雞」這個詞在不同的情境下有時會單獨使用，有時又會與其他字或片語連著用，不過用法上很少跟這種鳥本身有關。當人們，尤其是政治人物表示要「談談火雞」（talk turkey）時，意思是指他們想開誠布公地討論難題。[56]而「冷掉的火雞」（cold turkey）一詞早在一九二一年就已偏離單純的烹飪意涵，指的是吸毒或酒精成癮者在戒癮時的痛苦。[57]在影視圈，「火雞」一詞通常被用來形容戲劇或電影口碑不佳、票房慘澹，《牛津英語詞典》將其定義為「不成功的劣等影劇作品，失敗之作；令人失望的毫無價值之物」。這些各式不同的火雞用法，也證明火雞在美國的語言文化中有著重要地位。

火雞，特別是養殖火雞，也以好鬥出名（這點當之無愧）。這種好鬥本性源自於野鳥的求偶行為，體型較大的雄火雞必須先擊退對手才能與雌火雞交配。在蘇丹的喀土木圍城戰（Siege of Khartoum）期間曾發生一起詭異的家養火雞攻擊事件。在遇害的前幾個月，時任英國總督查理·戈登（Charles Gordon）在他一八八四年九月的日記中寫道，有一隻雄火雞殺了牠的兩個孩子。不過戈登私下還是很讚賞火雞，他寫道：「豎起每根羽毛的雄火雞，頸部呈現斑斕的彩虹光澤，這是體力的寫照。」[58]

撇除愚蠢與好鬥不談，許多觀察者都認同戈登總督對火雞的正面評價。亞伯特·哈森·萊特（Albert Hazen Wright）*更曾借用奧杜邦所創的「美國最高貴的野禽」一詞來稱呼火雞。[59]

不過時至今日，我們大量消費火雞的行為開始遭受質疑。許多人不禁問道，在感恩節和聖誕節大吃火雞的悠久習俗是否該繼續維持下去，這可取嗎？

儘管發達國家的素食主義者和純素主義者有增加的趨勢，但世界人口不斷增加，對各種肉類的需求也不斷增加，火雞肉也不例外。單單二〇一六年一整年，全球市場對火雞肉的需求就上升了百分之九，超過六百萬噸；到了二〇二五年，這個數字預估會達到每年七百萬噸。[60]

二〇二〇年，光是美國消費者就購買了近兩百四十萬噸的火雞肉，相當於每一位美國男女老少都消費了驚人的七點五公斤火雞肉：這數字是一九七〇年的將近兩倍。[61]更值得一提的是，他們還不是把火雞肉全部吃掉：光是感恩節，大約就有九萬一千噸的火雞肉被丟掉，這堪比一頓豐盛大餐的肉量。[62]

如你所料，火雞肉消費量最高的國家都是發達國家，譬如美國、加拿大、歐洲和部分拉丁美洲國家。但隨著亞洲國家生活水準提升以及飲食日漸西化，中國和印度等人口眾多的國家也在提升火雞肉銷量。這對美國的火雞養殖場來說當然是好消息；畢竟全世界一半的火雞都由他們供應。[63]

＊ 譯者註：美國康乃爾大學的爬蟲類學者兼教授，同時也是世界鳥類學者聯合會的榮譽會員。

不過這對火雞來說，實在不算什麼好消息。近期動物福利運動人士開始關心起百萬隻火雞的養殖方式。擁護動物（Advocates for Animals）組織羅列了一些現行的養殖景象：「過度擁擠，身體傷殘、違反天性、快速生長、衛生條件差，以及不人道的運送和屠宰方式」。[64]該組織同時指出，自一九七〇年代起，火雞養殖場的養殖方式發生了重大轉變。過去遍布美國鄉村的小型家庭農場如今已不復存在，如今都被大型工業孵化場所取代，而每個孵化場的大小都是一九七〇年代的二十倍以上。孵化場內新生的火雞會被送進巨大的畜棚裡，每個畜棚約兩千三百平方公尺，得容納高達一萬隻火雞。換句話說，每隻火雞所能分配到的空間僅不到四分之一平方公尺。

這樣的空間數字有點難以想像。請試想一下：在英格蘭和威爾斯，典型的房樓地板面積是九十九平方公尺。若依現行標準，這樣的空間得塞進四百多隻火雞。此外，為了防止這些壓力過大、過度擁擠的火雞互相殘殺，孵化場會在未做麻醉的狀況下切掉牠們的尖喙和腳趾；這讓火雞苦痛難當，嚴重的話甚至會早夭。

至於「放養」這個法律用語，據運動人士的說法，它對火雞的福利也沒帶來多大改善。因為這個詞基本上沒啥意義，只是法律上用來要求讓火雞「走到」戶外的用語；而火雞本身究竟是否會利用這個放養機會令人存疑，尤其在深冬時節。

不過最駭人的統計數據，當屬這群不幸之鳥的成長速度。現代的基因操縱技術，讓這些火雞能夠長得比自然狀態下還要快。根據一份農業報刊報導，該技術帶來了難以想像的成長速度：「如果一名七磅重的人類嬰兒以現今火雞的成長速度來成長的話，那麼嬰兒十八周大時，體重將重達一千五百磅（也就是六百八十公斤或一百零七英石*，相當於八名成年男性的體重）。」65 現代農場養出來的火雞體型巨大（坦白說根本比例失調），體重超重，這代表牠們根本走不動，更遑論飛了。此外，牠們還很容易染上各種疾病，所以必須施打大量抗生素。再來，因為被養得太胖，所以甚至需要採用注射器進行人工授精，才能培育出下一代幼鳥。

家養火雞壽命短暫，但對牠們而言也算是種解脫。火雞通常長到三、四個月大左右就會被送去宰殺，而宰殺過程實在不適合神經脆弱的人觀看：首先這些火雞會被運走，過程有時得長達三十六個小時無法吃喝；再來會上鐐銬，將牠們上下倒掛，再用電流電暈。再接下來割喉放血，而後浸入滾燙的熱鍋中讓羽毛變得鬆動，好讓機器拔毛。可怕的是，電暈有時不那麼有效，所以有些火雞很可能會飽受割喉或汆燙之苦而死。66

知道了這些，現在的你可能就沒那麼熱中在感恩節或聖誕節享用肥滋滋的烤火雞了吧。不過

* 譯者註：一英石相當於六千三百五十克。

如果真要享用，還是得小心一點。每年在大西洋兩岸，都有許多人因為吃了半生熟或不衛生的受汙染火雞而食物中毒。[67]在英國，每年食物中毒的人數高達一百萬人，其中發生在聖誕節的比例明顯高於其他時期。而火雞常常就是罪魁禍首。[68]

主要問題在於，大部分人都沒什麼備料與烹調火雞的經驗，更何況火雞的大小通常比普通雞隻還大上五、六倍。其中一項料理過失就是火雞解凍不當（一隻大火雞得花上四天才能完全解凍）；諷刺的是，人們以為用水清洗火雞才能更安心食用，[69]但其實這是另一個常見的備料錯誤。火雞沒烤熟歷來都是造成食物中毒的主要原因，不過現在有了旋風烤箱，問題可能會少一點。還記得我祖母會先在聖誕夜打開火爐預熱，然後在聖誕節一大早起床時，再將火雞放進去烤；儘管這麼早就開始烤了，但我們還是得等過了中午才能吃到這份大餐*

就算免掉所有這些潛在隱憂，食物中毒還是可能在節日大餐後許久才爆發。在海倫・費爾汀（Helen Fielding）後來被拍成電影的暢銷書《BJ單身日記》（*Bridget Jones's Diary*）中，[70]布莉琪的媽媽用一周前的火雞當食材，在醬料中加入一些冷掉的剩菜再重新加熱做成火雞肉咖哩，這種典型的食物中毒案例波及了她的家人、朋友與鄰居。糟糕的食物衛生不只是讓人生病不適個幾天，還可能致命。二〇一二年十二月，一名四十六歲的女性中午在東倫敦的酒吧吃了聖誕大餐後身亡，同時有三十三名顧客身體不適。[71]雖然感恩節假期相較於聖誕節和新年來得短，比較不會爆發太多危機，但在這個本該是慶祝而非守靈的時刻，還是頻頻有人因為吃到不潔的火雞而感染沙門氏菌身亡。[72]

所幸這類事件實屬罕見。不過近年，人們開始將焦點轉向火雞生產消費的另一個面向上：碳足跡（Carbon Footprint）。這是個較新穎的術語，首次出現於一九九九年，《牛津英語詞典》將其定義為「以相關溫室氣體排放總量，來判定特定個人、團體、組織、特殊事件及產品等對環境的衝擊。」

對火雞愛好者來說有個好消息：相對於牛肉、豬肉和羊肉等其他肉品，火雞肉的碳足跡較低。不過壞消息是，火雞肉仍在「警戒」區中：多數人在聖誕大餐會吃掉約一百一十克的火雞肉，生產所需的能源消耗約等於開一台汽油或柴油車跑四公里所排放的溫室氣體。[73] 一般來說，一頓火雞大餐加上其他配料所產生的溫室氣體排放量約為素食餐的兩倍多。[74]

此外，環境保護主義者彼得・辛格（Peter Singer）說明，不如將這些拿來飼養火雞的穀物拿去餵飽遭遇饑荒的難民，這樣同時還能減少溫室氣體的排放。與此同時，美國醫師麥克・葛雷格

＊ 譯者註：dinner 原意雖為晚餐或晚宴之意，但英式英語裡有時也指中餐。感恩節大餐（Thanksgiving Dinner）和聖誕大餐（Christmas Dinner）當中的 dinner 指的就是中午吃的餐點。

（Michael Greger）也表示，食用家禽與癌症之間的關聯可能來自於烹煮時產生的致癌物。還有出於一些未知原因，這些致癌物質在雞肉和火雞肉中累積的數量比出現在其他動物中的還多。所以，如果你想維持健康又想救地球，那麼以上要傳達的就很明確了：避免食用火雞。

那麼，對於那些仍渴望在聖誕節或感恩節享用全烤火雞餐的人來說，有什麼安全措施嗎？有的，那就是近期開發出來的人造肉（又叫培養肉，cultured meat）產品，它看起來跟嚐起來幾乎與一般的動物肉無異，而且這種實驗室產的替代肉品很可能幾年後就具備潛在經濟效益。[75]就像核融合所產生的無限能量對環境相對有益，至少理論上來說，培養肉會讓那些牲畜養殖場關門大吉。但在快速發展的道路上，當然還是會遇到重重阻礙，比如消費者的潛在抗拒，以及全球農產業既得利益者的敵意。不過如果規模需求上能成功，那麼家養火雞也許很快就會消失。[76]

我們再回到野化火雞，和上個世紀以來牠那多舛的命運。早在一六七〇年代，也就是朝聖者抵達後半個世紀，觀察家便開始擔心野化火雞數量驟降。根據一份報告顯示，歐洲定居者加上原住民「摧毀了野化火雞這個品種，所以在樹林裡也就很難再遇見野化火雞了」。[77]

到了一八四二年，情況已刻不容緩：「在全國，我們本來很輕易地就能見到野化火雞，但隨著移民者居地的增加，火雞數量也隨之減少。現今在新英格蘭所有地區已很難再見到野化火雞；

事實上，整個美國東岸都是如此。」[78]

奧杜邦在他於一八二七年至一八三八年出版的《美國鳥類》（*The Birds of America*）合集裡也贊同這點，書中提及該物種「在喬治亞州和卡羅來納州數量越來越少」，而且「在美國大部分地區也是如此」；他擔憂地寫道：「當我漫步於長島、紐約州和湖邊幾個地區時，途中一隻野化火雞也沒見到。」[79]

一九二〇年代，野化火雞棲息的樹林不斷被砍伐（其中橡樹和栗樹的果實皆為火雞的主食），取而代之的是作物耕地。野化火雞面臨棲地喪失加上過度捕獵的雙重打擊，導致牠們在美國所分布的州數從三十九州減到剩十八州不到。[80]

人們雖然採取了許多補救措施，試著提高野化火雞的數量，譬如在冬天供應野化火雞食物；種植小米、小麥和玉米等種子作物；有節制地焚燒棲地以促進牠們覓食的植被再生；飼養野化火雞後再放生等等，這些措施確實在局部地區奏效，但仍舊無法阻止其數量無情地持續下探。到了一九七三年，美國野化火雞的數量已下挫至僅剩一百五十萬隻。[81]當時各州及聯邦環境保護機構皆意識到，他們必須從根本上來解救野化火雞免於滅絕。這種常見、分布廣泛且頗具代表性的鳥類居然會永遠消失，雖然看似荒謬，但曾經數量龐大的旅鴿（Passenger Pigeon）和愛斯基摩杓鷸（Eskimo Curlew）也滅絕了；這意味著野化火雞也很可能會步上牠們的後塵。

一九八〇年代末期，有關當局終於採取了一項捕捉野化火雞的計畫。他們在火雞數量少到無法存活的地區誘捕這些火雞，再將牠們送往其他的棲息地。他們為這項計畫募得了四億一千兩百萬美金，用來拯救這群代表美國的鳥類。相關計畫最終取得了成果：現在，野化火雞的數量增加了四倍多，約莫有七百萬隻。82

野化火雞深受美國人喜愛，就連開國元勛班傑明．富蘭克林都曾建議應該將野化火雞擺在白頭海鵰之前，做為美國的象徵（見第八章），有鑑於此，野化火雞的未來實屬可期。不過下一章的主角就沒那麼好運了：牠是著名的滅絕象徵——度度鳥。

第四章　　DODO（*Raphus cucullatus*）

04.

度度鳥

度度鳥不曾有過改變的機會。牠生來似乎就注定要滅絕。

——安威爾．柯皮（Will Cuppy），美國幽默作家[1]

我從未見過這種鳥。牠渾身髒兮兮，看起來該洗一洗了，羽毛也不像一般的鳥那樣整齊平整，反倒像隻毛茸茸的破爛泰迪熊。牠那翅膀粗短得誇張，居然還能叫做翅膀，牠的尾巴也是半斤八兩。雙腳是淡淡的棕黃色、圓滾滾的身體站得格外挺拔。以我天真無邪的孩童眼光來看，就是隻畸形的火雞。

不過最吸引人注意的還是牠的頭。面色蠟黃、光禿禿的沒一丁點毛，頭頂上的羽冠也薄得就像我奶奶戴的頭巾。至於黑黑大大的鳥嘴嘛，又勾得像隻兀鷲。牠用牠那雙小得可以的雙眼好奇回頭看著我，眼神卻又像在泣訴著什麼。

有那麼一剎那，我以為這隻鳥要向我走來，嚇得我退了幾步。然後我馬上意識到，我們之間其實隔了一堵厚厚的玻璃窗。況且這隻鳥早就死了，死了超過三百年。

那時七歲的我跟著媽媽一起去年度旅遊，我們參觀了我想去的倫敦自然史博物館（Natural History Museum），那可是暑假的重頭戲。上面提到的那隻鳥就是度度鳥。當時我已經知道，這種鳥雖然滅絕了，但應該還是全世界最知名的鳥。

過了半個世紀後，現在我才了解到，原來當時七歲的我被狠狠騙了一把。我和其他那些每天站在那兒盯著這隻不可思議生物的遊客們一樣，天真地以為「絕種鳥類」展間陳列的這個重要展品是真的度度鳥，是被製成標本安置在此、貨真價實的度度鳥。

我們都錯了。我們所見到的一切都是人造的。牠的頭、嘴和其他所有外露的部分，全都是用石膏打模做出來的。那索然無味、灰撲撲的羽毛，用的是天鵝和鵝的羽毛染製而成。愛爾蘭作家羅伊辛．基伯德（Roisin Kiberd）完美總結了這般拼貼現象：創作者根本沒在現實中看過這種鳥，就將其他鳥類拿來東拼西湊，縫製出一個度度鳥版的科學怪人，「它」就是個拼貼出來的合成體。*[2]

這隻度度鳥模型出自維多利亞時期的動物標本剝製師詹姆斯．羅蘭．沃德（James Rowland Ward）之手，外型卻做錯了，實際上這尊模型比真正的度度鳥肥胖得多。但這不全然是沃德的錯，因為他只是照著十七世紀早期荷蘭藝術家若蘭特．薩威里（Roelant Savery）所畫的度度鳥肖

---

* 作者註：距幼時首次參訪倫敦自然史博物館過後半個多世紀，我於二〇二二年夏天再度來訪。度度鳥仍矗立在玻璃展示櫃中，看起來也仍像大隻雞版的破爛泰迪熊，也一樣用惡狠狠的眼神盯著我和熙來攘往的孩童們。不過有件事不一樣了。這次館方在說明欄中坦白告訴遊客，這不是真正的度度鳥，是人造的，它只是個「以真實尺寸重建的模型」。

像來製作而已。[3]

這幅肖像畫，是薩威里照著度度鳥的第一批目擊者的描述所畫出來的：他們是一群一五九八年登陸印度洋模里西斯島的荷蘭與歐洲諸國水手。還有一說是，這些度度鳥在被帶往歐洲的長途航行時被過度餵食，加上缺乏運動，才導致變得這麼胖。[4]

這就像藝術版的傳話遊戲（Chinese whispers），度度鳥胖得可以的「事實」就這樣流傳了幾個世紀。這個「事實」更推波助瀾了扭曲的度度鳥形象，並在我年幼的心靈留下烙印，而且打從度度鳥被發現至今，這樣的扭曲形象就始終如一，從未變過。

度度鳥這個扎扎實實的滅絕象徵，與這種扭曲有著不小關係：牠的名字就跟俚語「過時的」（as dead as a dodo）*一樣，總讓人聯想到可怕的滅種之禍。[5]如果說，度度鳥的滅絕跟牠們的癡肥有關，而這種說法又能輕易服人的話，那麼事實聽起來怕是不太中聽：畢竟牠們的滅絕，都該怪我們人類。

度度鳥的愚蠢，跟牠名字的語源顯然淵源深厚。根據《牛津英語詞典》的解釋，這個字源自葡萄牙語的 doudo，意思是傻瓜或蠢蛋，[6]不過滅絕史學者艾羅爾·富勒（Errol Fuller）卻提出不同的看法，他認為這字應源自荷蘭語 dodaersen 的複數型，翻譯過來就是「大屁股」（fat behinds）的意思。[7]但不管是哪種語言，聽起來都不是很討喜。

至於「度度」（dodo）一詞在英語中，則給人臃腫、愚笨，還有不會飛的詼諧印象。由此可證，在英語中，度度鳥的滅亡又一次地被歸咎於牠自身的天命。

富勒在他專論物種的文章中鉅細靡遺地指出，度度鳥從本質上就是矛盾的，牠代表了一種悖論：「儘管度度鳥很受歡迎，也有大量相關文獻資料，但我們真的一點都不認識這種鳥。」[8]實際上，甚至有人認為我們對霸王龍（Tyrannosaurus Rex）的了解還比對度度鳥多呢。順帶一提，這種知名的生物早在更遠的六千六百萬年前就已滅絕了。

我們人類與度度鳥之間的關係史又長又不平凡，期間發生許多特別的故事，而上述的悖論就是其中之一。至於那個我們在無憑無據的情況下創造出來，關於過去的虛假、古怪的恆久神話，就由這個悖論來向我們解釋會發生什麼事。

度度鳥的消失預示了「滅絕時代」的來臨。[9]在度度鳥死絕後的三百年間，有上百個物種也從這世上消失；當中有些無人知曉，只見於個別的樣本博物館，還有一些則跟度度鳥一樣有名，像是大海雀（Great Auk）和旅鴿。近期物種滅絕的速度呈現指數成長：當今世界上一萬零七百種鳥類中，大約有七分之一岌岌可危。這種度度鳥式的困境呈現出一個殘酷的事實：這就是我們對共存於同一顆星球上的野生動物的態度寫照。

＊ 譯者註：直譯為「跟度度鳥一樣死亡」。

自從四百年前首度發現度度鳥以來，牠被歌頌、被詆毀，甚至還成了諷刺漫畫的素材，而同時牠又確確實實象徵著失去，更反映出宗教組織的盲目與糟糕科學的遺產。牠引發了爭議、競逐、暴利、詐欺與誆騙。這些在在都顯示神話戰勝了事實。

然而在這則故事裡，我們不該忘記，這種鳥的真相正從一陣混亂誤傳、拙劣仿製及扭曲的形象中逐漸浮現。而且因為牠不幸的快速滅絕，才永遠改變了我們看待自然界的方式。

讓我們先從對度度鳥的實際了解開始。首先，人們對度度鳥的描繪本身就非常混亂，牠的大小、形狀、顏色和總體外貌往往互不相容。[10]

現存的紀錄為二手英文資料，由荷蘭文譯成，而原本的荷蘭文版本現已失傳。該紀錄發表於一五九八年，是歐洲水手首次登陸模里西斯後的十年內書寫而成，水手在島上發現了「為數眾多，比天鵝大上兩倍的鳥……〔還〕發現了不少鴿子和鸚鵡（poppinayes），水手們不屑吃這些鳥，還用『Wallowbirdes』形容牠們，也就是惹人厭的意思。」[11]

可悲的是，如後來得以料見的，該紀錄一開始誇示了度度鳥的實際體型，目光更只關注在牠們可否食用這點上。雖然在這段航行的後續描述中，度度鳥的體型縮小到「跟天鵝一樣大」了，不過焦點仍然放在所有長途航海家最重視的：現成的新鮮肉類。

不過，在當時的描述中開始逐漸多了些吸引人的細節片段，用以形容這種奇特又陌生的鳥。我們知道在牠們「圓圓的屁股上有兩三根捲捲的羽毛」、「雖然沒有翅膀但有三四根黑色的羽毛管」、「身形像鴕鳥……而且頭上的羽冠就好像戴了頭巾似的」，最令人吃驚的大概就是「牠們直立行走，像人類一樣。」[12]之後有位作家這樣形容度度鳥：「牠們跟其他鳥類特別不同的是頭上的膜狀羽冠、大又有力的鳥喙、短小的翅膀、束狀尾巴還有短短的雙腿。」[13]

度度鳥奇特的體型結構及外貌，讓牠打從被發現後的兩個多世紀裡就一直為科學家困惑，牠們跟其他鳥類的關係為何。在各個不同時期裡，科學家曾認為牠們與鴕鳥、秧雞、信天翁，甚至兀鷲（也許是因為勾狀的鳥喙）有關。[14]

一八四二年，丹麥動物學者約翰尼斯．西奧多．萊因哈特（Johannes Theodor Reinhardt）仔細觀察研究博物館的度度鳥遺骸後，[15]提出了一個實驗性的說法：度度鳥很可能跟鴿子有親緣關係，不過這個說法卻招來訕笑。然而六年後，休．愛德文．史翠克蘭（Hugh Edwin Strickland）和亞歷山大．戈登．梅爾維爾（Alexander Gordon Melville）這兩位英國博物學者發表了度度鳥的首部權威專著，證實了萊因哈特的說法。[16]這兩位學者先後對牛津大學自然史博物館（Oxford Museum of Natural History）以及倫敦大英博物館（British Museum）館藏的度度鳥頭部標本和風乾的腳部標本做了形態和解剖結構檢視，並得出一個結論——沒錯，不會飛的度度鳥和牠的遠親、現今也已滅絕的羅德里格斯度度鳥（Rodrigues Solitaire），都跟鴿子和家鴿有親緣關係。

他們的判斷通過了時間的考驗。度度鳥與羅德里格斯度度鳥兩者同屬鳩鴿科。[17]在生物學分類法中，這是所有鳥類科別中最大的一種，共有三百五十種分布在世界七大洲中的六大洲。然而，當中至少已經有二十一種（以及十一種亞種）於歷史的長流中滅絕了。雖然牠們是最大的，卻也是最脆弱的。[18]

現存與度度鳥最近的近親是尼可巴鳩（Nicobar Pigeon），分布於廣袤的東南亞一帶，從安達曼群島和尼科巴群島，馬來半島、菲律賓和印尼，再到索羅門群島，都能發現牠們的蹤跡。更罕見的齒嘴鳩（Tooth-billed Pigeon）則只分布於太平洋的薩摩亞群島；牠們有著強而有力的喙，外型上看起來有點像縮小版的度度鳥。這種鳥有時也被稱作「小型度度鳥」（來自牠的學名 *Didunculus*），不過令人難過的是，牠現在也瀕臨絕種。[19]

近期研究發現，度度鳥和羅德里格斯度度鳥的祖先於兩千三百萬年前才從鳩鴿科中分化出來。不過我們知道，牠們以前一定擁有飛行能力，原因很簡單：牠們最後滅絕的那座印度洋偏遠島嶼，直至八百萬到一千萬年前左右才因海底火山運動浮出水面。[20]

跟其他鳥類一同困在這幾座海上島嶼經過數百萬年，在這個沒有任何天敵的環境，牠們自然也就不必耗費能量用來飛行，於是度度鳥的祖先便逐漸失去了飛行能力。而且島上也沒有其他草食哺乳類動物在牠們的新家跟牠們競逐食物，於是度度鳥便就地興旺了起來。直到一五九八年的某一天，荷蘭探險隊登陸模里西斯島，從此度度鳥的天命就此注定。

有一說是度度鳥被探險隊獵食，才導致牠們消失殆盡。不過在荷蘭文裡，這種生物的名字叫做Walghvoghel，意思是「食之無味的鳥」，這表示水手們很快就吃膩了度度鳥，實際上他們更喜歡另一種小些但更好吃的鳥，比如鴿子。真相往往更加索然無味：在向模里西斯島引進豬隻等馴養動物時，有些動物也偷偷上了船，比如老鼠及一些異國寵物，像是會吃螃蟹的獼猴等等，這些才是導致度度鳥滅亡的生物。度度鳥在地上築巢的習性，更讓牠們的蛋和幼鳥顯得脆弱，使得這群新的外來客很輕易就能吃掉它們。

無論度度鳥快速走向滅亡的原因是什麼，歐洲人抵達模里西斯島僅僅六十年，就讓牠們即使沒有滅絕也很難再恢復了。儘管到了今日，度度鳥真正滅絕的時間點仍有爭議，但最廣為眾人所接受的時間點是一六六二年。當時的荷蘭水手渥爾克特・艾弗茲（Volkert Evertsz）遇上船難，據他表示，他曾在模里西斯島的離島見過度度鳥，而這也是最後一次有人親眼目睹的紀錄：

> 我們把牠們驅趕成一群，這樣方便我們徒手抓住。當我們抓住其中一隻度度鳥的腳時，牠發出了很大的叫聲，接著其他度度鳥就趕過來打算幫忙，最後牠們全被捕獲圈禁起來。[21]

然而，一六六二年後那些遇見度度鳥的報告反而把人給搞糊塗了，有人說這些鳥實際上可能是紅秧雞（Red Rail，又稱模里西斯紅母雞），牠是一種不會飛的特有種，在度度鳥之後也很快絕種了。*

從某方面來說，確切的絕種日期無關緊要。重要的是接下來發生的事：度度鳥是怎麼從一個曾真實存在、有血有肉的鳥，變成滅絕的象徵（是的，就是象徵）。如同美國幽默作家威爾・柯皮所言，「度度鳥不曾有過改變的機會。牠生來似乎就注定要滅絕。」

不過度度鳥的故事就如同作家兼博物學者麥可・布倫考（Michael Blencowe）所說的，遠比我們原先所想的還更複雜、更矛盾：

> 度度鳥是個難解的謎。牠的結局終歸一句，就是死亡。不過牠卻超越了死亡，成為了諷刺漫畫素材、物品、商品，令人難以置信地以一個矮胖彌賽亞樣貌復活。度度鳥是一種最廣為人知的滅絕物種。牠達到了一種啟人疑竇的永生地位：滅絕的笑臉。[22]

那麼穿越歷史，從度度鳥自然和文化的命運上，我們能學到什麼？而這一切為什麼對現在如此重要？

在度度鳥走向滅絕前，牠甚至就已經被拿來當作馬戲團節目的一環了。少數度度鳥從模里西斯被帶往歐洲，牠們熬過漫長而艱辛的海上之旅，被送去跟其他「自然界怪胎」一起展出。在度度鳥與我們一起度過的短暫時間內，牠曾被用來討好、娛樂那些買票進場的觀眾。我們之所以會知道這件事，是因為一六三八年左右，一位英文作家兼歷史學者哈蒙・勒斯虔吉（Hamon L'Estrange）跟朋友在倫敦街上散步時，他們在一間屋外注意到「某件衣服上掛了張圖片，圖片上有一隻長相怪異的鳥」。出於好奇，他們便進了那間屋子，在那兒看見「一隻大鳥，身形比一隻最大的公火雞還大，雙腳也如此但更結實、更厚壯也更直挺挺，正面如同小野雞胸部的顏色，背面則是灰褐兼黑色。飼主稱這隻鳥叫度度鳥。勒斯虔吉問起飼主一旁地上那堆鵝卵石是做什麼用的，飼主表示度度鳥會吃這些鵝卵石來幫助消化。勒斯虔吉和他朋友在對這種奇怪生物訝異一陣之後便離開了。

* 作者註：這個理論認為，十七世紀末拜訪該島的這批水手本意就是要去找度度鳥，所以當他們遇見大型不會飛的紅秧雞時，很自然地就假定這是他們要找的度度鳥；不過綜觀所有可能性，當時度度鳥早已絕種了。A. S. Cheke and J. C. Parish, 'The Dodo and the Red Hen, A Saga of Extinction, Misunderstanding, and Name Transfer: A Review', *Quaternary*, 3(1): 4 (2020)。

在這則令人沮喪的的簡短敘述中證明了一件事：至少有一隻（可能還有其他隻）度度鳥被帶到歐洲囚禁，而且還活得夠久，撐到能公開展示。[23]富勒推斷，若度度鳥可以活得再久一點，也許命運將大不相同。如果度度鳥能夠在我們的城市公園和花園站穩腳步，那麼他想問「今天度度鳥是否可能變得跟世界各地觀賞花園中的孔雀一樣常見！」[24]然而事實卻非如此，「當今留下的只有幾根骸骨和幾片皮膚」，以及一些「意義不明」的畫作和文字描述。[25]

度度鳥究竟是如何從活生生的鳥轉變為滅絕的象徵，若我們想好好了解這趟文化之旅，就得從牠滅絕當下的時空背景去探討當時的宗教哲學氛圍，以及當時人們看待造物的方式。在《舊約聖經》的開頭也就是第一章《創世記》中，就清楚描述了何謂基督教信仰的基礎，那就是全能的上帝創造了世間萬物：

> 神就造出大魚和水中所滋生各樣有生命的動物，各從其類；又造出各樣飛鳥，各從其類。神看著是好的。[26]

如果說，全能的造物主賦予了「所有飛禽」（還有一些大概飛不太起來的）生命，那麼說祂也能讓所有物種都走向滅絕，這樣的思想毋寧就是異端邪說。這對現代的讀者來說大概很難理解吧。

當時盛行的基督教正統思想發展於中世紀，穩定持續了數百年之久，被稱為「存在巨鏈」（the Great Chain of Being）。這是一種金字塔分級概念，上帝位於金字塔頂端，其下是天使，再下是人類，最底層才是動植物。[27]讓這個「存在巨鏈」屹立不搖的關鍵信仰前提，是上帝所創造的萬物完美無瑕、富有次序，以及（最重要的）階級不可變動。因此，任何一個物種基本上都不可能滅絕，因為上帝不會允許巨鏈中的任何一環被破壞跟消失。[28]

儘管常有人說度度鳥是第一種示警生物，牠告誡著我們人類製造了一場迫在眉睫的生態浩劫，不過故事的實情更加錯綜複雜。在度度鳥滅絕後的一個多世紀裡，人們根本沒想過一個物種會就此消失。度度鳥的消失並沒有為世界帶來「靈光乍現」（light bulb moment）般的示警，提醒世人這場龐大且可怕的永久滅絕所帶來的禍害。牠幾乎沒有引起什麼注意。直到十八世紀末，也就是最後一次見到度度鳥的一百多年後，才首次有法國動物學者喬治・居維葉（Georges Cuvier）提出物種原本就會走向滅絕的說法。他舉證，像長毛象和乳齒象這類曾經存在於地球上的野生動物，並不像有些人說的仍然活在遙遠的非洲地區；牠們其實早已永遠死絕了。[29]

這個論述標示了啟蒙運動浪潮的關鍵時刻。歐洲的哲學家、科學家及有識之士開始質疑，最終拋棄了過時但仍有巨大影響力的基督教信仰觀，再以田野調查和邏輯推理為基礎的觀念取而代之。這帶來了重大的科學突破：查爾斯・達爾文和亞爾佛德・羅素・華萊士（Alfred Russel Wallace）的天擇演化論（Theory of Evolution by Natural Selection，見第五章）。

值得注意的是，儘管居維葉深信物種會走向滅亡（有些也早已滅亡），但他的邏輯推理卻沒有更進一步：也許這得直接或間接歸咎於我們人類。持平而論，那是因為他主要論述和關注的化石遺骸，許多都出現在人類生活於地球之前。同時，基督教仍然無法接受所謂滅絕的概念，也無法像達爾文和華萊士的演化論那樣詳盡的回應並論證滅絕現象。如同科學寫作者柯林．巴拉斯（Colin Barras）所言，在居維葉之前的時代，物種會走向滅絕的想法完全難以想像；也因此，度度鳥的標本送抵歐洲後，才沒有獲得應有的重視。

由於當時的科學家還無法接受物種會永遠消失，所以博物館的負責人皆對他們的度度鳥館藏抱持著漫不經心的態度：畢竟，如果度度鳥標本丟失或毀損了，他們還是能再拿到替代品。結果，在十九世紀的頭幾十年，沒有一件完整的度度鳥骨骸留存下來。[30]這就解釋了自然史博物館裡那隻假「度度鳥」為什麼讓當時還小的我如此著迷了，也如同巴拉斯所總結的：「我們又再一次地失去了度度鳥。」[31]根據富勒二〇〇二年出版的度度鳥專著資料顯示，直至十九世紀下半葉，度度鳥的軀幹標本總計僅存三個部分：[32]頭部與腳部遺骸藏於牛津大學自然史博物館，這也是世界所有現存遺骸中唯一擁有度度鳥軟組織的；[33]顱骨藏於丹麥哥本哈根的自然歷史博物館；[34]上顎則藏於捷克共和國布拉格的國立博物館。[35]此外，原本藏於大英博物館、後轉藏於倫敦自然史博物館的度度鳥腳部則不見蹤影。

到了一八六五年，我們在分類學上對度度鳥的相關知識與理解迎來了最重大的突破。模里西斯的一名學校老師喬治・克拉克（George Clark）耳聞，有人在當地一座名叫夢之池（Mare aux Songes）*的沼澤發現了大量骨骸。[36]

克拉克約三十年前從出生地薩莫塞特（Somerset）移居模里西斯後，便在當地的宗教學校任教。他是位熱情洋溢的博物學者兼古生物學者，然而他訝異地發現，島上竟然沒有任何度度鳥的遺骸，所以他打算閒暇之餘來探尋。不過從那之後過了快三十年，他都一無所獲。

終於，他一直期待、禱告的好消息終於出現了。一位名叫哈利・希金森（Harry Higginson）年輕工程師在監督一條橫跨沼澤的鐵路挖掘工作時，發現了一批遺骸。一經檢視，克拉克立即意識到，他們總算偶然發現了等同於鳥類學聖杯的物品：數百根度度鳥的骨骸。

克拉克之後將大部分骨骸賣給了英國的博物館和私人蒐藏家，同時也送了一批給知名生物學者兼古生物學者理察・歐文（Richard Owen）。[37]另外，他還送了一批保存精美的標本給朋友威廉・柯蒂斯（William Curtis）博士，這位柯蒂斯同時也是漢普郡奧爾頓鎮（Hampshire town of Alton）柯蒂斯博物館的創辦人。[38]

* 譯者註：英文又稱芋頭之海（sea of taro），近年發現該沼澤中藏有許多絕種動物的準化石，該地以前為湖泊。

巧合的是，希金森和克拉克的發現，碰巧與兒童文學作品《愛麗絲夢遊仙境》的發行年分都在一八六五年。這部作品由路易斯·卡洛爾（Lewis Carroll，古怪的牛津大學教授兼數學家查爾斯·道奇森〔Charles Dodgson〕的筆名）所著，稀奇古怪的內容當中有著不少異於尋常的角色，包括瘋帽客、假海龜（Mock Turtle）、白兔先生（White Rabbit），以及度度鳥。書中最令人難忘的一幕是，度度鳥提出了一場沒有固定規則的比賽，結果可以用一句諺語作結，即「人人都是贏家，人人皆有賞。」[39]

該書插畫家、也是知名藝術家約翰·譚尼爾（John Tenniel）以卓越的手法勾勒出度度鳥的特徵，很快就抓住了大眾的想像力，也鞏固了度度鳥在大眾文化中的形象。但是有這麼多種類的生物可以選，為什麼道奇森偏偏要在一開始就挑選度度鳥呢？有個可信的說法（可惜未經證實）是，他是為了自嘲；更詳細點說，他在緊張時自我介紹會結巴，把自己的名字道奇森念成「道、道、道奇森」。* 不過他其實也一直很清楚知道，度度鳥是個典型的滅絕代表角色。這種看法首見於一八三三年，也就是道奇森一歲時出刊的大眾出版物《一便士雜誌》（*Penny Magazine*），該雜誌的創刊宗旨在於教育工人階級。博物學者威廉·博傑（William Broderip）頗具先見之明，如此寫道：

人類在限制低等動物增加和消滅特定種族方面所起的作用，最鮮明的例證當屬度度鳥。這個如此引人注目的物種滅絕了，多麼令人驚訝啊，但同時也讓我們思考一些當前出於相同原因所導致的相似轉變問題。[40]

值得注意的是，約莫兩個世紀前博傑就提出了以下觀點：滅絕不是一些隨機且微不足道的事件，它具有全球性意義。一八四八年史翠克蘭和梅爾維爾合著出版了《度度鳥及其同類》（*The Dodo and its Kindred*），這本書被譽為掀起了「度度鳥狂熱」，儘管如先前所指出的，[41]史翠克蘭和梅爾維爾都承認「人類作用」在度度鳥的滅絕上所扮演的角色，話雖如此，卻還是宣稱有關人類優越性的老掉牙概念：「人由造物主命定要『生育繁衍、充實大地，以及使萬物臣服』」。[42]儘管在之後大海雀（Great Auk）仍於十九世紀中期滅絕了，但也因此啟動了一場避免其他物種遭遇相同命運的運動。[43]一八六九年，一篇刊載在《布萊克伍德愛丁堡雜誌》（*Blackwood's Edinburgh Magazine*）評論史翠克蘭和梅爾維爾一書的書評提及，應以度度鳥取代大海雀，讓牠成為全球的滅絕象徵。[44]這位匿名評論家寫道：「度度鳥及其同類的消亡是一件撼動人心的事，它牽涉的是

＊ 譯者註：若結巴的話，就會重複把 Dodgson 的第一個音節念兩次，變成 Do-Do-Dodgson，正好是度度鳥的發音。

整個種族完全徹底的滅絕，這也證實了死亡就是物種的法則，也是組成該物種個體的法則。」

現今，度度鳥就是個寶貴的指標物種，用來警告人類我們現今全球的生態系統有多麼脆弱，以及有許多物種因我們人類的行為而逐漸變得脆弱，瀕臨滅絕，例如中國的白鱀豚（Yangtze River Dolphin）和分布於美國東南部與古巴一帶的象牙喙啄木鳥（Ivory-billed Woodpecker）。[45]

度度鳥也許是所有已消失物種中最知名的一個，但牠決不是馬斯克林群島（Mascarene Islands，由模里西斯、留尼旺〔Réunion〕和羅德里格島〔Rodrigues〕組成）中唯一滅絕的特有種。一五〇〇年到一八〇〇年期間，該群島有不下四十八種陸地脊椎動物（大部分是鳥類和爬蟲類）消失。[46]這些受害鳥類有度度鳥、羅德里格斯度度鳥、模里西斯紅秧雞、模里西斯冕鸚鵡（Broad-billed Parrot; Raven Parrot）、馬斯克林鸚鵡（Mascarene Parrot）和馬斯克林骨頂雞（Mascarene Coot）。這些物種都因為歐洲探險隊和他們帶來的那些具破壞性的馴養動物而走向滅絕。諷刺的是，這些島嶼是地球上最晚被殖民的地方，卻是生態浩劫最嚴重的；一位自然環保人士對此冷冰冰的指出，「這闡明了我們人類有破壞環境的強烈傾向」。[47]

馬斯克林群島物種喪失的速度比其他地方都快得多，但鳥類生命損失如此高的比例，該地絕非獨一無二。根據近期研究顯示，棲息在海洋島嶼上的鳥類比起棲息在大陸的鳥類，面臨滅絕的威脅高了足足四十倍。結果，世上所有受威脅的鳥類中，有百分之三十九都棲息在各個島嶼間。48

之所以如此，有好幾個原因。以度度鳥的例子來說，通常島嶼上的物種都已經演化成適合當地特殊條件的狀態，尤其是那些沒有天敵的地方，甚至演化成失去飛行能力或是變得不太會飛的狀態。這就充分解釋為什麼人類進駐之後，無法飛行這件事給牠們帶來了多大的災難。鳥類一旦無法飛行，就會像我們見到的度度鳥那樣很容易遭到獵殺，以及被外來入侵者等非原生物種捕食。就如同這世上所有最偏遠的原始地區，棲地的喪失與破壞同樣是重要議題，當某一物種僅存在於單一島嶼或列島時，其族群數量跟活在廣袤大陸上的物種相比，一定較少。就族群規模來說，其基因多樣性也很可能較低。

在所有威脅當中，最大的問題是外來入侵獵食者。根據國際鳥盟（BirdLife International）的近期報告顯示，海洋島嶼上有四分之三的鳥類因蓄意或意外引進外來物種而遭受威脅、進而陷入危機，總數約五百種，這數字占了所有受威脅鳥類的三分之一。而在這些被引進的外來獵食者中，最具威脅性的當屬老鼠和貓。49

不過這個問題就如同史蒂芬島異鷯（Stephen’s Island Wren）的悲劇一樣，不是什麼新問題。史蒂芬島是紐西蘭南島北端外海的一座蕞爾小島，大小不過一點五平方公里。這座島嶼在十九世紀末前一直杳無人煙，直到一八九四年興建了燈塔後才由燈塔管理員大衛・萊爾（David Lyall）入住。不幸的是，萊爾帶了幾隻貓一同入住島上，其中一隻還懷有身孕。過了些時日，這些貓竄跑並有了野性，便以島上各種小型鳥類為食。當中就有一種不會飛行、之後被命名為史蒂芬島異鷯（Stephen's Island Wren）的鳴禽（諷刺的是，這種鳥又被糊里糊塗的以罪魁禍首的名字命名〔萊爾鷯鷯，Lyall's Wren〕）。

在那一年春夏兩季，島上的貓經常會帶一些髒兮兮的鷯鷯屍體回來給萊爾，他再把牠們賣給博物學者兼鳥類蒐藏家亨利・崔佛斯（Henry H. Travers）。崔佛斯多次將這些標本賣給富有的鳥類蒐藏家華特・羅斯柴爾德（Walter Rothschild），獲利頗豐。

隔年二月，崔佛斯帶著他的助理登島拜訪，熱切地想獲得更多鷯鷯標本。不過他們一無所獲。一個月後，也就是一八九五年三月十六日這天，基督城報紙《新聞》（*The Press*）上刊登了一則社論，觀點是「有相當充足的理由可以相信，島上再也找不到這種鳥了，而且沒有人知道牠在哪裡，顯然已經絕種了。這可能是又一次的滅絕紀錄。」

令人費解的是，相關單位制定了一項史蒂芬島野貓根除計畫。三十年後的一九二五年，該計畫終於執行完成，不過對史蒂芬島異鷯來說當然為時已晚。[50]

有件更諷刺的事，根據發現，當十四世紀毛利人（Maori people）從東波里尼西亞（Polynesia）

橫跨海洋抵達紐西蘭前，紐西蘭各地其實都有史蒂芬島異鷯的蹤跡。就像歐洲探險家無意中將狗、貓和老鼠帶到模里西斯一樣，在那之前的兩百五十年，毛利人也將他們馴養的動物帶到了他們的新家。在缺乏大型哺乳類的情況下，這群新移民也會為了食物而獵殺任何他們遇見的大型鳥類。

這般情況可能引發了人類史上對當地特有種最快速、最具破壞性的宰殺，同時也使得紐西蘭的獨特鳥類相（avifauna）面臨永久性枯竭。一共有九種以上的恐鳥受害，當中的南方巨恐鳥（South Island Giant Moa）高達三點七公尺，是已知鳥類中最大的一種。而恐鳥的唯一獵食者哈斯特鵰（Haast's Eagle）過去曾是一種體型最大最重的猛禽，不過也同樣滅絕了。

整體而言，自從毛利人移居紐西蘭之後，該地近乎一半的特有種陸生鳥類都滅絕了。[51]人們普遍認為，這些早期移民比後來的歐洲殖民者更注重環境。不過一位生物學者卻簡潔有力的評論道：「我們傾向認為原住民能與自然和平共存。但真的如此的卻很少見。各地的人們都會向自然索取生存所需。運作方式本就如此。」[52]

有鑑於現今有許多瀕臨滅絕危機的島嶼物種，人們不禁想，可能在接下來的數十年間有許多物種最後都會步上恐鳥、史蒂芬島異鷯和度度鳥的後塵。

不過在這個危機存亡的時刻，有遠見的動物學者及自然環保人士已經在執行頗具野心的復育計畫，根除離島上的非原生有害物種，讓原生物種能夠自然復育。現在已有許多英國的離島已順利完成計畫，根除了島上的非原生褐鼠（Brown Rat），比如德文郡外海的蘭迪島（Lundy）。計畫成功執行帶來了立即效果，短短十五年內蘭迪島的海鳥數量大幅增加，其中最具代表性的海雀（該島以該鳥名命名）數量從僅僅十三隻成長到三百七十五隻，馬恩島海鷗（Manx Shearwater）則從不到三百對成長到超過五千五百對。[53]同樣地，夕利群島（the Isles of Scilly）中彼此相鄰的聖艾格尼絲島（St. Agnes）和古格島（Gugh），不只海鳥得以順利繁殖，就連小型哺乳類夕利鼩鼱（Scilly Shrew）也因鼠類根除計畫而獲益。[54]

英國皇家鳥類保護協會過去曾執行過蘭迪島的鼠類根除計畫，最近又開啟了另一項更具雄心的計畫：消滅英國海外領地、位於南大西洋的果夫島（Gough Island）上的家鼠（House Mouse）。[55]實在令人訝異，該島的特里斯坦信天翁（Tristan Albatross）這種世上數一數二大的海鳥，居然也飽受鼠類的威脅，而且還到了瀕臨絕種的地步。

在恐怖片的劇情中，有時會上演老鼠和人類生吃巢中信天翁幼鳥的劇情。十九世紀時水手意外將這種齧齒類動物帶到果夫島上，之後歷經幾次突變，這群老鼠的身形變得比原來大上好幾倍，而且就算牠們的獵物比這群齧齒類動物大上三百倍，牠們也還是能讓獵物吃足苦頭，導致不幸的受害者最後只得緩慢流血致死。此外，島上的這群老鼠還會吃掉信天翁等海鳥的蛋，估計每年造成兩百萬隻鳥死亡。滅鼠團隊原先計畫於二〇二〇年五月登島，卻遇上嚴重特殊傳染性肺炎大流行爆發而延遲一年，不過現在該團隊已準備就緒，計畫也終於開始。[56]

以上計畫實在志向遠大，接著讓我們來看看紐西蘭政府制訂的最新計畫「二〇五〇獵食者根除計畫」（Predator Free 2050），宗旨如下：三十年內，也就是二〇五〇年以前，清除全國境內自外地傳入的非原生獵食者。[57]因為眾多瀕危鳥類都住在保護區內，包括（一種不會飛的）鴞鸚鵡（Kakapo）和數種紐西蘭國鳥奇異鳥（Kiwi），所以第一階段的目標是掃除全紐西蘭列島自然保護區內的短尾鼬、老鼠和袋貂，預計二〇二五年以前執行完畢。[58]

倘若「二〇五〇獵食者根除計畫」能成功，那麼保育人士便能從中汲取經驗，也許最終能根除全球海洋島嶼上的非原生獵食者。即便推出的時程如此之晚，也還是能拯救數以千計的瀕危鳥類免於步上度度鳥的後塵。

過去曾有部分島嶼鳥類在看似龐大的絕境下得救了。讓我們回到模里西斯，那兒有一位環保先驅卡爾．瓊斯（Carl Jones）教授，他將整整四十幾年的職業生涯都奉獻在拯救島上所剩無幾的瀕危鳥類。他於二〇〇四年當之無愧，獲頒大英帝國員佐勳章（Member of the Most Excellent Order of the British Empire, MBE）。

生於英國威爾斯的瓊斯於一九七九年、二十多歲左右前往模里西斯，一到當地便立即投入拯救兩種瀕危鳥類，其中一種叫粉鴿（Pink Pigeon），另一種叫模里西斯隼（Mauritius Kestrel），這兩種島上的特有種當時都瀕臨滅絕的邊緣。

當時模里西斯隼的復育看似希望渺茫，畢竟在一九七〇年代中期，已知存活的個體僅有四隻，滅絕已是在劫難逃。儘管可以用圈養的方式來拯救並繁殖這種鳥，但人們普遍認為受限於基因庫太小，這種物種恐怕很難在野外繼續存活。

諾曼·邁爾斯（Norman Myers）等受人景仰且有影響力的環保人士全然反對該計畫，他們認為應該善用有限的資金，來拯救其他同樣遭受威脅（但數量更多）的鳥類。[59]

也許瓊斯並不知道這些懷疑論者的論調，又或者他知道但並不在乎。相反地，他選擇揚棄圈養論的方法，轉而自行規劃計畫，採用了一套簡單但結果卻非常有效的策略。其中有一種叫「窩蛋倍增」（double-clutching）的方法，作法是在開始孵卵前就立刻將所產下的第一批蛋移走。那麼在人工孵化第一批蛋和圈養破殼幼鳥的同時，親鳥便會接著下第二批蛋。此外瓊斯還另外採用代養（foster-parents）的方式為這些幼鳥提供營養補充品，最後再讓這群圈養的鳥隻放回野外。

單單一九八三至一九九三年這十年間，該計畫就飼養了三百三十三隻模里西斯隼，當中有不少都被重新安置回牠們原本的家園，該計畫最終更讓鳥群數量達到自我維持的程度。[60]這種世上曾一度稀有的鳥，現在又再度興旺了起來。一九九四年的一篇論文概述了這項成功計畫，瓊斯和合著者對於邁爾斯反對他們計畫這件事不但給予高度評價，更忍住理應對邁爾斯說出口的那句衝動：「我早就說行得通吧！」[61]

除此之外，瓊斯團隊還解救了其他鳥類，將牠們帶離滅絕邊緣。那就是我們前面提到的粉鴿，數量從一九九一年的僅剩十隻提升到現在的五百隻。[62]另外，島上僅存的一種鸚鵡，迴聲鸚鵡（Echo Parakeet）數量也快速攀升，從原本的十隻到現在超過八百隻。[63]

在計畫初期瓊斯就了解到，要復育這些稀有鳥類並順利讓牠們回歸野外，唯一有效的辦法就是確保適合牠們生存的棲地。為此，瓊斯和同仁們日以繼夜地移除外來種，努力恢復生態系統，好讓復育計畫的物種能夠再度興旺。[64]

二〇一六年，人稱「十足樂觀派」的卡爾．瓊斯[65]獲得了俗稱「自然保育界奧斯卡」最高榮譽的印度安納波利斯獎（Indianapolis Prize）。[66]瓊斯的雇主驕傲的說，「若是沒有卡爾．瓊斯，那麼自然界就會成為貧瘠之地。」其實這麼說已經算是輕描淡寫了。多虧有他、他的願景和技術，模里西斯隼、粉鴿和迴聲鸚鵡才得以繼續存活，而不用像度度鳥等許多島嶼鳥類那樣步上絕路。

在模里西斯這個度度鳥的發源地，牠現在到底還有多大意義？若以牠在當地無處不在這點來看，確實意義非凡。美國作家梅格．查爾頓（Meg Charlton）說，度度鳥的象徵地位無遠弗屆，包含了「帶來歡樂的國家吉祥物」與「萬能銷售員」這兩個元素。「度度鳥的名字被拿來當成披薩店和咖啡廳的店名，樣貌也被印在毛巾和背包上。公園和購物中心的美食廣場都立有牠的巨大雕像，更有無數觀光地區的商家兜售著一個幾塊錢的小度度鳥雕像。」[67]

不過，不是每個人都喜歡模里西斯島上度度鳥無所不在的形象。在一九八〇年代的童書中，度度鳥總以第一人稱哀嘆地敘說著，市場上好似充斥著無數的度度鳥相關產品：「我們成了什麼樣子？……郵票、鑰匙圈、火柴盒、T恤、茶包、甘蔗稈或甘蔗纖維製成的畫像、開瓶器、貼紙、卡片、招牌、書擋……甚至是乘坐直升機的吉祥物。我們看起來更像個飛艇，而不是那曾經高貴的鳥類。」[68]在商品印上度度鳥的畫像，無論有多令人不悅，似乎還是免不了這麼做。甚至還能買到包裝印有「唉呦！度度鳥」的巧克力葡萄乾，很明顯就是用來比喻度度鳥的便便。[69]

為了提升度度鳥的地位，模里西斯官方讓牠們的樣貌出現在貨幣、郵票（當中有好幾套郵票是由度度鳥專家朱利安．休姆〔Julian Hume〕設計[70]）以及國徽上。奇怪的是，儘管度度鳥的故事對人類來說是一種恥辱，也是一種損失，但牠如今卻成了國家認同的象徵。最諷刺的是，度度鳥甚至還出現在外國旅客填寫的出入境表格上；而這群外國旅客正是一開始抵達模里西斯、導致度度鳥走向滅絕者的後代。*

與此同時，考古學者與博物學者仍在追尋著克拉克的腳步，希望能在夢之池中挖掘出更多度度鳥遺骸，而他們也的確一直有新發現：二〇〇五年到二〇〇九年間，考察隊挖掘出不下七百根成鳥與幼鳥的骨頭。這些發現對科幻電影《侏儸紀公園》（*Jurassic Park*）的劇情產生啟發，片中依據理論從這些骨頭中萃取DNA，用以重建滅絕物種的全部基因序列，讓牠們得以重生。如果這種事真的發生了，那麼富勒幻想某一天度度鳥能像孔雀一樣在公園漫步，是否就有可能成真呢？

美國自然科學作家大衛・逵曼（David Quammen）在著作《度度鳥之歌》（*The Song of the Dodo*）中對島嶼生物地理學做了精采的研究，他幻想世上最後一隻漫步在地球上的度度鳥將遭遇的命運：

一六六七年某個暴風雨來襲的灰暗早晨，牠躲在黑河（Black River）懸崖底的一塊冷峻岩石底下，一邊將頭抵著身體，一邊痛苦地瞇眼，再抖了抖羽毛，好讓身體暖些。牠和其他人一

---

* 作者註：模里西斯在歐洲殖民地中相當特別，因為在荷蘭殖民者抵達前，這裡並沒有人居住。這點就如查爾頓所言：「模里西斯人全是移民者的後代。」首都自然歷史博物館中擺放的度度鳥漫畫圖說認證了這樣的說法。上面寫道：「Les vraies Mauriciens ont été mangés par les Hollandais il y a longtemps」，這句法文的意思是「真正的模里西斯居民在很久以前就被荷蘭人吃掉了。」

樣都不知道，自己是這世上僅存的一隻度度鳥了。暴風雨過後，牠再也沒睜開過眼。這就是滅絕。[71]

身處這個世界的我們終於開始認知、有時也接受了，是我們人類為這世上的其他野生動物帶來了巨大的傷害。然而滅絕這個概念，我們人類究竟要如何才能接受呢？這就像我們人類面對自身死亡的態度，知道它無法避免、卻又不願接受；也許是因為在面對死亡時的苦痛，痛到讓我們無法思考。

澳洲的民族誌學者黛博拉・羅斯（Deborah Rose）將滅絕稱作「雙重死亡」（double death），意思是該物種的過去與未來同時被抹滅了。[72]此外，文化歷史學者安娜・葛斯柯（Anna Guasco）則將度度鳥比喻為「人為破壞礦坑中的金絲雀」。*人類與大自然的互動，為度度鳥帶來了注定滅絕的下場。[73]

很顯然，想拯救度度鳥和其他滅絕於歷史長河中的眾多鳥類，早就為時已晚。而且可悲的是，我們也篤定早已錯失拯救許多瀕危鳥類的良機了，比如澳洲東南部的攝政垂蜜鳥（Regent Honeyeater），這種鳥因數量劇烈下降，所以牠們的幼鳥已經不再能從成鳥那兒學到牠們特別美妙的啼叫聲了[74]（見第十章）。澳洲愛鳥兼保育人士尚恩・杜利（Sean Dooley）將這類鳥戲稱為

「殭屍鳥」（zombie birds），意思是牠們（就只是）還活著，但幾十年內仍在劫難逃，注定消逝。75不過，我們人類似乎還是沒能從度度鳥的快速滅絕中學到教訓，就如道格拉斯・亞當斯（Douglas Adams）和馬克・卡沃汀（Mark Carwardine）所言：「因為度度鳥的滅絕，讓我們輕率地認為自己現在雖顯惆悵卻也更長智慧，但很多證據都表明，我們也僅止於稍加遺憾與更了解事實而已。」76

同時，我將在下一章探討宗教與科學間至關重要的轉捩點。故事發生在遙遠赤道太平洋的列島上，當中牽涉到的鳥種不只一種，而是十三種：這十三種或更多的不同鳥種，都被統稱為達爾文雀（Darwin's finches）。

---

* 譯者註：在英文裡，礦坑中的金絲雀（the canary in the coal mine）通常被比喻為預警或早期跡象。

第五章　　DARWIN'S FINCHES（*Geospizinae sp.*）

05.

達爾文雀

我們可以在十三種地雀（Ground Finch）中發現近乎完美的層次變化，從嘴巴極度厚實的，到宛如鶯鳥般嘴巴精細的皆有。

——查爾斯·達爾文，《小獵犬號航海記》（*The Voyage of the Beagle*），1839年[1]

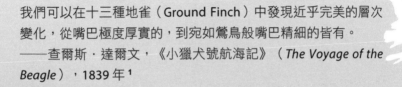

達爾文與達爾文雀的故事（更確切來說是普遍流行的神話）是這樣的：

這段探險之旅漫長又艱困。一八三一年十二月，探險隊自德文郡的普利茅斯港啟航，原先預計兩年返航，但現在已進入第四年。一八三五年九月十五日這天，《小獵犬號》（*HMS Beagle*）終於首次見到東太平洋的加拉巴哥群島（Galápagos Islands）。

對船上的博物學者達爾文而言，這是他職業生涯中最熱血沸騰的一刻。他毫不遲疑立刻上岸，眼前景象令他為之一振。島上有企鵝、信天翁和海鬣蜥，還有其他生物，都相當溫馴可人。達爾文以他的專家之眼，注意到一群有趣的鳥兒，他很快就認定牠們是雀鳥。

在接下來的數個星期裡，達爾文在每座島上都見到了外形相似的鳥。然而根據牠們所棲息的島嶼，這些鳥卻又有明顯不同之處，在體型和鳥喙方面特別如此。

一直以來，達爾文都在為演化論（theory of evolution）的天擇（natural selection，又稱自然選擇）說找尋證據，來證明他是正確的。該理論認為不同物種會透過演化來適應特殊環境。而現在，他能在被他命名為達爾文雀的十幾種鳥類身上清楚看見天擇演化是怎麼發生的。

他意識到，所有這些鳥類都來自同一個共同祖先（common ancestor）：一種雀科鳥類不知怎的，從東邊一千公里遠的南美大陸來到了這幾座島。數百萬年後，這種雀科鳥類逐漸分化成數十多種，出現在他面前。

對達爾文來說，這是個「靈光乍現的時刻」，足以媲美哥白尼（Copernicus）發現地球繞太陽公轉，與牛頓（Isaac Newton）發現地心引力這兩件事。《小獵犬號》將在一年後返抵英國，屆時他就能著手著述他的那本巨著《物種源始》，而這些達爾文雀就是他論證的核心。這本書即將改變世界，一切都要歸功於那群毫不起眼、科學上卻相當特別的鳥類。

‖

這是一則迷人的故事，在書籍、報章雜誌、網站、廣播和電視節目中被無止盡轉載，卻絲毫沒有減損魅力。[2]只是有個問題：它純粹就是個神話。

起初，達爾文並不是《小獵犬號》上的官方博物學者。相反地，根據演化生物學者史蒂芬·古爾德（Stephen Jay Gould）的說法，達爾文是以船長羅伯特·費茲羅伊（Robert Fitzroy）的「紳士夥伴」（gentleman companion）身分上船的，因為以當時船長的社會地位與職務來說，他並不被允許與其餘軍官和船員自由社交。[3]此外，費茲羅伊患有憂鬱症，所以大家認為若達爾文在船上，能夠幫助他緩解情緒。*

* 作者註：不幸的是，事與願違：多年後的一八六五年四月三十日，費茲羅伊船長還是以刮鬍刀自刎結束了生命。

《小獵犬號》在啟動這次知名的航程時，達爾文還只是個二十二歲（斐茲洛伊也僅大他一歲而已）、天真不經世事的茫然年輕人。畢業於劍橋大學的他將熱情投注在自然界，而親友們冀望達爾文能取得這廣袤世界的無價知識及經驗，再以成熟的姿態回歸，投入他預計的教會事業。[4]

然而，達爾文暈船暈得厲害，所以這趟旅途並不如他所預想的那般愉快。此外，思想信仰上相對自由的達爾文，對上固執己見的福音派保守分子船長費茲羅伊，兩人性格相去甚遠，爭執也是家常便飯。這也無怪乎每次船隻一靠岸，達爾文就馬不停蹄地組織好探險隊（這作法當時很常見）登島，盡可能去獵捕、蒐集各種野生生物。

當時達爾文離發展出一套條理清晰的哲學論述還有段路要走，更不用說去推導實際上怎麼運作的完整版演化論了。而且他的《物種源始》[5]在那次出航後將近四分之一個世紀都未能發表。話雖如此，受另一位生物學者華萊士的發現所刺激，最終達爾文還是倉促出版了該書。這位華萊士靠一己之力，想出了與達爾文幾乎相同的天擇機制。這很可能讓達爾文相形見絀。[6]

因此，主流觀點認為達爾文立刻就意識到這些無聊小鳥的重要性，還將牠們用來建立改變世界的理論，顯然是無稽之談。實際上，讓他用來發展概念的並不是這些異國鳥類，而是不同品種的家鴿，以及另一群他從加拉巴哥群島上蒐集來的嘲鶇（Mockingbird，又稱仿聲鳥）。[7]

各位讀者可能會好奇，那為什麼達爾文雀會出現在這一章呢？矛盾的是，牠們之所以在這裡現身，正是因為牠們對達爾文至關重要的這個神話隨著時間推移，在演化生物學者心中更加根深蒂固，所以這群學者花在達爾文雀身上的研究時間比其他生物群體還多。也因為如此，達爾文的繼任者們對演化的過程與本質才有了突破性見解。後面將會說明。

我會在之後繼續解釋這則錯綜複雜的迷人故事：達爾文在島上的這五週究竟發生了什麼事，以及更重要的，他回國後又發生了什麼事。但首先我們要先來了解一下，達爾文雀究竟是什麼？

不像本書其他篇章，一章只講述一種鳥類的故事，本章的重點至少有十四種鳥類，甚至很可能多達十八種不同鳥類。甚至實際上有多少種達爾文雀，科學家們的看法也有所分歧，但這種分歧卻也顯示了這群鳥類的多變性和可變性，也讓我們了解「物種」這個概念本身的多變性與可變性。

為了化繁為簡，就從眾人大致都同意的數字：十四種講起，其中十三種是加拉巴哥群島的特有種，另一種是位於群島東北邊約七百五十公里處、可可斯島的可可斯島雀（Cocos Finch）。

儘管達爾文雀的名字中有個「雀」（finch）字，但牠們並不是雀科（Fringillidae）的一員。而且儘管在人們在首次發現牠們後的一個多世紀裡，都認為牠們是新大陸的麻雀和鵐鳥（鵐科，Emberizidae），但也不是。現今人們普遍同意牠們屬於唐納雀科（Thraupidae），這是新大陸鳴禽中最大的一個科，經過人們反覆的分類討論，該科現存三百八十三種鳥類。[8]其中有一種棲息於南美洲西部亞熱帶低地森林的暗色草雀（Dull-coloured Grassquit），很可能就是達爾文雀的原種。[9]

據信大約二、三百萬年前，草雀的祖先很可能是被一場威力強大的颶風帶到了加拉巴哥群島，最終變異並演化成多達十七種鳥類，活在今日人們所認為的這些島嶼上。[10]這個發生經過稱為適應輻射（adaptive radiation），也就是某單一物種的祖先經過時間推移而開始分化，以適應不同的生態棲位（ecological niche），之後再產生出一些外貌不同卻有近緣關係的新物種。

如果上述所謂不同物種間的「分化」概念能被接受，那麼這十七種鳥就能夠分門別類成：兩種鶯雀（Warbler-Finch，包括加島灰鶯雀〔Grey〕和加島綠鶯雀〔Green〕）；三種樹雀（Tree-Finch，包括大樹雀〔Large〕、查理樹雀〔Medium〕和小樹雀〔Small〕），啄木樹雀（Woodpecker Finch）和紅木樹雀（Mangrove Finch）；素食樹雀（Vegetarian Finch）；五種地雀（Ground Finch，包括大嘴地雀〔Large〕、勇地雀〔Medium〕、小地雀〔Small〕、尖嘴地雀〔Sharp-beaked〕和吉諾維斯地雀〔Genovesa〕）；三種仙人掌地雀（Cactus Finch，包括普通仙人掌地雀〔Common〕、吉諾維斯仙人掌地雀〔Genovesa〕和大仙人掌地雀〔Española〕）；還有最後一種叫做嗜血地雀（Vampire Finch）的迷人鳥類，這種鳥的有趣之處在於食物匱乏之時，會用銳利的鳥喙刺穿體型更大的橙嘴藍臉鰹鳥（Nazca Booby）的皮膚，吸食牠們的血液藉以存活。*

在運用現有食物來源的演化方面，達爾文雀可能是最戲劇化的物種範例，但牠們每一種都確實是如此演化而來。看名字就知道，兩種鶯雀都有著非常細薄的鳥喙，方便牠們用來探查枝葉，好抓出小蟲。相對地，五種地雀的嘴就厚實得多，讓牠們能以種子和甲蟲為食。而在創意方面與嗜血地雀相媲美的是啄木樹雀，牠會以仙人掌刺為工具探查樹洞，然後抓出藏在裡面的無脊椎生物。

這些食物和進食方式的差異，以及最重要的、鳥喙在尺寸和形狀上的多樣化至關重要，因為這關乎新物種的演化。不妨想像有一個世界，在那裡每一種鳥都生存於相同的棲息地，以相同的方式捕捉相同的食物。若果真如此，那麼不同物種間的外形和體型就不會那麼多樣化了。

當然以上的想像絕非現實。我們和這些鳥共同活在同一顆星球上，這裡有著各式各樣不同的食物與棲地，也因此就有近乎無限的各種機會。這就是為什麼世界上至少有一萬零七百種（可能

* 作者註：達爾文雀現在被分成四種屬：加島鶯雀屬（*Certhidea*，鶯雀）、樹雀屬（*Camarhynchus*，樹雀、啄木樹雀和紅木樹雀）、素食樹雀屬（*Platyspiza*，素食樹雀）和地雀屬（*Geospiza*，地雀、仙人掌地雀和嗜血地雀）。

還更多）不同鳥類的原因，牠們每一種都演化到能活用特定的生態棲位。*

科學家稱這種生物群體間可觀測的個體差異為「表型」（phenotype），根據《牛津辭典》的定義，意為「個體的基因型（genotype）與環境互動所產生一系列可觀察到的個體特徵」。所以，就如同人類之間有著不同的瞳色與血型，鳥類之間也有著不同的類型。其中有許多、甚至大多數的差異都不重要。然而一旦環境產生變化，也許是氣候驟變，那麼這些細微區別最後就成為生存或滅亡的區別了。

這就是加拉巴哥群島上曾發生過的事。隨著時間變化，達爾文雀已經適應群島上「多變的環境挑戰」，最終在體型、鳥喙、羽毛、覓食習慣甚至鳴叫聲上，產生了顯著差異。[11]所以，儘管島上不同鳥類的外觀、行為和對生態棲位的利用都不同，但牠們都有相近親源，都從同一個共同祖先演化而來。

毫無疑問地，在群島間移動的達爾文，一定會注意到達爾文「雀」的存在；那群現今珍稀的加拉巴哥群島鳴禽是那麼常見、那麼無所不在，他在那兒幾乎不可能沒注意到牠們。

達爾文回國後，很快就發表了他的探險報告《小獵犬號航海記》，在目錄中他簡短提到了「奇特的雀鳥」，還有其他同樣有趣的項目，像是「大陸龜」（Great Tortoises）還有「吃海草的海蜥蜴」（Marine Lizard）。[12]但在這本五百多頁、密密麻麻的報告中，僅有十處粗略提到這些雀鳥，除此之外只有下面這則在事後看來頗有洞見的評論：「不幸的是，這一大堆的雀鳥標本全都混在一塊了；但我有充分理由懷疑，當中有一小群地雀屬鳥類（*Geospiza*，地雀、仙人掌地雀和嗜血地雀）只生活在限定個別島嶼上。」[13]

事實上，儘管達爾文意識到他和助理西姆斯・卡溫頓（Syms Covington）所蒐集的鳥分屬不同物種，但他起初以為這些鳥彼此之間一點關係也沒有。反之，他還認為牠們是來自不同科的鳥，包括新大陸的黑鸝（Blackbird，擬黃鸝科〔Icteridae〕）、「大嘴雀」（Gross-Beak）、鶯（Warbler）、鷦鷯（Wren）和真正的雀鳥。他同時也發現，他在不同島嶼上遇到的嘲鶇彼此各有不同。但他沒想到的是，這些「雀鳥」有著共同祖先。如他自己坦承的，他甚至沒幫牠們貼上標籤做適當分類，所以一年後的一八三六年十月，回到英國後的他無法確定自己是在哪座島蒐集到了哪些特定標本。雖然這不至於讓他的蒐集變得一無是處，但也變得沒太大用處。

不過他運氣不錯。一八三七年一月初，達爾文將這些標本寄到倫敦動物學會（Zoological

---

* 作者註：單冊的《世界鳥類全集》〔Lynx Edicions, 2020〕中收錄了四大鳥類「世界名冊」中所認可的各種鳥類：總數超過一萬一千五百種。

Society of London），該學會之後又轉交給他們的博物館館長，鳥類學者、分類學者兼鳥類藝術家約翰・古爾德（John Gould）做進一步檢視。不到一週，古爾德就在學會會議上丟出了一顆震撼彈：達爾文原先認為這群互不相干、雜七雜八的物種，事實上來自同一個科。古爾德形容牠們是「一系列非常特有的地雀……（牠們代表了）一個全新的群體，當中有十二種。」[14]後來他還表示，達爾文所蒐集到的「變種」嘲鶇們是不同的物種，而不僅僅是同種內的幾個族。*

這件事對達爾文等人正著手發展的科學理論來說，意義重大。如果這些外觀差異極大、卻屬於同一科的鳥，每一種都能完美適應特殊的生態棲位（尤其是透過不同的覓食技巧這點），牠們必定是來自同一個共同祖先。若果真如此，那麼要不是造物主在開人類玩笑，就是一個物種真的可以在經過一段時間、在對的環境條件下，演化出一系列全新的物種。

加拉巴哥群島位處偏遠海洋，它遠離所有大陸、上頭還有一些物種，正是生物演化的絕佳場所。因為群島上僅存在少數種類的鳴禽，還有一些空的生態棲位，所以新來者能在毫無競爭的狀態下利用這些特定棲位。不過，就算眼前的天擇演化證據如此具壓倒性，達爾文似乎還是棄之不顧。但事實上，一八四五年出版的《小獵犬號航海記》第二版（現稱《研究之旅》〔*Journal of Researches*〕）一書中，他對古爾德當時定出的十三個不同物種還是做了詳細描述，並附上精美插圖：

> 剩餘的陸鳥形成了一個相當獨特的雀鳥群，牠們在鳥喙、短尾、身形和羽毛的結構上彼此相關……最有趣的點在於，地雀屬的不同物種，在鳥喙尺寸上有著完美的階段性變化，從大如臘嘴雀（Hawfinch）到小如蒼頭燕雀（Chaffinch）的都有；而且（如果古爾德先生將加島鶯雀屬這個小群體納入主群體中是正確的，那麼）有的甚至還會跟鶯鳥一樣小。[15]

總結所有發現，達爾文得出了一個驚人的結論：「看到這一小群關係密切的鳥群在結構上的階段變化與多樣性，人們會不禁想像這座群島上一種數量稀少的原生鳥類，牠被選上、被調整、最終演化成不同的物種。」

不過到了一八五九年，達爾文在他好不容易出版的《物種源始》一書中，完全沒提到上述的雀鳥。一直到達爾文一八七七年臨終的那年，他還表示在那個當下，他的宗教信仰並沒有被演化論這種異端概念所動搖：

---

* 作者註：諷刺的是，儘管古爾德發現這些鳥彼此之間有著緊密關聯，某方面也成為達爾文日後工作上的催化劑，但古爾德本人從未支持過達爾文的理論，還不斷拒絕接受。見 Jacqueline Banerjee, 'John Gould and Darwinism': https://victorianweb.org/science/gould/darwinism.html.

在我還在《小獵犬號》上時，我相信物種永恆不變，但就我自身記憶所及，時不時總有些隱隱約約的疑問掠過心頭。一八三六年秋天一回國，我就立即著手準備要發行出版的研究日誌，然後看看究竟有多少事實可以指出這些物種有共同起源。於是一八三七年七月，我打開了筆記本，開始記錄這些相關問題的真實情況。不過我覺得，我得經過兩三年的時間才開始確信物種是可變動的。[16]

在拒絕易變性概念這方面，由於達爾文是在英國國教會的浸融下成長，所以他只是遵循教會所支持的教條。要他反對這些教條，對他而言簡直難以想像（見第四章）。不過（因為堅定捍衛達爾文理論而被稱為「達爾文的鬥牛犬」的）湯瑪斯・赫胥黎（Thomas Henry Huxley）之後開始批評起教會，認為他們是「有能力抵抗，也會抵抗科學進步和現代文明的偉大精神組織，因為這對他們而言是生死攸關的事」。[17]

順帶一提，將這些鳥稱作「達爾文雀」的既不是達爾文也不是赫胥黎，更不是他們那時代的誰。達爾文雀這個現在頗為知名的標籤，是由倫敦自然史博物館（Natural History Museum）鳥類館館長珀西・洛（Percy Lowe）於一九三五年首創，已經是達爾文逝世後半個多世紀的事了。在與同行科學家討論時，洛解釋了他選定這個新稱謂的理由：「我們都知道，正是這些雀鳥、嘲鶇、陸龜以及植物所呈現出的多樣化面貌，才引領了達爾文，帶他走上璀璨物種起源概念的道路。」[18]雖然關於達爾文與這些小鳥相遇、進而「靈光乍現」的神話錯得離譜，但它既迷人又家喻戶曉，如果真要把發起神話的這個功勞歸給誰的話，那就非洛先生莫屬了。

一九八〇年代早期，美國的法蘭克．蘇洛威（Frank Sulloway）和晚近駐點新加坡的英國人約翰．范懷赫（John van Wyhe）這兩位科學史家，他們探究了達爾文雀神話的起源與歷久彌新的原因，更特別考究了這個神話隨時間被過度吹捧與誤導之處。懷赫指出，達爾文本人從來不曾特別提及是加拉巴哥群島或島上的雀鳥啟發了他的理論。而在達爾文一八八二年逝世後「遍處可見的訃聞」中也沒有一則提到這些雀鳥，甚至沒多少人認同他拜訪這些島嶼的重要性。[19]

直到達爾文出生一百年後的一九〇九年，才有人首次提到達爾文在島上的經歷與天擇演化論有關。那年，他（傑出的植物學者）兒子法蘭西斯（Francis）首次明確建立起這兩者的關聯：

「在達爾文比較過這些他和其他船員共同獵來的鳥之後，這『完全激起』了他的注意力。這件事還不待定就馬上震撼了他。眼前就是演化的縮影。」[20]

上面這番說辭成了轉捩點：在錯誤地將加拉巴哥群島上發現的雀鳥和達爾文之後發展的理論建立起關聯後，神話就此誕生，而且越來越普遍。二十五年後，也就是在洛創造出「達爾文雀」一詞時，這兩者的關係早已深植於大眾文化之中。

令人啼笑皆非的是，錯誤的連結，再加上所謂的這些雀鳥對達爾文很重要這兩點，最終在整個二十世紀下半葉引爆了一陣火花，讓科學家得出非比尋常的結論，也就是：就算啟發達爾文的不是達爾文雀，但牠們對達爾文本身、甚至對後繼者們發展理論上仍然是最佳範本之一。

第一位在野外仔細研究達爾文雀的人，原本是個不起眼的老師，最後卻成了世界上最偉大的演化生物學者之一。這個人就是大衛・萊克（David Lack）。

就像晚近推出的傳記副標題描述的，萊克被當今學術圈譽為「演化生態學之父」。[21]但在第二次世界大戰前的那些時光裡，他還只是個德文郡的小學老師，以及業餘鳥類學者。[22]

雖然洛先引起了人們對達爾文雀的注意，但他本人卻不認為這些鳥是達爾文理論的最佳範例。為了解答這道謎題，倫敦動物學會的祕書朱利安・赫胥黎（Julian Sorell Huxley，後來的赫胥黎爵士）提議，應該把萊克派到加拉巴哥群島去研究這些野外雀鳥，這樣就能一口氣驗證牠們是否真的有相關性。於是一九三八年十一月初，萊克和一小群鳥類科學家便從利物浦出發，踏上漫長的航海旅程，前往地球的另一端。[23]大約六周後，團隊登陸了加拉巴哥群島最東端的查坦島（Chatham Island），巧合的是，他們與一世紀前達爾文首次登上的是同一座島嶼。

萊克在島上住了近五個月，他比其他人還要更加仔細的研究這些雀鳥。隔年四月，萊克帶著和同僚在各島嶼捕獲的活雀鳥啟航（達爾文的做法是仔細記錄牠們的發現地）。不過由於怕這批鳥活不過回英格蘭的漫長海路，所以他沒有直接回國，反而先去了舊金山。

萊克從紐約啟程回國前先在加州待了四個月，期間他仔細記錄、測量這些雀鳥。一九三九年九月三日，他雖然得知英國與德國開戰的消息，不過稍後還是幸運地設法搭船安全返回英國。

一年後，一九四〇年萊克提出了他兩份雀鳥主要著作的第一份：〈加拉巴哥島雀類（地雀亞科）的變異研究〉（The Galápagos Finches (Geospizinae), A Study in Variation）。[24]這份論文提出了一些驚人的結論：根據萊克的論點，不同物種的鳥喙大小和外型的明顯變異，與牠們的食物、覓食習慣或生活型態無關。反之，他表示這些雀鳥純粹只是因物種與物種之間分開，無法彼此雜交繁殖，才會產生變異。

因為戰爭的關係，所以萊克遲至一九四五年才發表論文。據傳記作家泰德・安德森（Ted Anderson）描述，萊克的各種雀鳥演化史理論在這段時間或多或少都有了大幅轉變。[25]一九四七年，萊克被原先合作的 H. F. & G. Witherby 出版社拒絕，但之後仍出版了奠定他科學家地位的《達爾文雀：生物演化總論》（*Darwin's Finches: An Essay on the General Biological Theory of Evolution*）。[26]在這部意義重大的著作中，他否定了自己先前的理論，接著提出不同物種間的幾乎所有變異實際上都是天擇壓力下的結果。他認為就是這些因素才產生了適應輻射，以及演化出全新的物種。

他相信，這樣的變化首先是由於這些鳥與南美大陸地理上的隔閡，再加上牠們在加拉巴哥群島的不同島嶼間利用不同的食物來源與棲地，最後才演變成生態隔閡。正是這個過程才讓三種不同的地雀（小地雀、勇地雀、大嘴地雀）得以共存於同一座島上。

科學界花了十幾年才完全接納萊克的突破性理論。之後他在學術職涯中繼續發光發熱，並在牛津大學擔任世界最頂尖的愛德華格雷野生鳥類學研究所（Edward Grey Institute of Field Ornithology）的負責人。萊克生前仍持續於英國與海外做田野研究，並啟發了許多當今的頂尖科學家。他逝世於一九七三年，得年六十二歲。

懷赫做了一份堪稱模範的研究，裡頭討論加拉巴哥雀與達爾文知名演化論之間的錯誤文化連結史，最後他概述了以下六個階段，並稱之為「傳說的演化」（以向達爾文致敬）：

一：從未提及加拉巴哥群島。
二：該群島雖被提及，卻未被賦予特殊地位。
三：理論起源於此。
四：理論以群島為基礎構想出來。
五：這些雀鳥扮演了重要角色。
六：構想成形，是加拉巴哥群島上的這些雀鳥形成了該理論。

如同懷赫所指出的，這樣的積非成是並非龐大的布局或邪惡的陰謀；這僅僅只是「無數個人對所見所聞的特殊見解，加上這群人在特定時間、以特定方式帶著自身的政治或私人動機去看待達爾文相關故事，才有了如此結果。」[27]甚至連ＢＢＣ自然歷史部門、傑出的大衛・艾登堡爵士（Sir David Attenborough）也不免落入這種錯誤敘事之中。他在一九七九年的知名電視紀錄片系列《地球上的生命》（*Life on Earth*）這樣陳述：「達爾文注意到加拉巴哥群島上這些雀鳥的喙有著相似的變異，並將此視為天擇說的強大證據。」在該節目播放的前一年、另一檔英國廣播公司的電視系列節目、榮獲英國影視藝術學會獎項的《查爾斯・達爾文的航行》（*The Voyage of Charles Darwin*）也將神話與現實混為一談，節目以虛構的第一人稱如此敘述：

除了這幾座非凡島嶼上那些所有激起我興趣的各種生物之外，還有多年來影響我理論發展的生物，外貌黯淡又平凡，我幾乎不太可能注意到牠們。那是一群在仙人掌林和灌木叢間飛來竄去的雀鳥。

牠們彼此之間必定有什麼關聯，但鳥喙的大小和形狀又有很大的差別。

這點所代表的重要性，讓我們對這些鳥在群島上的分布能有進一步了解，不過當時我卻忽略了；還有我的那些蒐集，最後也全都混雜在一起。28

儘管這個傳說的發展既意外又近乎隨機，但結果卻大大影響了我們對演化機制的理解。彼得．格蘭特與蘿絲瑪莉．格蘭特（Peter and Rosemary Grant）這對夫妻檔生物學者花了超過四十年，仔細研究了加拉巴哥群島的雀鳥。他們的研究工作雖艱苦卻富開拓性，研究結果顯示，達爾文雀的確可以清楚解釋新物種究竟是如何演化。在所有科學發現的故事中，他們的成功故事絕對是最令人出乎意料的一個。

隨著生物科學變得日益複雜，現今所做出的許多突破發現都來自於實驗室，而不再來自田野，在不同鳥種間的演化關係上更是如此。ＤＮＡ化學分析這個生物學者的最新利器可以從死去或活著的鳥類身上提取血液或羽毛。藉此，科學家得以觀察不同物種間的ＤＮＡ股匹配與否，若匹配結果越相近，那麼物種間的關係也就越相近。這種後來被稱為ＤＮＡ－ＤＮＡ分子雜交法（DNA-DNA hybridisation）的革命性技術，最早是在二十世紀末由美國科學家查爾斯．西布萊（Charles G. Sibley）與伯特．門羅（Burt L. Monroe）所開發。儘管該技術日後經過大幅度調整改善，但在理解不同物種彼此間的關係上，它還是為我們帶來了翻天覆地的改變，例如發現過去我們曾以為是近親、實則毫無關聯的群體，反之亦然。[29]

隨著轉向為在實驗室從事科學發現，人們可能會認為那個有著一群體格健壯、曬得黝黑、捲起袖子準備行動的田野調查生物學者時代結束了。然而格蘭特夫婦的畢生志業卻駁斥了這點。

彼得．格蘭特一九三六年十月生於倫敦；他的妻子蘿絲瑪莉於同個月生於威斯特莫蘭（Westmorland，現在的昆布利亞〔Cumbria〕）。彼得從小就非常著迷於自然史，不過據他那位頗有旅遊資歷的自然作家表弟布萊恩．傑克曼（Brian Jackman）回憶，他們之間很早就有明顯的不同：「雖然我們看待自然界的眼光不同，但彼得……跟我都一樣喜愛自然界。在我還天真浪漫的無可救藥時，他就已經在用更科學的方法了。」[30]

彼得和蘿絲瑪莉各自從劍橋大學和愛丁堡大學畢業後，雙雙開始了演化生物學的職涯。他們倆一九六〇年於溫哥華大學相遇，兩年後便結成連理，婚後決定以北美為家。一九八五年格蘭特夫婦在加拿大蒙特婁的麥基爾大學（McGill University）任職一段時日，後來決定轉任紐澤西州的普林斯頓大學（Princeton University），此後他們便一直服務於該校。

事實上不完全正確。格蘭特夫婦雖說定居北美，但自一九七三年他們首次抵達加拉巴哥群島著手研究達爾文雀後，他們待在島上的時間卻遠遠多於待在家。這段期間他們還將一對女兒尼古拉（Nicola）和塔利亞（Thalia）扶養成人，她們童年時期在島上度過的同時，也對格蘭特夫婦的開創性工作做了不少貢獻。[31]

格蘭特夫婦剛到加拉巴哥群島之時，就想調查不同達爾文雀之間的關係；當初兩人認為這個任務可能得花一年以上的時間。而在過了近乎半世紀、即將邁入九十歲的現在，他們對這些奇特的小鳥還是癡迷不已：「達爾文雀將獨一無二的事物帶給了生物學者。牠們彼此之間是多麼相似，所以一個物種到另一個物種的轉變也能輕易被重現。牠們很好接近：溫馴得讓我們得以輕鬆研究牠們的行為。」[32]

如今雖然他們不再花那麼多時間做田野調查，但彼得和蘿絲瑪莉仍會定期前往加拉巴哥群島旅遊，尤其是大達夫尼島（Daphne Major），這座他們長期從事雀鳥田野調查的島嶼（諷刺的是，達爾文本人從未親自拜訪或看過這座特別的島嶼）。這座難以抵達的岩石島嶼總面積不到半平方公里，大小約有五個標準足球場那麼大，若想研究一群獨立、定棲又非常溫馴的鳥類，只要把島上的鳥群當成個體來研究，這裡堪稱是絕佳地點。不過從另一個角度來看，這座島嶼又不是個理想的研究地點，例如島上的生活條件實在太過嚴苛，於是格蘭特夫婦只好遠離文明，在食物與水方面也得自給自足。另一個主要的問題是島上難以預測的極端氣候，從長期乾旱到連綿數周的降雨，碰上聖嬰現象時尤其如此。當時溫暖的太平洋將不合時宜、持續不斷的經常性大豪雨帶到了島上，中間卻又夾雜著異常持久的乾旱。

這樣的天氣為格蘭特一家帶來了極大的不適，也使他們的鳥類研究更加艱苦。然而這種不尋常的極端條件，卻也證明了他們在達爾文雀演化上的關鍵發現。根據格蘭特夫婦的一份紀錄表顯示，演化的發生有時似乎不需要花上數世紀或數千年之久，它是即時的；這點讓觀察者大為震驚。「格蘭特夫婦的科學團隊成員非常少：成員們曾親眼目睹演化在他們面前發生。對格蘭特夫婦來說，演化不是什麼抽象的理論概念：它活生生、真實、立即，而且快得驚人。[33]事實證明，那時使他們在大達夫尼島的生活與工作極具挑戰的極端氣候，就是快速且前所未見的變異關鍵。

美國作家強納森・溫納（Jonathan Weiner）的普立茲得獎書籍《雀喙之謎》（*The Beak of the Finch: Evolution in Real Time*）發行於一九九四年，該書首度將格蘭特夫婦帶入大眾的視野。[34]副標題「即時發生的演化」透露了這是則扣人心弦的故事。書中，溫納描述了在太平洋發生的罕見氣候事件所帶來的長期乾旱，讓格蘭特夫婦所研究（達爾文雀中某一群）的雀鳥如何在他們眼前開始演化成新的不同物種。

這種快速「進行中的演化」與眾人（包含格蘭特夫婦）對他們先前登上加拉巴哥群島時的預設完全相反。當時人們普遍的共識是，達爾文演化論的進展需要花上漫長的時間，速度慢如蝸牛，而個別生物間的微小形態與行為差異會緩慢地、漸漸地將牠們推離彼此，最終演化成新的物種。溫納解釋，這意味著格蘭特夫婦一九七三年首次抵達大達夫尼島時，他們就只是希望能「快拍」（snapshot）當下各種不同雀鳥間的演化狀況，特別是勇地雀和小地雀：「觀察這些鳥類就像天文學者觀星或地質學者調查山脈一樣。在加拉巴哥群島上的一百年，也不過就是個快拍而已。」[35]

然而在首次考察時，這些小鳥身上的某些端倪，就值得讓彼得與蘿絲瑪莉延長在島上的研究時間。巧合的是，一年後有個全新的理論出現了：尼爾斯・艾崔奇（Niles Eldredge）和史蒂芬・古爾德這兩位年輕的美國科學家提出了「斷續平衡」（punctuated equilibrium）理論。該理論挑戰了廣為人知的觀點，即演化的發生過程平穩、逐漸且非常緩慢，取而代之的是一個更加動態的模型：一段鮮少或未曾發生變異的長期穩定期被中斷，而在這短暫的中斷期，演化能夠發生、也會快速發生。[36]然而彼得．格蘭特強調，雖然他們聽到古爾德和艾崔奇的理論，但他們沒怎麼特別受影響。[37]

彼得表示，科學家一直都知道，構造簡單的生物演化速度會非常快，例如在醫院演化出抗生素抗藥性的微生物或農業上的害蟲。牠們與知名的樺尺蠖（Peppered Moth，又稱斑點蛾）演化故事相像：工業汙染時代，煤煙將樺尺蠖棲息的樹木燻個漆黑，所以比較黑的樺尺蠖就比較不容易成為狩獵者的犧牲品，因此得以繁衍。不過他同時也說，「像鳥類和哺乳類這種長壽動物也能讓我們在有生之年觀察到牠們的演化，這種概念在我們研究之初並不普遍，也沒什麼研究或測量前景。」[38]

大約在他們研究的頭四年，大達夫尼島的降雨一如往常預測地如期而至，乾季之後會接著雨季。島上大量可輕易獲得的食物大部分都是種子，雀鳥因而發展繁盛，鳥隻數量會在雨季時上升，之後於乾季時回落。格蘭特夫婦的研究按計畫進行。

到了一九七七年中，事情有了變化。原先一向準時到來的降雨，當年預測雨量卻只有平常的一點點，僅二十四毫米。隨著乾旱加劇，這些鳥的處境也開始艱難起來。牠們不願交配，更不用說築巢、下蛋和繁衍後代了。[39]

不過當時有些鳥也開始設法在這種嚴苛的條件下找尋食物。當時較小顆的種子日益稀缺，但稍大顆的種子還夠，所以有一些鳥喙稍微比同類大一點的勇地雀還是能以此為食。結果鳥喙偏小的最終餓死，偏大的存活率則較高。之後這些鳥喙偏大的勇地雀透過基因遺傳，將這種救命特徵傳給了下一代。

而同種中體型偏小的勇地雀，以及另一種體型較小的小地雀，由於鳥喙不夠大不夠健壯，所以牠們無法破開偏大的種子，只好被迫吃不同植物但較小的種子。不幸的是，這些特殊的植物會產生黏稠的物質，讓牠們頭頂的羽毛糾結成一塊，導致皮膚曝曬在炙熱的陽光下。許多案例因此致死。至於其他的則死於飢餓。

到了一九七七年十二月，格蘭特夫婦啟程返家前，大達夫尼島上達爾文雀的總數量少了百分之九十，從一九七六年三月的一千四百隻到僅剩兩百隻，才不到兩年光景。島上最常見的物種，勇地雀的數量驟降到只剩一點點。小地雀處境更糟，從先前的十多隻到僅剩一隻。對格蘭特夫婦來說，這場前所未見、始料未及的雀鳥災難為他們帶來了一個誘人的機會，促使他們繼續研究，以挖掘接下來會發生的事。

彼得兩位麥基爾大學的博士班學生，彼得．波格（Peter Boag）和他的妻子勞倫．拉特克里夫（Laurene Ratcliffe）在乾旱期和其後的一年留在島上，做了寶貴的觀察。乾旱快結束時，格蘭特全家包括尼古拉和塔利亞接手這項田野調查，他們有條不紊地記錄下哪些個體設法求生成功，而哪些死亡。[40]

回到加拿大後，格蘭特夫婦與波格開始仔細整理資料。他們將焦點放在測量乾旱期間死亡鳥類的喙上，並拿來與設法找到充足食物活下來的鳥類的喙做比較。他們得出了一項驚人發現：這個發現徹底改變了科學家過去對天擇演化的過程與時間的認識。

對門外漢來說，這種極小的差異似乎不值得一提。那些倖存的地勇雀，牠們的鳥喙平均而言比死掉的那些大上百分之五到百分之六。有鑑於這些鳥類體型之小，所以這種差異是以幾分之一毫米為單位進行測量，小到人們的肉眼難以辨別。不過格蘭特夫婦意識到，對個別鳥類來說，這種細微的變異卻是生與死的差別。這結果是科學上的重大突破。溫納如此寫道：「他們不只看見了進行中的天擇機制。這更是在自然界中所記錄到最極端的天擇案例。」41

從長遠來看，假如氣候能快點回歸正常，那麼倖存下來的那些鳥喙和體型偏大的鳥就不會出現這麼大的差異，然而還有另一項關鍵因素。因為雄性勇地雀通常會再大一些，所以比起雌鳥，會有更多雄鳥在乾旱中存活。這就意味著比平常晚了半年的雨季在一九七八年一月回歸時，性擇（sexual selection）這項新的因素就會發生作用。

若一隻雌鳥可以對上六隻雄鳥，那麼雌鳥會發現牠們是市場裡的「買家」：牠們能從倖存的一群裡挑選「最優秀」的雄鳥。而牠們確實也這麼做了：牠們選擇了體型最大、鳥喙也最大最強壯的配偶。因此，原本暫時轉向鳥喙偏大的潛在變異，很快就透過群體繁衍被永久確立下來。

不到一年內，一項重大的演化變異就此發生；更重要的是，它還發生在世人眼前。格蘭特夫婦找到了他們的人生志業。再也沒有人能以同樣的方式去觀察演化了。[42]

也許達爾文雀是適應輻射最清晰、也最確實的知名例證，但牠們不是唯一一個。還有好幾個相似案例也同樣發生在偏遠的海洋島嶼上。那是因為，這些偏遠位置往往會有少量當地才有的鳴禽，而且也往往仍保有廣大未被占用的棲息地和生態棲位，因此是進行演化的理想場所。

位於馬達加斯加的叢林裡棲息著二十一種鵙鳥（Vanga，又稱萬加，鉤嘴鵙科〔Vangidae〕），牠們是一群多樣化、體型中等、長得像伯勞的鳴禽。據信這群鵙鳥都演化自同一個共同祖先，在大約兩千萬年前從非洲大陸來到此地。[43]

這些鵙鳥跟達爾文雀一樣，分化成能利用不同食物來源的物種。結果，牠們隨著時間也演化出各種不同長相，而且跟達爾文雀一樣，牠們的鳥喙也截然不同。這無可避免的導致了差異極大的進食習慣。紅嘴鉤嘴鵙（Nuthatch Vanga）鳥如其名，行為跟會在樹上倒吊的鳾（Nuthatch，俗稱五子雀）一樣（雖然牠無法爬下樹幹）；盔鉤嘴鵙（Helmet Vanga）則會用牠臘嘴雀（Grosbeak）般的巨大鳥喙壓碎甲蟲和蜥蜴；當中最引人注目的是鐮嘴鵙（Sickle-billed Vanga），牠們會用長而薄的弧形鳥喙撬開藏在樹皮底下的蟲子。又一次地，就像達爾文雀一樣，對未經訓練的人來說，這些關係密切的物種看起來完全屬於不同科別。

另一個重要的海洋島嶼物種群出現在夏威夷群島。夏威夷蜜旋木雀（Honeycreeper，又稱管舌鳥或管鴰）也經歷了相似的演化過程，演化出超過五十個物種。這些管鴰的食物來源廣泛，包括了水果、種子、花蜜和無脊椎動物。就像達爾文雀和鵙鳥一樣，管鴰是自某種或類似雀鳥的物種演化而來，該物種在四、五百萬年前抵達了這幾座偏遠的島嶼。[44]

管鴰之間鳥喙大小與形狀的多樣性相當驚人。牠們隨著時間演化成可以利用各島嶼上的各種不同生態棲位，而且也幾乎複製出世上所有六千多種鳴禽的各種形狀相異的鳥喙。[45]

不過諷刺的是，正是這樣的多樣性與特化能力，才導致這些島嶼物種蒙受棲息地喪失與氣候變遷的威脅。另一個主要的問題是，根據定義，島嶼鳥類通常數量不多且棲息地範圍受限，所以跟棲居廣袤大陸的類似物種相比，當條件發生變化時，牠們就更會面臨不成比例的滅絕威脅（見第四章）。這點在管鴰身上尤其明顯，目前已知有超過半數的物種都已走向滅絕，有許多就發生在這幾十年內。[46]當中有一九六九年走向滅絕的考艾島管鴰（Kaua’i Akialoa）、一九八八年後就消失的毛島紅管鴰（Maui ‘Akepa），以及毛島蜜雀（Po’o-uli）。一九七三年才被發現的毛島蜜雀，還不到五十年就於二〇一九年宣布滅絕，最後一次可證實的目睹時間是二〇〇四年。在滅絕前，這種吃蝸牛的管鴰還贏得了沒什麼用的「世界最稀有鳥類」這個榮譽。[47]如今存留下來的，只有這個悅耳的夏威夷名；毛島蜜雀也跟度度鳥一樣，早已成了徒留其名的幽魂。

這五十多種管鴰是鳥類適應輻射的範例。整體上來說燕雀類也是，只不過規模更大。而現在有兩本著作讓我們再次思考鳥類究竟是如何演化的，其中一本是學術巨著，另一本是科普作品。

當中較新的一本，《最大的鳥類適應輻射》（*The Largest Avian Radiation*）以占全世界一半以上的鳥類（雀形目鳴禽）詳細說明演化過程。[48] 該書編者表示，書中提出了一個革命性的新分類法，「以一個統一理論來解釋地球生物多樣性中的巨大差異是如何產生的」。以超過一千份的文獻資料為基礎，編者再將之匯集成一本大部頭專書。[49]

書中一眾科學家採用好幾種更新、更精確的分子法，可以在比較物種及其親屬時呈現出更精準的結果。採用此法就像在既定的鳥類分類法中投下一顆震撼彈，澈底顛覆了長期以來眾人廣泛接受的觀點。當中原先有親緣關係的鳥類被重新拆分，另一些則被合併，從中創造出了許多新的連結。其中最迷人且最令傳統愛鳥人士驚訝的案例，就是舊大陸的「鶯科」鳥類。[50]

目前正式紀錄英國野鳥狀況的「英國鳥類列表」[51]是由英國鳥類學會（British Ornithologists' Union, BOU）負責製作更新，總共收錄了五十四種鶯鳥。範圍從常見的棕柳鶯、黑頭鶯、白喉林鶯，到像是橄欖鶯、冠羽柳鶯和淡腳柳鶯等這類只有偶爾才會出現在英國的迷鳥（Vagrants）。*

不過若再仔細觀察，就會發現一些怪異之處。我們可以在英國南部的沼澤地找到寬尾樹鶯（Cetti's Warbler）這種躲躲藏藏的鳥，牠被一種我們熟悉、但據信不太相關的長尾山雀（Long-tailed Tit）從其他五十三種鶯鳥中劃分開來。看到這兒你可能會困惑，這是否意味著寬尾樹鶯不是鶯鳥，而長尾山雀是鶯鳥，或兩者都不是（又或者兩者都是）？

當你查詢「西古北界」[52]這個橫跨歐洲、北非和中東的生物地理學區域的鳥類清單時，會發現事情變得有點難以理解。與英國鳥類學會的清單不同，當中的物種被劃分成好幾個科。而且以前同屬鶯科的鳥類，現在至少被分成了六個科。

這些被劃分出來的新科別，是好幾種以前通常不認為是鶯鳥的物種：鵯鳥（Bulduls，鵯科〔Pycnonotidae〕）；前面提到的長尾山雀（獨立單一物種的長尾山雀科〔Aegithalidae〕）；文須雀（Bearded Reedling，同樣自成一科，文須雀科〔Panuridae〕）；畫眉鳥（Babbler，噪鶥科〔Leiothrichidae〕）；當中最令人訝異的是雲雀（Lark，百靈科〔Alaudidae〕），以及燕子和崖燕（Martins，燕科〔Hirundinidae〕）。

＊ 譯者註：因為不熟悉路線，或惡劣天候等各種自然因素而偏離原先的遷徙路線，出現在本不該出現區域的鳥類。

這種全新的分類法出現在《最大的鳥類適應輻射》的第十一章。標題為「鶯總科：舊大陸鶯鳥及其亞種」，當中囊括了不下一千兩百個不同物種，大約有百分之二十的燕雀類，全世界鳥類的百分之十以上。[53]

假如這些發現正確，也沒理由假定它們是錯誤的，那麼自十八世紀末吉爾伯・懷特（Gilbert White）以來所盛行的「鶯鳥」都屬於同一科的傳統觀點，將不再可靠。

如果這有點難理解，那麼我們就該記得，任何對世界鳥類或其他生物的分類總是面臨著不確定性。儘管我們手邊有最先進的科學，但至今我們還是無法確切了解現今的眾多鳥群與物種究竟是如何演化而來的。不過現在，最新的實驗技術給了我們可靠的答案，來回答科別與物種間的關係。

分類法是與時俱進的。許多早期鳥類學書籍中的鳥類分類系統，都與我們今日所用的有著極大差異。舉例來說，那些早期書籍可能會將所有包含貓頭鷹、鷹、鳶、鵰、鶚和隼在內的「猛禽」都歸類為「掠食性鳥類」（rapacious birds）。

粗略上來說，這有其道理：鷹和貓頭鷹都有殺死獵物用的利爪，以及將獵物撕開來食用的喙。但現在我們知道，這些相似之處純粹出於偶然：這是趨同演化（convergent evolution）的結果。當兩種完全無關的物種共用一個相似的生態棲位時，牠們的行為會使牠們發展出相似的身體特徵。

只因為鷹和貓頭鷹的喙和爪相似，就認為牠們有親緣關係的觀點，如今看來著實好笑，但早期那些前衛的鳥類學者確實抱持這樣的觀點。時至今日，雖然鷹和隼已被劃分為不同的目（鷹形目〔Accipitriformes〕和隼形目〔Falconiformes〕），但人們還是普遍認為牠們有親緣關係。多虧了科學知識的發展，現在我們知道，隼與鸚之間的親緣關係並不會比鷹和貓頭鷹之間相近；事實上，隼還更接近鸚鵡和燕雀一些。

不過，儘管《最大的鳥類適應輻射》一書概述了近期的突破性發現，但在旅途中見到一些會吃蟲而且會遷徙的小型鳥類時，愛鳥人士還是不疑有他，繼續使用「鶯鳥」一詞來形容牠們。隨著時間過去，也許之後的世代會開始以不同的觀點來看待牠們，也會想弄清楚為何我們曾經覺得他們彼此之間關係密切。

另一本挑戰我們對世界上各種鳴禽態度的書籍，比《最大的鳥類適應輻射》薄得多，但跟近十年發行的其他書籍相比，它卻讓我們更了解，我們對這些鳥類究竟抱持了怎樣的文化態度及觀點。

《鳴啼自何處來：澳大利亞鳥類與牠們如何改變了世界》（*Where Song Began: Australia's Birds and How They Changed the World*）54 一書發行於二〇一四年，作者為澳洲生物學者兼科學作家提姆．羅爾（Tim Low）。令人訝異的是，這樣一個複雜的主題不但取得了評論界和商業上的成功，還打入暢銷榜，成為第一本享譽盛名的澳洲圖書業獎非小說類大獎的自然類書籍。

羅爾在這本驚人之作中解釋了科學家是怎麼推翻長久以來澳大拉西亞（Australasia）*鳴禽群的多樣性演化假設，也帶我們仔細考究鳥鳴的演化與傳播是怎麼以全新的方式遍及世界。如同澳洲知名愛鳥人士尚恩．杜利（Sean Dooley）在《雪梨晨鋒報》（*Sydney Morning Herald*）評論中寫的，羅爾「這本可看性十足的書……不僅讓澳洲的鳥類得到早該獲得的認可，還讓我們對世界（以及我們這塊既是島嶼又算大陸的土地）的運作方式有了耳目一新的理解」。[55]

羅爾在書中挑戰了鳥類學的「鐵律」。直到最近，人們仍相信鳥類先是在北半球演化，再逐漸從廣袤的歐亞大陸一路擴散，直到一些物種最終抵達了遺世獨立的澳洲大陸，然後牠們再繼續在此演化出新的不同科別與物種。而宣揚這個理論的竟然是大名鼎鼎的美籍德裔生物學者、人稱「二十世紀的達爾文」的恩斯特．麥爾（Ernst Mayr）。他認為，不同科的鳥先分成好幾波抵達澳洲，再逐漸演化成今日所見各式各樣的物種。但麥爾沒意識到的是，許多澳洲鳥類的外貌與行為雖與歐亞的物種相同，但其實彼此一點關係也沒有，實際上牠們反而是另一組系列趨同演化的範例。

根據羅爾所揭示的，實情或多或少與麥爾的設想相反。事實上，全世界超過一半的鳥類都演化自遠古的超大陸——岡瓦納大陸（Gondwana），包括鸚鵡、鴿子和燕雀（鳴禽）。大約一億八千萬年前，我們今日所熟知的南美洲、非洲、阿拉伯、印度次大陸、南極洲和澳大拉西亞，都是從岡瓦納分離開來的。在之後一段時日，演化於澳洲的鳥類開始擴散到各大陸，最終牠們殖民了包含亞洲在內的全世界。不過當中有一些在數百萬年後又重新回來這片大陸，比如雀類和渡鴉。

羅爾一書的核心問題是，為什麼這個理論花了這麼久才為人所接受？他在序言解釋，由於那個被他稱為「北部正統觀」的觀點深植於歐美人民心中，認為澳洲及其野生生物屬於「次佳」，所以他們也就這麼看待澳洲；諷刺的是，有時就連澳洲人也是這麼看待自己。如同他所指出的，這種偏見可以追溯到十八世紀末的歐洲殖民者以及他們對當地怪異動物的厭惡：

下蛋的鴨嘴獸、針鼴蝟和古怪的有袋類動物被認為是原始的哺乳動物，牠們只因為澳洲遠離其他大陸才得以生存下來。澳洲人並沒有因為這種想法而覺得他們的野生生物不值得驕傲，但認為這些哺乳類某種程度上都比較落後的想法，卻又澆熄了這份驕傲。這片土地上的鳥類缺乏唱歌天分，這點似乎就很符合這種想法。56

* 譯者註：泛指澳洲、紐西蘭及南太平洋諸島。

然而這種自卑情結並不會永遠阻擋科學探索。到了一九七〇年代，這個時期見證了澳洲文學、藝術、電影及音樂在全世界的高度評價，科學家們終於也開始質疑麥爾及學界所堅定捍衛的正統觀點。美國科學家西布萊使用他全新且具批判性的DNA－DNA分子雜交法技術向世人透露，許多澳洲最為人所知的物種都不像其名字所呈現的，是舊大陸的物種，包括知更鳥、鶲、鶯鳥和畫眉鳥，牠們彼此間的親緣關係比澳洲以外的鳥群更加密切。

就如同旅鶇（American Robin）不是所謂的鴝（Robin，知更鳥）、而是鶇鳥（Thrush），這些鳥被藏在了錯誤的誤導性鳥名後面，才消失於世人眼前：這是思鄉的英國殖民者將他們眼前的新鳥類以家鄉相似物種來命名而造成的結果。同樣地，澳洲特有的黑背鐘鵲（Australian Magpie）和鶺鴒扇尾鶲（Willie Wagtail）也是如此：牠們原先之所以被命名為歐亞喜鵲（Eurasian Magpie）和白鶺鴒（Pied Wagtail），只是因為在外表和行為上看起來相像。*

西布萊在這方面走得更遠。這些鳥不只在澳洲演化，牠們的後代之後更殖民了全世界。如同羅爾的解釋，這個觀點極具煽動性：「澳洲不只演化出自己的鳴禽分支群（clade，一群據信由共同祖先演化而來的所有後代生物），還大量外移到其他地方。歐洲和美洲眾多美麗的有羽毛生物都屬澳洲輻射的一部分，比如喜鵲、松鴉和伯勞。比起大部分的北方鳥類，牠們在親緣上更接近澳洲鳥類。」[57]

萊斯・克利斯帝迪斯（Les Christidis）和迪克・紹德（Dick Schodde）這兩位澳洲生物學者將西布萊的研究帶入下一個階段，他們創了一個「族譜」，並將兩種澳洲代表性鳥類——琴鳥（Lyrebird）和叢鳥（Scrub-bird）視為所有其他鳴禽的「姊妹科別」（sister-families）。對英國人和美國人來說，影響相當震撼。克利斯帝迪斯和紹德的研究指出了，許多在花園或後院出現的知名鳥類都來自於澳洲的原種，例如英國的歐亞鴝、黑鶇（Blackbird）和歌鶇（Song Thrush），北美的北美紅雀（Cardinal）和旅鶇（還有亞洲和非洲的畫眉鳥、太陽鳥和織布鳥）。

難以避免地，起初許多西方科學家都斬釘截鐵、拒絕接受這種反傳統結論。一九九一年，克利斯帝迪斯和紹德在嚴謹的英國鳥類科學期刊《Ibis》上發布結果時，甚至還被迫在他們的結論裡拐彎抹角地加上「假說」(hypothesis）一詞，表示該理論可能並不合乎事實。不過在二〇〇四年，鳴禽數百萬年前確實自澳洲演化而來的理論終獲證實。[58]原先那個澳洲生物不如世界其他地區古老、過時且錯誤的概念，雖一度被西方的虛榮心與殖民主義大肆傳播，但終究還是被淘汰了。

* 作者註：附帶一提，並非所有澳大拉西亞的鳴禽都只見於該大陸：黃鸝、烏鴉、渡鴉、燕子和雀類都跟牠們舊大陸的親屬一樣來自同一個科。不過絕大多數的鳥類還是獨一無二。

隨著演化生物學學科快速發展，在不同鳥類的物種與科別關係的探索上給了我們一些全新、振奮、有時又稍稍令人困惑的見解，這也讓我們很容易就忘了達爾文雀這群在演化論上比起其他鳥群還密切的物種。諷刺的是，那個將演化機制展現在格蘭特夫婦面前、令人出乎意料的氣候變遷，現在卻成了達爾文雀面臨的存續威脅。

除了氣候緊急狀態和加拉巴哥群島上一些難以預測的因素，比如天氣和食物供應，達爾文雀還必須面對棲息地流失、外來狩獵者、禽瘧疾和家蠅（*Philornis Downsi*）的入侵，這種蠅會趁幼鳥還在巢中時以寄生的方式攻擊，導致許多幼鳥死亡。[59]威脅來得太快，也不知道根除狩獵者和寄生蟲的保護措施是否奏效，但我們可以確知的是，如果無效，那麼五十年內，達爾文雀當中的一部分物種很可能走向滅絕。

任何損失都是災難，但這些達爾文雀如果真的滅絕了，將會是更大的悲劇；畢竟是牠們教會了我們演化機制，改變了我們看待地球所有生命的方式。若是牠們滅絕了，嚴重程度將堪比大海雀、旅鴿和度度鳥。

第六章　GUANAY CORMORANT（*Leucocarbo bougainvillii*）

06.

南美鸕鶿

每當聽見有人在為奴隸制辯護，我就有股強烈的衝動，想將奴隸制加在他身上看看。

——亞伯拉罕．林肯（Abraham Lincoln）總統對印地安那140軍團的演講，1865年

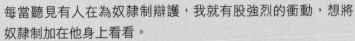

當太陽自太平洋落下，這些人就能有幾個小時的喘息，擺脫繁重的勞務。他們從天亮前就開始工作，照例每天工作二十小時、一週六天，全年如此。

隔天日出前一大早，他們就從薄薄的草蓆上起床，摸黑工作，用十字鎬和鏟子在山上的採石場開採。他們先將這些又重又臭的東西裝到推車上，再把推車推往島邊的懸崖頂。接著將推車上的東西清空、倒入帆布管，通往下面的駁船，再用駁船將東西送往海上的貨船。完成後再回去挖礦。每個人一天要生產五噸，相當於一百趟滿滿推車的量。如果他們膽敢拒絕或違抗命令，就會立刻被槍斃。

每位工人每天的糧食就是一份堅硬的麵包、乾肉和往往長了蛆的米飯。他們沒有蔬菜水果，所以許多人都得了壞血病。此外在忍受結膜炎之餘，他們將地面不斷揚起的細塵吸入肺中，所以也患了各式呼吸道疾病。

他們望著西沉的太陽，代表又結束了一天。他們是否知道在半個地球之遙的地方，同一顆太陽又從他們的家鄉升起了？幾個月或幾年前，他們離鄉背井，逃離中國的饑荒、戰爭與貧窮，在北美這片新土地展開人生新篇章。加州淘金的美夢一直誘惑著他們；在那裡他們可以賺到夠多的錢，寄回去給為貧困所苦的家人們。

然而現實卻天差地別。在踏上那段橫跨浩瀚汪洋、無趣又看似無止盡的太平洋旅程前，澳門港邊有數百人擠進破爛、滿是老鼠和危險的船上。他們幾乎大部分時間都待在近乎全黑的環境中，四處瀰漫著同行乘客的惡臭，卻仍得奮力吸著難聞的空氣。

在一些航程中，他們面臨疾病、營養不良，在同伴與船員的施暴下死亡，多達四分之一的人死去。還有一些人不願面對旅途結束時迎接他們的已知恐懼，以跳船、上吊或自刎結束生命。

自一八五〇年到一八七四年，這段期間估計約有八萬七千名華人「苦力」（coolie）想方設法抵達終點（苦力一詞源自印度，指的是受雇勞工）。他們被告知將前往加州，但終點卻不是加州。他們發現自己到了加州以南的極遠之處：祕魯海岸外的欽查群島（Chincha Islands）。

他們一抵達當地，就立刻落入另一個艱苦工作的地獄，以取得在整個全球貿易史中最有價值的一種商品：不是他們幻想挖掘的黃金，而是鳥糞。

||

在拜訪南美洲這個全世界鳥類最豐富的大陸時，幾乎沒什麼愛鳥人士會特地跑去尋找南美鸕鶿。* 畢竟，包括十幾種色彩繽紛的巨嘴鳥、唐納雀、侏儒鳥、鸚鵡和蜂鳥在內，異國鳥類有那

---

* 作者註：一八三七年制定的南美鸕鶿學名 *Lencocarbo bougainvillii*，來自海軍中將路易士·安東尼·布干維爾伯爵（**Louis Antoine, Comte de Bougainville, 1729-1831**）的名字，一位探索南美洲海岸的航海家。大家熟悉的九重葛（**Bougainvillea**）也是以他的名字來命名。

麼多，為什麼要特地跑去看這種常見的普通海鳥呢？不過二〇一七年五月我去祕魯旅遊時，想一探究竟的就是南美鸕鶿。不是因為牠很稀有或很美，而是因為在全世界成千上萬種不同鳥類中，牠的故事相當不凡，值得一講。

這是一則由貪婪與利益、恐懼與艱苦、巨大財富與近乎難以想像的折磨所組成的故事。它同時改變了英國、歐洲及北美的田園景色，還改變了我們種植和生產食物的方式。它讓南美鸕鶿被戲稱為「億萬之鳥」（the billion dollar bird），成為人類史上最有價值的野生鳥類。

在祕魯的第一個早晨，我前往首都利馬以南約一小時車程的普庫薩納海灘（Playa Pucusana）港口。我環視一艘艘色彩繽紛的漁船，期間看到一群體型龐大的祕魯鵜鶘（Peruvian Pelican）、優雅的印加燕鷗（Inca Tern）和覓食中的紅頭美洲鷲（Turkey Vulture），我在尋找體型中等、有著黑白雙色羽毛的鸕鶿。幾分鐘後，我就找到了。那是一隻停留在港邊岩石上、體型嬌小、雙腳粉紅、眼周暗紅的成鳥。牠烏黑發亮的背部襯著潔白的胸膛，看起來衣冠楚楚，像是盛裝打扮要去赴晚宴一樣。

儘管大部分來訪的愛鳥人士都會忽略南美鸕鶿，但仍有許多人深知牠們的價值。在這世界上的幾萬種鳥類中，南美鸕鶿是少數幾種因自身副產品極具價值、所以人們拿副產品為牠命名以資紀念的鳥，這也難怪牠的名字會如此奇特了：來自牠的糞便，源自祕魯當地的蓋楚瓦（Quechua）

語「鳥糞」（guano）。*

南美鸕鶿是世界上分布最廣的鳥類之一，屬於鸕鶿（Cormorant and Shag）†的一種。牠們總共約有四十種，在世界七大洲棲息繁殖。

整個南美洲的太平洋沿岸地區都可發現南美鸕鶿的蹤跡，往北接近赤道、往南到智利一帶都是牠們的繁殖地。以前在阿根廷的大西洋沿岸曾有一個支脈殘存，但目前已絕跡了。繁殖季之外，這些鳥會四處飛，北至中美洲，南至大陸最南端的合恩角（Cape Horn），在大氣系統主導擾動下的聖嬰年尤其如此。

就像此處另外兩種海鳥，祕魯鵜鶘和祕魯鰹鳥（Peruvian Booby），南美鸕鶿同樣好好利用了洪保德洋流（Humboldt Current，又稱祕魯涼流）。該洋流流經整個南美洲太平洋沿岸，並不斷產

---

* 作者註：其他少數幾個以其所生產物品來正式命名的物種，分別是南美洲的油鴟（Oilbird），以前牠們肥美的幼鳥會被用來提煉油脂；東南亞的爪哇金絲燕（White-nest Swiftlet），牠的巢是中式佳餚燕窩的主要來源。其他類似的還有嚮蜜鴷（Honeyguide），牠雖然不會產蜜，但牠會指引哺乳類動物（包括我們人類）找到蜂巢；羊肉鸌（Muttonbird），這是澳大拉西亞短尾水薙鳥（Short-tailed Shearwater）的口語名稱，據說牠的肉吃起來像羊肉。

† 作者註：鸕鶿的英文名為 Cormoran／Shag，但就像鴿子的英文名 Pigeon／Dove 和燕子的英文名 Swallow／Martin 一樣，大部分情況都可互換。

生低溫的湧升流，為這些以大量魚群（大部分是鯷魚和銀漢魚）為食的鳥類創造合適的生存環境。鸕鷀有集體捕食的習性，先在海面上大量群聚，再像水上芭蕾舞者一樣潛入水中追逐獵物，水深可達三十二公尺，[1]有時甚至能潛入七十四公尺深。[2]與洪保德洋流相關的生態系統被形容為「地球上最富饒的海洋環境」，[3]此外該洋流還為太平洋沿岸地區帶來相當獨特的氣候條件：高溫乾燥，幾乎無降雨。正如下面即將見到的，這就是我們故事的關鍵。

南美鸕鷀跟許多海鳥一樣會集體築巢，地點選在偏遠的海岬和近海島嶼，這樣就能躲避陸地上的獵食者同時輕易抵達覓食地。南美鸕鷀最大的幾個群體位於祕魯海岸外，幾座滿布岩石的火山島嶼，牠們全年都在此繁殖，高峰期約在南半球春天的十一、十二月。

這些鸕鷀通常在平坦地面或緩坡築巢，每次雌鳥會產下兩到三顆淡青色的蛋，再花上兩到三周孵化。剛出生的南美鸕鷀瘦巴巴的，看起來比較像無助的毛茸茸爬蟲類，雙親會一起餵養幼鳥，出生約四週後就能長出豐滿的羽翼。不像陸地鳥類，海鳥通常會集體繁殖，因為牠們不需保護食物來源；食物就在牠們周遭海中，既豐富又容易取得。牠們會在擁擠、吵雜而且常常很臭的群體中築巢，一個挨著一個。擠在一起雖然可能與鄰居爭吵，但還是有安全避開空中獵食者的好處：海鷗、紅頭美洲鷲和南美洲最大的飛禽安地斯神鷲（Andean Condor），它們會持續在上空盤旋，趁機捕獲未被保護的蛋或幼鳥。

每一對南美鸕鷀和牠們的後代都會產生大量的糞便，牠們再用自己的糞便築出圓形的巢。如果氣候濕潤一點，那麼雨水會很快將這些鳥糞沖走，全世界其他海鳥棲息地都是如此。但在這裡近乎完全乾燥，意味著累積好幾個世紀，鳥糞會在岩石表面形成厚達五十公尺的堅硬外殼。正是因為人們開採、販賣這些鳥糞做為肥料，才讓南美鸕鷀被戲稱為「全世界最有價值的鳥」。

鳥糞貿易所產生的大部分財富，都到了十九世紀英國商人威廉．吉布斯（William Gibbs）身上，這位商人肯定認同「要致富就別怕髒」（Where there's muck, there's brass.）*這句知名格言。祕魯鳥糞又稱作「棕色黃金」，[4]近乎壟斷鳥糞利益的吉布斯，最終成為英國非貴族階級裡最富有的一位。他還在下面這首流行詩中被讚賞（也可能是被嘲笑）了一番：

> 威廉．吉布斯在賺錢，他在賣外國鳥的糞便。[5]

吉布斯投入了很大一部分財富翻修他在西布里斯托的廷特斯菲爾德（Tyntesfield）鄉間別墅。[6]每年拜訪他這座富麗堂皇的豪宅的三十萬遊客，鮮少有人會留意背後的那段黑歷史。眼前這座廷特斯菲爾德的恢弘別墅，財富源頭全都直接來自於苦難的數千萬無名華人勞工，當時一位

* 譯者註：直譯為哪裡有肥料，哪裡就有錢。

觀察家形容，他們身處的活地獄簡直就是「人類屠宰場」。[7]

長期來說，鳥糞產業深深影響了現代世界。它不只大大提高了農作物產量，也為今日的農作方式奠定基礎，同時更形塑了北美、英國與歐洲大部分地區的農村景致。

在一個寒冷但陽光明媚的一月下午，禿鼻烏鴉在遠方嘎嘎叫著，這座名為廷特斯菲爾德的偌大別墅顯得不能再田園不能再恬靜了。廷特斯菲爾是英國國民信託（National Trust）*最擅長的項目：比起信託中的其他財產，這座維多利亞時代的華麗別墅傑作有著更多、珍貴的手工藝品和精心維護的植物園與花園，園內還有茶室與二手書店。

起初吉布斯以總價兩萬一千兩百九十五英鎊（約等於今日的一百九十萬英鎊）的價格於一八四三年購入廷特斯菲爾。[8]這座別墅原先是一座十六世紀的狩獵用小屋，之後於十九世紀初改建成喬治王朝風格（Georgian）。過了十年後，吉布斯用鳥糞貿易的收益委託建築師約翰·諾頓（John Norton）改裝別墅外觀並擴建到兩倍大。內裝部分則以令人瞠目結舌的費用雇用了設計師約翰·奎葛禮·克雷斯（John Gregory Crace）重新打造成時下流行的維多利亞時代哥德風。[9]多虧吉布斯的財富，廷特斯菲爾才能隨時間累積了無數畫作、書籍與藝術品，也才得以轉變成那個時代獨一無二的典型代表。✝

我的導遊是廷特斯菲爾別墅負責人兼歷史學者米蘭達・葛雷特博士（Dr Miranda Garrett）。在藏書超過兩千本的圖書館內，我注意到一套整齊的六冊套書，那是法蘭西斯・奧朋・莫里斯牧師（Revd Francis Orpen Morris）的《英國鳥類史》（*A History of British Birds*）。我們沿著走廊檢視潔淨無瑕的窗戶，窗上裝飾著像是（另一種會產鳥糞的）祕魯鰹鳥或是南美鸕鶿的鳥。放在樓梯頂端醒目位置的是一幅令人印象深刻的畫作：吉布斯七十歲時的肖像畫，由威廉・博克索爾爵士（Sir William Boxall）所繪。在累積個人財富和與之相伴的社會地位方面，他是維多利亞時代紳士的典範。最後，我們進入了一間特別打造的小教堂。午後陽光灑落，將牆面上那些馬賽克拼成的聖經場景映照得溫婉動人。‡

---

* 譯者註：全名為國家名勝古蹟信託（National Trust for Places of Historic Interest or Natural Beauty），負責範圍包括英格蘭、威爾斯和北愛爾蘭，蘇格蘭另有蘇格蘭國民信託負責。

† 作者註：其後廷特斯菲爾別墅又在吉布斯家族手中保留了三代，一直到他（以中間名理查〔Richard〕為人所知）的曾孫喬治（George），即雷克索男爵二世（second Baron Wraxall）於二〇〇一年逝世後，國民信託才以募款募得的兩千四百萬英鎊購入這座該時代的獨特建築。

‡ 作者註：吉布斯原先建造這座教堂的用意是為了將自己葬在這裡，可惜完工前他就先逝世了。而後他的子孫與巴斯和威爾斯主教（Bishop of Bath and Wells）對於下葬之事僵持不下，所以並沒有獲得下葬許可，最後只得葬於鄰近教堂。

人們很容易被這座富麗堂皇的別墅與收藏所迷惑，如同米蘭達所言，它的財富與奢靡熬過了時間的磨逝。這裡頭手工繪製的牆面、精雕細琢的天井，以及逾七萬四千件的藝術珍品，尤其令我震驚。

電視節目主持人艾倫・蒂奇馬席（Alan Titchmarsh）也對此印象深刻：他在電視台第五台（Channel 5）的《國民信託的祕密》（*Secrets of the National Trust*）[10]系列節目最後一集中，將廷特斯菲爾別墅譽為「這世上最美的維多利亞式住宅；（一座）哥德式住宅傑作……由肥料贊助」。可惜的是，節目中完全沒提到吉布斯的闊綽生活全都是出自於那些受限於合約的鳥糞礦工的資助。而這就是米蘭達想改變的。廷特斯菲爾別墅的志工們仔細向遊客們介紹吉布斯家族的黑暗史，也煞費苦心地告訴他們這些興建別墅的資金和收藏品實際究竟怎麼來的。[11]

今日，如果我們對「鳥糞」一詞有所了解，那很可能是因為流行文化。一九九五年的喜劇電影《王牌威龍2：非洲大瘋狂》（*Ace Ventura 2: When Nature Calls*）中，金凱瑞（Jim Carrey）飾演一名倒楣的偵探，要前往非洲調查價值數十億美元的蝙蝠糞交易。[12]此外還有伊恩・佛萊明（Ian Fleming）的小說《諾博士》（*Dr No*）（後來被改編成００７系列電影首部作品《第七號情報員》），書中龐德的邪惡對手在牙買加外海一座虛構的蟹島（Crab Key）上進行核子試驗。那座蟹島是一座鳥糞島，反派角色諾博士就是藉著開採販賣鳥糞，來支援他發展中的末日計畫。[13]

不過鳥糞的故事其實可追溯到更久遠的以前。根據《牛津英語詞典》，第一份相關紀錄為一本翻譯自西班牙文的書籍，出現在英格蘭國王詹姆士一世（James I）統治第二年的一六〇四年，作者為耶穌會傳教士何塞·德·阿科斯塔（José de Acosta），他在書中寫下這麼一句「一堆堆的海鳥糞……當地人稱這些糞叫「Guano」。[14]考量到當時西班牙征服者追求的是「三個G」：上帝、黃金和榮耀（God, Gold and Glory），或許有點諷刺，但在新大陸發現的鳥糞巨大財富，拼音也剛好以G開頭；它也許不那麼精緻，但同樣很有價值。

海鳥糞富含相當高比例的三個關鍵元素：氮、磷酸鹽、鉀，以及少量的磷、鈣、鎂，是一種相當珍貴的商品。這些元素對於植物的健康生長至關重要。早在它備受世界矚目之前，太平洋沿岸的原住民至少在一千五百年前、甚至可能在五千年前，就清楚知道這種肥料的魔力。我們之所以會知道這件事，是因為在採礦南北瓜納佩群島（Guanape Islands）上的鳥糞層時，意外發現了上百件前哥倫布時期的文物。這些東西可追溯回西元一千年初，裡頭有一項恐怖的發現：數具年輕女屍。她們在全身覆著金箔的裸身狀態下，被殘忍地當作犧牲獻祭了。

同樣利用這些鳥糞礦藏的還有兩個前哥倫布時期的文化。第一個是大約西元前一百年到西元八百年、分布於祕魯南方沿岸的納斯卡（Nazca）文明，該文明留下了聞名於世的「沙漠中的線條」（納斯卡線，Nazca Lines），也激發了各種奇怪外星生命理論。另一個是印加帝國（Inca

Empire），這個美洲最大的帝國在舊大陸征服者到來之前，從十三世紀初一直統治到一五七二年、最終被西班牙征服為止。某位科普作家曾經粗魯卻一針見血的說道，印加帝國是個「建立在糞便上」的國家。[15]

印加人的居住地多山、乾燥且貧瘠。為了成功種植作物，他們需要三樣東西：平整的土地、充足的水源，以及大量而有效的肥料。為此他們開鑿出一排排的平坦梯田以便種植玉米和馬鈴薯，建造複雜的灌溉系統，再從近海島嶼蒐集鳥糞提供作物生長營養所需。這個做法證實效果驚人：在這片曾貧瘠荒蕪的土地上，一年最多可收成三次。一切都是這種奇蹟式天然物產的功勞，所以印加人還崇拜一尊叫 Huamantantac 的神，其名意為「讓鸕鶿自行聚集而來的神」。[16]

桂格理．庫西曼（Gregory T. Cushman）在他那本探討美國鳥糞貿易史的《鳥糞與太平洋世界的開端》（*Guano and the Opening of the Pacific World*）[17]中，引述了一則記錄印加文明的最早文字紀錄，該紀錄由西班牙祕魯編年史作家、「印卡」．加西拉索．德拉維加（Inca Garcilaso de la Vega）[18]於一六〇九年所著。加西拉索紀錄了過去開採鳥糞的方法，這些鳥糞大部分都採自利馬以南約一百六十公里處的欽查群島（Chincha Islands）。他解釋，從各個島嶼開採糞肥的權利會被分配給某個特定或各個省分，之後再依需求下分給村民。根據加西拉索的紀錄，為保護生產珍貴鳥糞的海鳥，印加人通過了嚴格的法律：

印卡諸王統治時期，為保護海鳥總是嚴加戒備，繁殖期間，不准任何人進入島嶼，以免把海鳥驚嚇出窩，違者處以死刑。而且任何時候也不准在島內島外捕殺海鳥，違者也要以死論處。[19]*

有人認為，印加人在乎這些海鳥群，證明他們是世界上第一批環保人士。不過，撇開一些其他環保候選人的主張不談†，他們保護這些海鳥的主要動機似乎不是出於利他主義或關心動物福祉，而是單純想保護自身利益而已。

諷刺的是，加西拉索的紀錄於十七世紀頭十年出現時，印加文明早已不復存在。這些歐洲征服者先破壞、再根除印加文明，此外還將當地原住民招架不住的天花與流感傳到了美洲。

---

* 編者註：本處引用簡中版譯本：白鳳森、楊衍永譯，《印卡王室述評》（北京商務印書館，一九九六年）。該書將印加譯成「印卡」，原作者譯名亦如此。

† 作者註：更好的主張有七世紀的修士聖卡斯伯特（St Cuthbert），他主張保護林迪斯法恩（Lindisfarne）聖島上的絨鴨（Eider Duck）；十四世紀薩丁尼亞阿波利亞王國的埃歐諾拉公主（Princess Eleonora），她主張保護埃歐諾拉隼，所以之後這種隼便以她的名字命名。

鳥糞約於十八世紀初首次被運抵歐洲，抵達西班牙的卡迪斯（Cádiz）。為什麼這些水手要大費周章帶這些臭氣熏天的東西回來，在當時是個謎：沒有證據顯示這些東西在南美洲以外的地方也被當成肥料來使用，而且許多人都對這種「前所未聞的惡臭」甚為反感。但在歷來最偉大的科學家、探險家兼博物學者亞歷山大・馮・洪保德（Alexander von Humboldt）前往南美大陸之後，事情有了突破；而在這趟航行後，有一道洋流、一種蜂鳥和一種南美企鵝以他的名字命名。*

一八〇二年，洪保德在利馬附近的田園偶然看見鳥糞被拿來施肥，才注意到這種東西。他取了一些樣本，送回巴黎給兩位知名法國科學家分析，另一份樣本則送交給英國的化學家先驅漢弗里・戴維（Sir Humphry Davy）。戴維對經濟學者托馬斯・馬爾薩斯（Thomas Malthus）的理論很有興趣。馬爾薩斯於一七九八年發表了頗具影響力的著作《人口論》（*An Essay on the Principle of Population*），[20]並提出一項預言：如果不約束人口成長，那麼將無法避免食物大量短缺、饑荒與大規模死亡。戴維以務實的做法回應馬爾薩斯的考驗：開始研究以化學物質（尤其是氮）改善土質、增加作物產量，來生產更多食物的可能性。他發現，這些祕魯來的鳥糞含有非常高的有益化學濃縮物質，讓「貧瘠的祕魯土地」變得肥沃。這顯然值得加以研究。他在一八一三年發表的著作《農業化學原理》（*Elements of Agricultural Chemistry*）中更進一步表示，上帝已親自將「土壤改良與肥料應用劃歸到了人類的能力範圍內」。[21]

然而從南美洲將鳥糞運到歐洲的費用龐大，此外從廁所收集來的人類糞便「水肥」做為供應替代品來源也相當穩定，這就意味著那個階段，進口鳥糞在經濟上並不可行。另一項主要障礙是，運送鳥糞要花上不少時間：大約三到八個月。

一八二〇年代，經歷了一連串艱困戰爭，以及被西班牙征服近三個世紀之久後，儘管有超過半世紀都不受西班牙正式承認，但祕魯終於脫離西班牙，獲得了實質上的獨立。祕魯新政府很快就認知到海鳥糞的商業價值，所以開始寄送大量的鳥糞到歐洲做許多試驗，以確定它做為農業肥料的功效。事情在一八三八年迎來轉機：兩位法裔西班牙商人將祕魯鳥糞寄給了利物浦商人兼船長威廉・邁爾斯（William Myers）。出身農夫的邁爾斯對鳥糞印象深刻，於是決定大量投資這項產品，豪賭一場。[22]

一八三九年七月二十三日，從智利的瓦爾帕來索（Valparaíso）啟航，經歷一趟長途旅程後，《女英雄號》（*Heroine*）終於載著邁爾斯的三十袋鳥糞在利物浦靠岸。之後沒多久，他就與利馬的商人唐・法蘭西斯科・基羅斯（Don Francisco Quirós）簽署合約，專門生產英國市場用的祕魯鳥

---

* 作者註：洪保德紅嘴蜂鳥（Humboldt's Sapphire, *Hylocharis humboldtii*）分布於中南美洲，洪保德環企鵝（Humboldt Penguin, *Spheniscus humboldti*）則與南美鸕鶿一起於祕魯近海覓食。

糞。這個時機好到不能再好了。當時工業革命帶來經濟社會的轉變，短短一個世紀內英格蘭及威爾斯地區的人口就幾乎成長了三倍，從一七五〇年的六百一十萬人成長到一八五一年的一千七百九十萬人。這些人如今都住在城鎮與都市、都需要食物，這讓鄉村開始承受需求快速增長的後果。馬爾薩斯所做的可怕饑荒預言，似乎就要成真。就在同一時期，科學家開始日漸擔心追求作物產量所帶來的環境成本，導致土壤關鍵養分的流失。人稱「農業化學之父」的德國科學家尤斯圖斯．馮．李比希（Justus von Liebig）對過度利用土地發出警告，同時也強調氮對植物健康生長的重要性。[23]

此時的鳥糞提供了完美的解方：它富含所有植物生長所需的營養，而且遠遠超過所有現有的肥料。農夫一使用鳥糞，就回不去了。一份當代刊物立刻就讚揚了它為全球帶來的功效：「時常陰天的大不列顛土地、義大利的稻田、德國的葡萄園、巴西地力耗竭的咖啡園還有乾燥的祕魯平地，這些地方都證實了它的肥料性能。」[24]

那些取得權利進口鳥糞到英國的商人先是有了天時與地利，之後又豪賭成功。鳥糞證明了它遠優於現有的替代品，例如水肥和馬糞，作物產量一飛衝天。這些商人的荷包也跟著暴漲：第一批鳥糞就替他們賺了約十萬英鎊（價值約等於今日的六百一十萬英鎊）。

不久，另一位英國商人威廉．吉布斯也加入這場鳥糞貿易的豪賭。諷刺的是，吉布斯一開始並不願意簽署這份讓他賺飽飽的合約，他還稱這麼做「簡直荒唐」。儘管如此，他還是一反小心翼翼的性格，最終被說服投入。

吉布斯出生於距今兩個多世紀前的一七九〇年，但他的生平事業卻與現在的另一位威廉有著相似之處，也就是比爾．蓋茲（Bill Gates）。* 就像這位微軟的共同創辦人，吉布斯在商業上賺取巨大財富後也成了一位慷慨的慈善家。他將重點放在宗教方面，期間他資助修復、興建了許多教堂。†

此外，吉布斯跟比爾．蓋茲一樣都是白手起家。儘管吉布斯出身體面家庭，但他從事羊毛出口貿易的父親曾有一段時間身陷債務危機，甚至在吉布斯起步前就威脅到他未來的商業生涯。出

---

* 譯者註：比爾．蓋茲的正式全名為威廉．亨利．蓋茲三世（William Henry Gates III）。

† 作者註：《牛津國家人物傳記大辭典》（*Dictionary of National Biography*）讚揚了吉布斯的生平與事業，書中解釋吉布斯靠著鳥糞貿易取得金錢回報，「這令他得以追求基督教紳士的模範生活，並成為一家之主。吉布斯追求的不是生活上的內在虔誠，而是試著對英格蘭的基督教復興做出實質上的貢獻。」該書以對吉布斯的讚美作結，但並沒有提到他這份財富來源背後的苦痛與折磨。

於金錢因素，年少的吉布斯被迫提早離開校園，他與哥哥沒辦法讀大學。十六歲時他到叔叔在布里斯托的公司當辦公室職員。兩年後的一八〇八年，吉布斯重新進入了他父親與哥哥在倫敦新開的一家批發商。

一八一三年，吉布斯成為安東尼．吉布斯父子公司（Antony Gibbs and Sons）的合夥人，然後搬往西班牙南部的海港卡迪斯。他在接下來的十年間努力爭取新客戶；到了一八二〇年代初，更將公司的商業利益範圍擴張到包含祕魯在內的南美洲。吉布斯經營得有聲有色，他的生活在一八三九年八月，也就是四十九歲結束之際迎來了另一場轉機，那年他與二十一歲的瑪蒂爾達．布蘭奇．克勞利—博維（Matilda Blanche Crawley-Boevey）成婚。人稱布蘭奇的她跟丈夫一樣，是虔誠的高教會派（High Church）英國國教徒（Anglican）。吉布斯夫婦陸續生了七個孩子：四男三女，不幸的是有四個於二十多歲時過世，其中三個罹患了維多利亞時代家庭最害怕的夢魘——肺結核。

吉布斯婚後第三年，一八四二年哥哥喬治．亨利（George Henry）意外逝世，這讓吉布斯成了安東尼．吉布斯父子公司的唯一合夥人。就在這一年他走了大運：利馬的銷售代表簽了一份合約，讓他成為進口鳥糞到英國的唯一進口商。因為預付了款項給祕魯政府，所以他的公司有權自肥料銷售中牟利。第一年只進口了一百八十二噸的鳥糞；一八五六年數量成長到二十一萬一千噸，高峰出現在一八六二年的四十三萬五千噸。

鳥糞景氣如火如荼。曾於不同時期擔任過至少三次英國首相的貴族地主德比伯爵（Earl of Derby）很滿意這種新產品，於是就購買了整整一艘船大量用在蘭開夏（Lancashire）莊園，他不只將鳥糞肥用於農作物，也用在果樹和灌木上。有一位非常渴望獲得這種珍貴物質的農夫不用買的，而是用偷的。不幸的是他在一邊用嘴固定麻布袋開口、一邊用鏟子鏟的時候意外吞了一些，隔天就痛苦地死去了。

從一八四〇年到一八七九年，不到四十年的時間估計有一千兩百七十萬噸、價值約一億到一億五千萬英鎊（約等於現值的六十一億至九十一億英鎊）的鳥糞從祕魯被運至歐洲和北美洲。對祕魯政府來說，這是財政上急需的一筆意外之財。到了一八四七年，鳥糞已成為該國最有價值的出口商品。[25]

這時「鳥糞」（guano）一詞已經家喻戶曉。就在同一年，當時未來的英國首相班傑明・迪斯雷利（Benjamin Disraeli）還在他的小說《坦克雷德》（*Tancred*）中用了這個詞，當作提升自我智力的詼諧比喻：「康斯坦斯夫人……用閱讀法文小說來發『糞』圖強（guanoed）、陶冶心靈，她對所有社會話題都能給出各式各樣的結論。」[26]

吉布斯最初對這項貿易極為反感，諷刺的是，他也是從鳥糞景氣中獲益最多的一位。一八四七年與原合夥人起了爭執後，吉布斯獨享了這些貿易財與巨額利益，這種狀況一直持續到一八六〇年代初公司結束相關產品之時。

考量到後面發生的事情，吉布斯的退場正是時候。一八五〇年代末期與一八六〇年代早期，一批新的、更便宜且更容易取得的肥料進入了市場，有些還是針對特定土壤與作物的肥料。這些產品叫作過磷酸鹽（superphosphate），它既好取得，成本又比進口的鳥糞低得多；此外對蕪菁這種主要作物的效果還相當好。局勢已定：起初是鳥糞讓集約農業成為可能，但從現在起，集約農業必須仰賴發展越來越多的高效肥料，才得以持續。

故事回到祕魯，當時還有兩個更嚴重的問題，加速了鳥糞貿易的衰退。第一個是所有權爭議，這導致了西班牙對戰祕魯與智利的「第一次鳥糞戰爭」，始於一八六四年四月西班牙軍隊占領欽查群島，西班牙藉此取得利潤豐厚的全球貿易份額，並重申他們身為前殖民者的主權。兩年占領期間鳥糞出口額崩跌，當時已重度仰賴鳥糞銷售收入的祕魯經濟遭逢重大衰退。

另一個嚴重的問題是貪婪。這導致理論上可再生、實際上卻有限的鳥糞資源被過度開採。到了一八七〇年代，出口到歐洲的主要鳥糞礦源——欽查群島上的儲存量已經耗盡，因為這些鳥並不可能產出足夠的鳥糞去補充被快速開採的量。已經沒有下金雞蛋的雞了（在這裡是那些鸕鶿）。亞歷山大·杜菲爾德（Alexander Duffield）這位礦業工程師在大規模開採鳥糞之前跟之後都拜訪過欽查群島。據他的觀察，以前他覺得這些島嶼「輪廓突出、有著棕色的山頭、高大挺拔，像活生生聳立在海上的生物，反射著天堂般的光芒……如今它們看起來像被砍了頭的生物……簡言之，只讓人聯想到死亡與墳墓。」[27]

短暫的祕魯鳥糞景氣就像南美洲版的加州淘金熱，已經結束。然而它帶來的結果仍舊存在：一來它改變了北美及歐洲的土地耕作方式，二來是留下了人類可恥的苦難印記。

這群挖鳥糞的華工往往被稱為奴隸；而實際上他們就是奴隸。就如一位當時的觀察者所言，他們「沒有任何名字或權利……只是搬貨搬到筋疲力盡的動物。」[28]他們的合約雖然載明他們不是奴隸而是契約工人，但換句話說，這也讓他們被困在可怕的地獄中；永遠沒辦法賺足費用支付旅費和少得可憐的食物，因此現實上根本不可能獲得自由。有些人甚至並非自願參加，而是被強徵、綁架，然後被迫上了船。

杜菲爾德親眼目睹了這群華工的悲慘遭遇。「在將這些祕魯鳥糞礦藏鏟入船隻時，那些被迫在這裡勞動的人們所面臨的猛烈炙熱、臭氣熏天和被詛咒般的環境……我想不到有什麼地獄可跟它相比擬。」[29]另一位英國工程師喬治．斐茲洛伊—柯爾（George Fitzroy-Cole）的觀察如下：「他們極其不幸，在這令人沮喪的環境下生活。」一八七〇年美國領事威廉森（D. J. Williamson）則形容這群人的生活方式太可怕，許多工人認為死亡反而是一種仁慈的解脫。他指出，每座島的懸崖邊甚至還設置守衛，來防止這些工人「絕望時」投海自殺。美國歷史學者瓦特·史都華（Watt Stewart）在他一九五一年影響深遠的著作《祕魯的中國奴役》（*Chinese Bondage in Peru*）[30]中總結了他們的悲慘生活，記述如下：

祕魯中國苦力的情況糟透了。他被帶來祕魯決不是為了自己好。他在那裡服務的是祕魯雇主的利益……他沒怎麼被當人看——確切來說，就是部賺錢的生產機器。他的身體、社交及心理問題全都一團糟。

根據統計數據，這群工人存活的機會渺茫：在這個產業開始發展的頭十五年，每年死亡率介於百分之三十五到之四十。名義上五年約結束後還活下來的工人，少之又少。

祕魯政府雖然在一八五四年廢除了奴隸制，但對鳥糞產業的華工而言，卻幾乎沒什麼差別。他們仍然深陷進退維谷的絕境：跟那些從非洲被帶到祕魯的人們不同，他們屬於契約工人，也就是說，他們在法律上從來就不被定義為奴隸，所以也沒有資格獲得自由。廢除奴隸制之後，情況只會更糟：現在已經沒有非洲奴隸了，所以對中國工人的需求變得更大。[31]直到二〇〇九年，祕魯政府才終於對該國過去虐待移民一事正式道歉，但這份道歉也只針對祕魯的非洲裔奴隸後代。

那些中國鳥糞工人提都沒提到。

說到這裡，我們很容易就會忘記，故事的主角是這群現實中的野鳥才對。究竟鳥糞貿易如何影響了南美鸕鶿的福祉、數量和長期地位呢？

這群工人天天干擾、加上長期破壞這些鸕鶿的棲息地，還拿鸕鶿蛋和鸕鶿來充飢。可想而知，正是以上的種種因素導致了部分鸕鶿群完全消失，部分數量驟降。所以可以合理假設，鳥糞產業對這些海鳥有害。一份評估資料顯示，鸕鶿數量驟降了百分之九十，估計從十九世紀末的五千三百萬隻，下降到二〇一一年的四百二十萬隻。

要是祕魯當局沒有採取措施保護這些海鳥，實際情況會更糟。自二十世紀初鳥糞貿易高峰已結束許久後的現在，他們將這些島嶼劃為世界上第一批的自然保護區，再像管理家畜一樣管理這些鸕鶿。*方法包括在每年開採前先讓牠們築完巢；派守衛防止入侵者射殺和取走鸕鶿蛋；中斷

---

* 作者註：雖然劃定自然保護區有助於扭轉南美鸕鶿數量滑落，但卻意外導致其他幾種海鳥數量下滑，包括洪保德環企鵝；這種企鵝現今被劃為「易危」物種，野外數量不到兩萬四千隻。而南美鸕鶿最大的捕食者安地斯神鷲遭海鳥守衛殘忍射殺，現今也被歸入「易危」物種，僅存六千七百隻。

開採讓鳥糞礦藏得以恢復等等。[32]另外，由於南美鸕鶿「在前面三代內經歷了一定規模的減少（三十三年）」，現在國際鳥盟已將南美鸕鶿歸為「近危」物種。[33]

人類用來捕魚的漁網，是所有南美太平洋沿岸海鳥面臨的另一個最大威脅：這些魚網常誤捕到牠們，尤其是在捕捉南美鸕鶿的食物來源——鯷魚的時候。在祕魯北部，每年有多達兩萬隻鸕鶿被漁網困住或被獵來吃。[34] [35]長期來看，氣候緊急狀態對南美鸕鶿和許多其他太平洋海鳥物種來說也是重大問題。幾乎可以確定，全球暖化就是造成近期聖嬰現象頻率上升的原因；在聖嬰現象期間，東太平洋的海水水溫會變得比平常更暖，這劇烈干擾了海鳥的食物供應。一九八二至一九八三年，聖嬰現象導致了一場繁殖季災難，一百七十萬隻南美鸕鶿死亡，數字將近全球總數的一半；不過在那之後，數量還是有回升。[36]

與此同時，人們還是持續開採出口鳥糞，只不過年產量已從十九世紀中期的近五十萬噸高峰下降到僅剩萬餘噸。[37]話雖如此，據估計，鳥糞在全球的經濟價值每年仍高達十億美元之多。[38]

或許，我們可以隨意將整個鳥糞產業當成一段與現代世界沒什麼關聯的歷史特別篇。但只需要比較一下廷特斯菲爾德（和它周遭持續耕種的農地）和其他英格蘭鄉間低地，你就能從集約農業中看見第一次鳥糞景氣所留下的遺產。廷特斯菲爾德周遭的土地富饒多樣，充滿蟲鳴鳥叫（因為國民信託以永續方式經營），而其他地方則種著生長快速的黑麥草，用來放牧牛羊，或割作草料密集飼養牲畜，以獲取牛奶與肉品。

農業也許還維持樸實的形象，相關人士也努力將農民宣傳成「鄉村守護者」，但實情卻非如此。在英國低地、北美及其他已開發國家的農業，純粹就是一種產業。這個產業的主要系統模式是高投入高產出，使用大量化學肥料、除草劑和殺蟲劑，盡可能以最低的成本，為零售商和消費者大量提高食物產量。這點反映在二十世紀期間，磷肥和氮肥的生產呈現指數型成長：前者成長了超過四十倍，後者更超過兩百五十倍。39

農業上仰賴化學藥品的這種工業思維，如今已對生物多樣性帶來大量災難性後果。從前那些活躍於鄉間的野生生物，現在也被逼至角落，許多鳥類、哺乳類、昆蟲和野花要不是被當作「害蟲」消滅，就是數量銳減到只剩以前的一小部分。這很大原因是一個多世紀前人們開始將鳥糞當成肥料，才導致人們對農業的態度與想法有了澈底的改變。

回顧歷史，幾乎在鳥糞產業開始萌芽之際，我們就能窺見，造成該產業衰退的種子早已被種下。這種產品昂貴、難以運輸，而且在交付上也不可靠。此外，鳥糞供應終究有限，也確實開始耗盡，從他處取得的新資源又被證實效果低落、無商業價值。然而，儘管鳥糞景氣也許只維持了不到三十年，甚至還不到人類的一個世代，但它仍永遠改變了農民這份職業，農民的心態也因此改變，開始接受所謂「高級農業」所帶來的願景。而這種「高級農業」正是現代主流的農業工業化的前身，它為現代世界帶來了不少破壞。[40]

鳥糞帶著矛盾性的關鍵影響，加速了該產業的衰敗：人們開始尋找更乾淨、更方便的替代品。目標是減少北半球農民依賴這種來自地球另一端又髒又不可靠的產品，並以一種便宜、供貨穩定又容易製造的東西來取代它：化學肥料。如同庫西曼指出的，正是因為十九世紀後期到二十世紀初發現了可大量供應的天然肥料（鳥糞），所以人們才如此積極尋找替代品。[41]

當時科學家們花了數十年，一直致力尋找以工業規模、透過固氮來製造氨的方法；他們開發了數種製程，但都因成本高昂、效率低落而被棄用。到了二十世紀初，佛列茲．哈伯（Fritz Haber）和卡爾．博施（Carl Bosch）兩位德國化學家才取得了關鍵突破：他們首創的「哈伯—博施法」（Haber-Bosch Process，簡稱哈伯法），至今仍是製造氨的主要方法。[42]

哈伯與博施分別於一九一八年與一九三一年因這項成就，獲頒諾貝爾化學獎。＊這項突破不只打開了通往量產化學肥料的大門，[43]改變了北半球的農業及鄉村景觀，也意外地將野生生物逼入絕境。這項轉變始於二十世紀初，但直到第二次世界大戰、這場人類史上最大的衝突期間對食物需求激增，才大幅加速。

當英國察覺二次大戰來臨時已然太遲，這說法雖然誇張，但也相去不遠。令人難以接受的是，事前英國嚴重低估了希特勒和德國納粹政府：這是出於自滿與地緣政治誠實面的過時信念，兩相結合下的後果。結果，這個國家倉促宣戰後，直接面臨的準備不足問題不只反映在軍備，更反映在基本物資上：食物。簡而言之，就是置四千一百萬英國男女老少於嚴重飢餓的威脅下。

一九三九年九月開戰後，政府匆忙重啟英格蘭及威爾斯各郡的戰時農業執行委員會（War Agricultural Executive Committees，原創立於一戰時期，停戰後終止）。據一份當時的委員會報告顯示，該單位的緊急任務是增加糧食生產，因此被賦予了廣泛的執行權力。[44]立即目標是隔年收成前將可耕地面積增加至少六十萬公頃，這是難以想像的艱鉅任務。疲憊不堪的農民別無選擇，只得合作：如果拒絕合作，那麼他們的土地將被充公。

呼籲農民愛國與威脅制裁雙管齊下，結果奏效：到了隔年一九四〇年春天，也就是採行這項政策還不滿一年，整體的生產農地就幾乎增加了七十萬公頃，大小約等於林肯郡或德文郡的面

＊ 作者註：哈伯的獲獎引起極大爭議：根據評審委員會的說法，他研發的製程「為人類來帶來了莫大利益」，但該製程卻在第一次世界大戰時被德軍用來開發化學武器，因而帶來了毀滅性影響。頒獎典禮上，著名物理學者歐尼斯特・拉塞福（Ernest Rutherford，十年前他也獲頒諾貝爾獎）甚至拒絕與哈伯握手。

積。當時的《百代新聞社》（*Pathé Gazette*）以一則標題為「荒野中的糧食」的新聞短片紀錄政策的成功，這無疑敲響了勝利之鐘：「沒多久以前，諾福克郡（Norfolk）西南的費爾特韋爾沼澤地（Feltwell Fen）還只是片六千畝的荒野，除了蘆葦和雜草什麼也沒有……然而一場戰爭就將這片不毛之地變成了農業礦脈。農業部著手組了一支軍隊，要取回這些閒置土地。」[45]

從現在的觀點來看，這則新聞看起來就是典型的戰時宣傳，而且意外還滿有趣的。不過在面對德國的海上封鎖，又有增產的迫切需求時，這顯然有其必要。不幸的是，如同自然書寫作家馬克·考克（Mark Cocker）指出的，所謂的「不毛之地」其實是消失在犁下、曾經屬於大自然的棲地，例如古森林、灌木叢、荒野和草原。[46]雖然戰爭結束以及糧食配給制最後於一九五〇年代取消，但英國人民的心態還是與戰爭大量增產時相同，甚至延續至戰後；畢竟如果人們心態並非如此，那麼之後就不會有如此災難了。此外，政府（以及之後的歐盟）推行補貼政策，以及農化製品公司影響力的提升，這些都是糧食持續增產的原因。[47]

如同諾丁漢大學（University of Nottingham）的羅伯·蘭伯特（Rob Lambert）所解釋的，當時這種思維被視為鄉間與整個英國邁向未來的康莊大道。一九五〇至一九六〇年代的目標在於擺脫戰前那套過時而無效的耕種法，並以最先進的科技取而代之。其中一個方法就是廣泛使用農藥，也就是我們現在所謂「化學農法」（chemical farming）的誕生。[48]

當時沒人預見完全仰賴化學製品的後果。在消滅雜草、昆蟲和其他「不想要的東西」下，這套系統也使得許多英國鄉間動植物的數量急遽減少：可愛的雲雀和灰山鶉、甲蟲和蝴蝶、矢車菊和野櫻草，還有許多曾經的常見物種，數量都急遽下降。

同樣的情形也發生在其他已開發國家，尤其北美對化學農法的熱情更大，將ＤＤＴ（雙對氯苯基三氯乙烷，Dichlorodiphenyltrichloroethane）這項產品譽為奇蹟般的殺蟲劑。結果，一些常見的鳴禽，像是刺歌雀（Bobolink）和一些食物鏈上層的猛禽如遊隼（Peregrine）等急速減少。美國的象徵——白頭海鵰也因此瀕臨滅絕（見第八章）。

一九六二年，美國環保人士瑞秋．卡森（Rachel Carson）出版了《寂靜的春天》（*Silent Spring*）[49]，這本書第一次指出了農業化學革命對環境造成的真實後果。即便如此，在造成耕地鳥類數量災難性下降的眾多化學品凶手中，最有名的ＤＤＴ一直要到出版後十年的一九七二年，才在美國被實質禁用，[50]英國則要到一九八〇年代中期才終於停用。[51]在拉丁美洲有一百五十種數量達上千萬的過冬鳴禽，會往北飛回美國和加拿大繁殖，牠們也因人們廣泛使用有毒殺蟲劑而不斷死亡。諷刺的是，這些殺蟲劑主要被用於種植非當季的蔬菜水果，以便滿足利潤豐厚的北美市場消費者需求。[52]

最大的警訊來自於大西洋兩岸昆蟲數量的暴跌，薩塞克斯大學（University of Sussex）的戴夫．古爾森（Dave Goulson）教授將這一顯著事件形容為「生態末日」。[53]這是由於大量開發與廣泛使用新型殺蟲劑及新類尼古丁殺蟲劑所致，它們不只會殺「害蟲」，對更多有益處的溫和昆蟲與鳥類也同樣致命。我們可以說（事實上就是）——第二次「寂靜的春天」已經開始了。[54]

昆蟲數量的暴跌在二〇一九年得到證實。兩名生態學者弗朗西斯科・桑切斯—巴約（Francisco Sánchez-Bayo）和克力斯・維克休斯（Kris A. G. Wyckhuys）發表一篇綜合研究，回顧了七十多篇記錄歐洲、北美洲和其他各地昆蟲數量減少的論文證據。[55]他們得出了一個殘酷結論：昆蟲的數量以八倍於哺乳類和鳥類等脊椎動物的速度減少，超過百分之四十的物種面臨滅絕威脅。作者總結道：「我們正在目睹『二疊紀晚期』（兩億五千萬年前的地質時代名詞）以來地球上最大的滅絕事件。」[56]

有越來越多證據證實了昆蟲對全球經濟的成功至關重要；諷刺的是，對農業尤其重要。二〇〇六年康乃爾大學的約翰・洛西（John Losey）和薛西斯無脊椎生物保護協會（Xerces Society for Invertebrate Conservation）的梅斯・沃恩（Mace Vaughan）這兩位昆蟲學者計算出了授粉昆蟲和掠食性昆蟲對美國經濟的價值：一年整整五百七十億美元。這數字幾乎等於全美農業加總對經濟全年貢獻的一半。[57]

儘管有一股越來越強大的運動在挑戰現狀，並提供長期替代方案，但十九世紀中期首次廣泛使用鳥糞肥料後建立的高投入高產出系統，至今仍是各個已開發（以及大部分開發中）國家的農業基礎。如同李比希早在一八五九年所預見的，許多人一直以來都假設土壤是取之不盡、用之不竭的資源，而未能理解肥料只是一種短期的「應付方案」；它無法長期解決地力衰竭的問題。[58]

最大的諷刺是，鳥糞肥料是如此有效，反而掩蓋了所有工業化農法帶來的重大問題：以人工延長土壤壽命。農民因而無法創造出一種永續、長期，而且對野生生物友善的方法來生產食物。儘管大多數人都沒意識到鳥糞的重要性，但它還是改變了世界。庫西曼諷刺地指出，「不需要去說服任何人黑死病、非洲奴隸貿易或世界大戰從根本上改變了人類發展進程。但要說服人們相信鳥糞有淚似的重要性，就另當別論了。」[59]

但事實就是如此。這才是吉布斯真正的遺產，廷特斯菲爾德的壯麗莊園別墅不是。

第七章　SNOWY EGRET（*Egretta thula*）

07.

雪鷺

一鳥在林，勝過兩鳥在手。
（A bird in the bush is worth two in the hand.）
——北美奧杜邦學會雜誌《鳥類知識》（*Bird-Lore*）標語，1899 年*

* 譯者註：該句改自諺語「一鳥在手，勝過兩鳥在林」（A bird in the hand is worth two in the bush.），意思是為人要知足不要貪心。改寫後意思變成：眼光要放長遠一些。

這天是一九〇五年七月八日。對美國本土最南端的佛羅里達大沼澤地（Everglades）而言，又是一個濕熱的夏日。但蓋伊・莫雷爾・布萊德利（Guy Morrell Bradley）不知道，這將是他在地球上的最後一天。

朋友眼中的布萊德利「親切、安靜、公平、藍眼睛……整潔、值得信賴、有勇氣、精力充沛，勤勉認真」。[1]但事實上他可不是一直都跟鳥類同一國。年輕時，他陪著惡名昭彰的法國獵鳥人瓊・謝瓦利艾（Jean Chevalier）在南佛羅里達四處採集探險，在那期間他們獵殺了三十六種、近一千四百隻的鳥類。

到了十九、二十世紀之交，布萊德利改變志向，選擇不再獵殺鳥類，轉而保護牠們。這位典型的「盜獵者轉職獵場看守人」之後也成為美國首批的官方野生動物管理員。[2]

某天早晨，他在住處水邊附近聽見一陣槍響，便立即前往一探究竟。他遇到了三名男士：美國內戰老兵華特・史密斯（Walter Smith）和他已成年的兩個兒子。不出所料，這三人正將贓物裝上船，於是布萊德利以現行犯逮捕他們。這些可怕的贓物是十幾隻死掉的水鳥，牠們的羽毛可用於時尚產業，價值相當可觀。

由於缺乏目擊證人，我們無法確知接下來發生了什麼事。似乎是布萊德利一人對抗三人，宣稱要依法逮捕他們。就在逮捕的當下，史密斯舉起獵槍，近距離對著布萊德利的胸膛開火。

當天布萊德利沒有回家，他的妻子立刻通知了有關當局派出搜索隊。隔天，他的哥哥路易斯發現了他的屍體，但可能因為落入或被丟入河中漂流了一段距離，所以屍體並不在案發現場。蓋伊．莫雷爾．布萊德利，這位野生動物管理員、丈夫與盡責的父親因傷流血過多致死，年僅三十五歲。[3]

═

如同許多「犯罪紀實小說」，當天的實情錯綜複雜。但我們知道一件事：布萊德利和史密斯兩人之間有著很長一段恩怨史。布萊德利曾數次逮捕史密斯和他的大兒子，[4]史密斯也惡狠狠地放過話（結果真的是在預告）：「如果你再動我任何一個兒子，我就殺了你。」[5]

史密斯知道，如果現在就逃跑，那麼東窗事發後肯定對他不利，於是他就開著船到基威斯特（Key West）向當局自首，但一副不是自責的姿態。審理期間，史密斯宣稱他是出於自衛；他告訴陪審團先開火的是布萊德利，但沒打中他。由於唯一的目擊者是史密斯的兒子，所以控方也無法反駁這明顯的偽證。結果史密斯未被判處謀殺罪，當場就離開了法庭。

但史密斯的這場勝利得不償失。他的家被布萊德利憤怒的姊夫一把火燒毀，而多虧近期成立的環保組織、佛羅里達奧杜邦學會[6]募來的公眾捐款，布萊德利的遺孀和他兩名年幼的孩子則在基威斯特有了一個新家。此外，布萊德利謀殺案讓普羅大眾憤慨不已，報紙紛紛下標譴責此等罪行。整起事件不限於佛州，更延燒並擴及了整個美國。[7]

死後一個月，刊登在一九〇五年八月號奧杜邦學會雜誌《鳥類知識》的訃聞這麼描述布萊德利：

> 一位盡忠職守的管理員……突然驟逝，為什麼？為了保護鳥兒被取走更多羽毛，來裝飾那些無情仕女們的帽子。此前的代價是那些鳥的生命，現在又多了人的鮮血。每場運動都必定會有烈士，而蓋伊．莫雷爾．布萊德利就是鳥類保育的第一位烈士。[8]

在保護世界鳥類這場長期、血腥而持續的戰鬥中，布萊德利也許是第一位犧牲者，但絕不是最後一位。一九〇八年十一月，也就是布萊德利被謀殺後僅三個月，在佛州麥爾茲堡（Fort Myers）以北的德索托郡（DeSoto County）擔任副警長的哥倫布．麥克勞德（Columbus G. McLeod）據報失蹤。一個月後，他的船和屍體才被發現；麥克勞德遭斧頭猛砍頭部致死。同年，服務於南卡羅萊納州奧杜邦學會的普萊斯利．里夫斯（Pressley Reeves）與布萊德利一樣被射殺身亡。這些謀殺犯從未被繩之以法。[9]

不過，雖然這些可怕的犯罪並沒有迎來罪有應得，但或許正因如此，輿論風向最終倒向了環保人士這邊，開始不利於羽毛獵人，人們也轉而停止殺害鳥類並加以保護。在接下來的二十年間，一個全盛期價值超過上千萬美元、殘忍而有害的產業，就像被它不計後果、殘忍對待的人類與鳥類一樣，毫無尊嚴地消失了。

為了瞭解這些慘案的背景，以及奧杜邦學會這類野生生物保育組織的興起，我們必須得講一講鷺（Heron，鷺科〔Ardeidae〕）這種纖細優雅的鳥類。牠在二十世紀之交時，身處於一個殘忍、具破壞性且利潤豐厚的產業核心之中：羽毛交易（plumage trade）。

雪鷺這種新大陸的鳥類就相當於舊大陸的小白鷺（Little Egret），是一種嬌小的鷺科成員，分布於廣大的美洲地區，北至加拿大的新斯科細亞省（Nova Scotia），南到南美洲的巴塔哥尼亞（Patagonia）都有牠們的蹤跡。[10]雪鷺就如同牠的名字一樣，全身羽毛耀眼雪白，外貌高潔雅致。毫不意外，這種美麗的生物吸引了十九世紀一位鳥類老藝術家的目光——約翰・詹姆斯・奧杜邦（John James Audubon）。奧杜邦在他一八二七年至一八三八年間出版的鉅作《美國鳥類》（*Birds of America*）中也加入了雪鷺畫像。[11]就像當時所有的藝術家，在沒有光學儀器的輔助下，奧杜邦應該會拿安置好的填充鷺鳥標本當作模特兒。

當時為了藝術或科學而殺害鳥類，並不會招致什麼道德矛盾或保育疑慮。畢竟雪鷺如此之多，牠會瀕臨滅絕的這種想法簡直難以想像。奧杜邦本人曾親眼見過成千上萬築巢中的雪鷺，還寫道牠們數量龐大，以致鳥群迎空而飛時，陽光都被牠們遮住了片刻。

奧杜邦的這幅畫大致上以等比例大小描繪。從畫中這隻漂亮生物的羽翼可以看出，牠正值繁殖期：羽毛雪白、尖銳的黑嘴及黃色的眼前端，矗立於水中雜草間的牠，正準備撲向一條魚或一隻青蛙。[12]不過這幅栩栩如生的畫作中最顯眼的特質，是牠那從頭、胸與翅膀延伸下來又長又軟的羽毛，這是雄鳥和雌鳥的求偶展現。這些特質明顯迷住了奧杜邦，他寫道：「牠們時不時會發出一種帶有粗糙感的喉音嘆息聲、同時抬起牠們美麗的頭冠和蓬鬆後彎的羽毛，再彎一彎脖子，接著打直雙腳、站得老高，彷彿要在樹枝上昂首闊步似的。」[13]

諷刺的是，雖然這些羽毛對雪鷺的繁殖成功與否相當重要，但卻也是牠們衰落關鍵。這種特殊的羽毛稱作「鷺羽」（aigrette），大西洋兩岸的時尚產業對它需求非常大，女帽製造商會用它為那些富有而美麗的上流仕女妝點帽子。

這些愛慕虛榮的女性為交易商帶來了龐大利潤。商人先付給史密斯這種窮人一點蒐集羽毛的費用，之後再以高價賣給時尚產業。在羽毛交易高峰的二十世紀初，雪鷺羽毛一盎司能賣到高達三十二美元，等同於今天的八百六十美元，[14]這在當時已經比黃金價格還高了。[15]這種極度貪得無厭的需求，最後逼得雪鷺差點滅絕。

雪鷺習慣一大群吵吵鬧鬧的繁殖，讓它們的處境更雪上加霜；要在這樣的「繁殖地」大量射殺跟搜集羽毛，對盜獵者來說易如反掌。這些人的方法簡單又有效：開船接近繁殖地，一到射程距離內就開槍射擊每隻視線範圍內的成鳥。接著把牠們放上船剝皮，從還留著餘溫的屍體上拔羽毛，再將屍體扔下船任其在水中腐爛。如果巢中還留有蛋，那麼獵食者紅頭美洲鷲或烏鴉很快就會來取食；每隻幼鳥都會被掠食、餓死或在炎炎夏日下曝曬而亡。

在探訪一處遇襲的繁殖地時，保育人士吉伯特．皮爾森（Gilbert Pearson）對眼前景象震驚不已，他寫下看著這些成鳥屍體所感受到的恐懼，並記錄下更加痛苦的一幕：「牠們的背部被連皮帶毛地剝下」、「那些年幼的孤雛……可憐地哀號著索討食物，但死去的雙親再也無法為牠們帶回食物了」。[16]就連那群盜獵者也無法不被自身行為所影響，其中一位承認：「成千上百的幼鳥將頭頸探出巢外。我再也不要獵鳥了！」[17]

一九〇二年，布萊德利應徵野生生物管理員的工作時，他曾寫信給佛羅里達奧杜邦學會的威廉．杜徹（William Dutcher）主席坦承過去的錯誤，並宣示拋棄過往那些獵人時光：「我以前為了羽毛而去獵那些鳥，但自從狩獵法通過後，我就再也沒有殺過這些鳥了。因為這份工作殘忍又辛苦，我也經不起違法。我在此鄭重發下聲明。」[18]

雖然有些前獵人像布萊德利一樣認錯，但對選擇繼續追捕雪鷺的人而言，報酬還是難以抗拒。一八九六年，大衛．「鷺」．班奈特（David 'Egret' Bennett）這位知名獵人在接受《紐約太陽報》（*New York Sun*）一場駭人的採訪中大方坦承，他一邊把北美的雪鷺逼上滅絕邊緣，一邊陶醉於他賺得的財富。[19]

與此同時，一些頑固的專業鳥類學者與收藏家並沒有聲援志在遏止狩獵的人士，他們反而聲稱殺鳥並沒有錯。這群人可能別有用心，害怕如果羽毛交易遭禁，那麼他們就不再能獵得一些標本、加到他們的博物館蒐藏中了。在被問及是否需要鳥類保護法時，美國鳥類學家協會（American Ornithologists' Union）主席當選人查爾斯·科里（Charles B. Cory）也如此回應：「我不保護鳥類。我會殺牠們。」[20]

早在之前的一八八〇年代中期，美國鳥類學家協會就估計，每年有多達五百萬隻的水鳥遭殺害。若是維持這樣的速度，像雪鷺這種數量龐大的鳥類也會在幾十年內走向滅絕，這還沒考慮加速的情況。當時佛羅里達州兩大城，坦帕（Tampa）和邁阿密附近就已經沒有雪鷺群了，就連更偏遠的佛羅里達大沼澤地的雪鷺也都面臨消失危機。到了二十世紀初，佛羅里達的雪鷺群已經減少到商人必須跟中南美洲進口雪鷺毛。

但在我們查明究竟這個特別的物種和其近親最終是怎麼免於滅絕之前，我們得先挖掘羽毛到底是怎麼變得這麼有價值、變得這麼受人追捧。源頭可以追溯回羽毛交易全盛期前的一個多世紀，歐洲史上其中一位惡名昭彰的人物：瑪麗·安東尼（Marie Antoinette）。

一七九三年十月十六日深夜，人群開始聚集在巴黎的革命廣場（Place de la Révolution）準備看皇后上斷頭台。她不是位普通的皇后，她是瑪麗亞・安東尼亞・約瑟芬・約翰娜（Maria Antonia Josepha Johanna），較為人熟知的名字是瑪麗・安東尼；她是法國最後一任國王路易十六的妻子（但現在是寡婦）。九個月前，路易十六才在斷頭台上被處決；如今在這個寒冷的秋日早晨，輪到她了。

瑪麗・安東尼（一直）是炫耀消費和鋪張浪費的代名詞。在談到法國人民窮到買不起一塊麵包時，她說「讓他們吃蛋糕吧」。這句話也許是她的敵人革命人士為了詆毀她而散布的謠言[21]，不過我們可以很確定一件事：她穿著很浮誇。

在宮廷畫師伊莉莎白・薇姬・勒布倫夫人（Madame élisabeth Vigée Le Brun）為瑪麗・安東尼畫了超過三十幅的肖像畫中，其中一幅皇后的頭髮堆得頗高、上頭還戴了頂鑲著鴕鳥羽飾的帽子。[22]幾年後勒布倫夫人畫自畫像時，她也戴了一頂顯眼的羽毛帽。[23]而瑪麗・安東尼被送上斷頭台時，她的頭髮雖被粗暴亂剪一通，但還是戴了頂樸素的帽子，視覺上象徵她戲劇般地盡失人心。*

* 譯者註：該句為雙關諷刺。fall from grace一詞為失去人心或失寵之意，直譯則為「從優雅跌落」，諷刺這位皇后死前外貌上的悲慘。

在一七八九年法國大革命之前，這位皇后偏好羽飾帽子的習慣在法國和其他地方的上流仕女間蔚為風潮。這些羽毛本身主要並非來自鷺鳥和白鷺，而是來自大型的花俏鳥類，比如鴕鳥、孔雀、雉雞和鸛鳥，但仍掀起了一場全球貿易。

如同高級時尚界常常發生的，最初富人間的一時興起，很快也慢慢滲透到中產階級；北美和歐洲的布爾喬亞們蜂擁至倫敦、巴黎和紐約的百貨公司，購買最新設計。在羽毛時尚需求的全盛時期，單是巴黎就有超過四百二十五間的羽毛商（plumassiers）。同時，大西洋對岸的紐約女帽產業也雇用了八萬三千名勞工；他們待的大多是高工時、低工資的血汗工廠。[24]

大眾需求持續提升加上有利可圖，意味著毛皮與羽毛數量的需求急遽成長。光是一八八五年，倫敦的拍賣行短短三個月間就賣出了七十五萬張雪鷺和小白鷺的毛皮。在二十世紀頭十年，英國就進口了超過一千四百萬鎊重（超過六百萬公斤）、價值約兩千萬英鎊（現今價值逾二十億英鎊）的羽毛。[25]

成為目標的不只是那些色彩鮮豔的異國鳥類。這樣的高度需求，不可避免導致了批發商也開始捕獵本國的鳥類。一份羽毛交易研究列出了各種鳥類遭殺害的方式：「牠們被成千上萬的鄉村失業貧民用設陷阱……黏鳥膠、射擊、連續重擊或毒殺等方式捕獲，以提供女帽製造商原料。」[26]

還有一種是從倫敦特別包火車，載著一群群「痛飲啤酒的羽毛獵人」前往海鳥聚集地約克郡海岸和懷特島郡獵鳥。這群獵人一到約克郡崖邊，就開始射殺抓捕成千上萬的三趾鷗（Kittiwake）：這群嬌弱又迷人的海鷗，人們對那雙鴿灰色、尾端帶黑的翅膀需求龐大。獵捕的當下，獵人心中完全沒有閃過任何一絲殘忍的念頭；如同一位嚇壞了的觀察者所述，獵人們「割下牠們的翅膀，再把這些受害者扔進海裡，任由牠們僅剩的頭腳掙扎著，等待死亡緩緩到來、讓牠們解脫」。[27]

另一種遭受羽毛交易無情對待的是俗稱浪裏白的冠鸊鷉（Great Crested Grebe）。今日這種優雅的水鳥常見於英國低地的河流、湖泊和沙礫採掘坑。牠也跟牠的近親一樣，幾乎完全過著水棲生活：游泳、潛水，甚至築漂浮巢。

冠鸊鷉的胸腹部演化出有助保溫的大量濃密羽毛，因而得以適應多水環境。但就像白鷺的雪白羽毛一樣，這種適應力也差點為冠鸊鷉帶來滅頂之災。牠們濃密的羽毛柔軟得就像動物的毛皮，可以用來製成手套。黑栗色羽冠是牠另一個突出的特質，時尚業稱之為「披肩」（tippets），被大量用來妝飾女帽。

到了一八六〇年，英國冠鸊鷉的繁殖群數量下滑到三十二對至七十二對左右，牠們的滅絕危機迫在眉睫。[28]最終，新的鳥類保護法案即時生效，才救了牠們。

雖然倫敦為羽毛交易重鎮，但其實這是全球性的產業。美國（前動物標本剝製師）動物學者威廉・霍納迪（William T. Hornaday）在一九一三年出版了《我們消失中的野生生物》（*Our Vanishing Wild Life*），書中他直言不諱，道出時尚業對羽毛貪得無厭的需求為全世界帶來的衝擊：

從新幾內亞郊外的森林、到地球另一頭安地斯山脈白雪皚皚的山巔，每種未受保護的鳥類都很危險。巴西的蜂鳥、各地的鷺群、稀有的天堂鳥、巨嘴鳥（Toucan）、鵰、兀鷲和鴯鶓（Emu）全都因製帽業被撲殺。[29]

博物學者麥肯・史密斯（Malcom Smith）指出，對羽毛的需求甚至導致了一種中東地區獨一無二的鴕鳥全數滅絕。

瑪麗・安東尼被處決後，這些鳥還是持續被殺害，單是一八〇七年法國就進口了超過五百公斤的鴕鳥毛。史密斯說，如果南非沒有在一八六〇年代起建立鴕鳥農場的話，那麼時尚業對鴕鳥毛的需索無度，將導致這種世界最大的鳥類從地球上滅絕。[30]根據他的計算，從一八七〇年到一九二〇年，這半世紀間英國就進口了一萬八千噸各式毛皮和羽毛，這相當於一百億隻鳥的量。[31]據估計，目前地球上總共約有五百億隻鳥，因此羽毛交易確實對全球鳥類總數造成顯著影響，對一些鳥類而言，牠們也因此無法永續生存。[32]

然而成為人類目標的，不僅限於大型的異國鳥類。

法蘭克・查普曼（Frank Chapman）這位北美鳥類研究最知名的歷史人物，同時也是《鳥類知識》（現在的《奧杜邦雜誌》）的創辦人，他所做的年度聖誕節鳥類統計（Christmas Bird Count, CBC）是一項歷史悠久的公眾科學調查。如今聖誕節鳥類統計已成為一項全美活動，成千上萬的愛鳥志願者不只統計全美五十個州和中南美洲部分地區的鳥類總數，也分別統計每一種鳥的數量。這項活動的源起相當單純。

一九〇〇年聖誕節當天，查普曼和另外二十六位觀察員一同參與了第一次聖誕節鳥類統計，調查地點共二十五處，遍及美國與加拿大。調查結果經過核對，最後記錄到一萬八千五百隻、一共九十種鳥類。此後統計總數和調查範圍不斷增加，到了二〇一八年的第一百一十九屆時，參與者人數成長到七萬九千四百二十五名，一共記錄到約四千九百萬隻、超過兩千六百種鳥類。[33]

聖誕節鳥類統計的壯大，大概會讓查普曼又驚又喜。但也許比起科學資料，更重要的是這象徵著鳥類保育人士自二十世紀初開始的所有歷程。查普曼一開始的出發點是傳統節慶的「狩獵」，也就是射殺鳥類而不是統計鳥類，但後來他也跟布萊德利一樣成為改過自新的獵人。在看見自己的錯誤前，聲名狼藉的他獵殺了不下十五隻卡羅萊納長尾鸚鵡（Carolina Parakeet），這是北美唯一一種原生種鸚鵡，但僅僅幾十年內就從地球上滅絕了。[34]然而當查普曼還在射殺收集鳥類時，他就逐漸意識到羽毛交易是如何危害到鳥類的數量。

一八八六年某個夏日，查普曼前往曼哈頓的「仕女一英里」（Ladies' Mile）散步，這裡是紐約甚至全世界最時尚的購物區。當時他發現，經過他身邊的許多女性都戴著華麗的帽子，每一頂都以毛皮和羽毛裝飾，於是他決定算算看眼前的裝飾中究竟有多少種鳥類。在這次和之後的散步所記錄到的七百頂帽子中，大約四分之三都有羽飾，當中辨識得出來的鳥類至少就有四十種。[35]這結果與歷史學者道格拉斯·布林克利（Douglas Brinkley）的紀錄相仿：每年有數百萬隻鳥被殺害，以滿足製帽業不斷增長的羽毛需求。這種帽子到後來變得越發荒謬：「有些女人甚至想要在帽子上放上整隻貓頭鷹標本，或是以珠寶簇擁整隻蜂鳥製成的胸針。」[36]

更讓查普曼震驚的是，在這之中包含了各式各樣的鳥類。不只是預期可見的一些水鳥（waterbirds）和陸禽（gamebirds），他還看到貓頭鷹、啄木鳥（Woodpecker）、擬鸝（Oriole）、鶲（Flycatcher）、冠藍鴉（Blue Jay）、藍鶇（Bluebird）、燕子、麻雀、唐納雀、燕鷗、太平鳥（Waxwing）、森鶯；每一次的射殺、拔毛、製成標本和裝飾，都是在滿足人們的虛榮心。事後他評論：「這些女性可能不知道，她們戴的這些羽毛都來自我們的花園、果園和森林中的鳥。」[37]

查普曼的憤怒讓他改頭換面，從盜獵者轉為獵物看守人，並協助發起保護美國鳥類運動，終結羽毛交易。但更曲折的是，最終結束這個產業的不是查普曼，而是一群創立基金會的女性。她們成立了兩個組織，對抗這種對鳥類毫無必要的殺戮，現今這兩個組織仍然是全球鳥類保護與保育運動的核心：美國奧杜邦學會（National Audubon Society），以及英國皇家鳥類保護學會（Royal Society for the Protection of Birds, RSPB）。

在英國，其實鳥類保護早在羽毛交易之初就開始了，這點體現在一八六九年通過的《海鳥保護法案》（*Sea Birds Preservation Act*）這部法律上。這是第一部正式通過的鳥類保護法。之後通過相關法律的不只英國，世界其他地區也相繼跟進。

該法案的制定，源自約克郡東瑞丁（East Riding of Yorkshire）地區農民與漁民的抗議，他們注意到夫蘭巴洛岬（Flamborough Head）和朋普頓海崖（Bempton Cliffs）一帶的海鳥數量快速減少。當時《曼徹斯特衛報》（*Manchester Guardian*）一篇文章揭露，四個月內就有逾十萬隻海鳥遇害；獵人們獵殺巢裡的成鳥，被留下的幼鳥只能挨餓等死。不過這些漁民也不全然出於無私才出手拯救海鳥。當地的下議院議員克李斯多幅・史凱斯（Christopher Sykes）解釋，這些海鳥會在魚群上方群聚，幫助漁民找到魚群，此外起霧時，崖上此起彼落的吵雜鳥聲也有助於引導漁船安全靠岸。[38]

一八六九年這部創新的法案通過後，接下來的數十年間又陸續通過了其他重要法案。[39]這些法律的確減少了英國的鳥類獵殺行為，但還是無力阻止從海外進口毛皮與羽毛。那群渴望炫耀最新時尚的仕女才是造成全世界鳥類大屠殺的主因。所以現在的倡議者認為，將社會壓力加諸在她們身上，是一種「助推理論」（nudge theory）的應用。*

這些倡議活動源自維多利亞時代上流社會的三大傳統：喝茶、上教堂以及寫信。一八八九年間，兩組獨立的女性團體開始在薩里郡（Surrey）和曼徹斯特上流社會接待賓客的會客廳（Drawing room）聚會，商討如何解決羽毛交易的問題。一組是位於克洛敦（Croydon）的「毛皮、鰭與羽毛人士」（Fur, Fin and Feather Folk）；另一組是位於曼徹斯特郊區迪斯柏立（Didsbury）、名稱較普通的鳥類保護學會（Society for the Protection of Birds, SPB）。

「毛皮、鰭與羽毛人士」是由瑪格麗特・路易莎・史密斯（Margaretta Louisa Smith）等人共同創立，三年後與丈夫法蘭克・萊蒙（Frank Lemon）結婚後的她改成了一個怪誕的名字：艾塔・萊蒙（Etta Lemon）。[40]艾塔生於一八六〇年，父親是陸軍上尉轉任的基督福音派傳教士，年幼時她就非常憎恨任何虐待動物的行為。到了一八八〇年代早期，她與一位更有經驗的年長動物權利倡議者伊莉莎・菲力浦斯（Eliza Phillips）合作，菲力浦斯在防止虐待動物學會（Society for the Prevention of Cruelty to Animals，後來的皇家防止虐待動物學會〔RSPCA〕）裡一直很活躍。早期「毛皮、鰭與羽毛人士」的會議都是在菲利普斯家舉行。

在西北方兩百公里曼徹斯特的愛蜜莉・威廉森（Emily Williamson）也是一位可敬的女性，當時她特別關注冠鸊鷉的困境，於是積極企劃發起一場反羽毛交易運動。威廉森如此總結自己的理念：女性在發起事務方面總是非常膽怯，然而一旦有了方向，她們就會隨時準備就緒，給予協助。」這與艾塔口中的不妥協路線形成鮮明對比：「女性解放運動並沒有將她們從所謂的『時尚』奴隸中解放出來，受高等教育也沒讓她們理解道德和審美這個簡單的問題。」41

之後這兩個團體採取了相似的策略。她們會參加當地教會周日的禮拜，席間先觀察朋友與教友的帽飾，接著再寫封禮貌而不失堅定的信，向她們解釋為什麼戴這種帽子很殘忍，以及為了滿足女性的虛榮心，這些鳥兒會遭受怎樣的對待與下場。

不論是讓穿戴者尷尬，還是告誡她們無意中可能的殘忍，抑或是兩相結合，這個中心思想很快地散播出去。這群女性在扭轉觀念後，接著就被說服加入學會，把目標放在終結羽毛交易。

之後很快地，一八九一年兩個團體決定合併為一個新的鳥類保護學會，加強戰力。威爾森擔任學會副主席，而艾塔則擔任榮譽祕書。這個新學會的首任主席也是個令人印象深刻且具社會影響力的女性：溫妮弗雷德．波特蘭公爵夫人（Winifred, Duchess of Portland），她一直擔任這個職位長達六十年，直到一九五四年逝世為止。

---

* 譯者註：助推理論是社會政策與行為經濟學理論，意在不以法律等強制手段，而改以引導方式來改變人們的行為。

創立十五年後的一九〇四年，該學會獲得國王愛德華七世（Edward VII）的正式認可，他的母親維多利亞女王及妻子亞歷山德拉王后（Queen Alexandra）早期也曾贊助該學會，所以之後學會改名為現今廣為人知的英國皇家鳥類保護學會。

在大西洋彼岸，有另一個立場堅定的女性團體也在反對慘絕人寰的羽毛交易。如同英國，這裡的運動也以上流社會的會客廳為核心，同樣也以茶會為運動的催化劑。

一八九六年初，波士頓（一個多世紀前，這裡也發生了另一場與茶有關的知名抗議事件）的兩名上流仕女哈麗特．勞倫斯．海明威（Harriet Lawrence Hemenway）和他的表妹明娜．霍爾（Minna B. Hall）組織了一系列的社會運動。在高級晚會裡，她們一面啜飲著茶、吃著三明治和蛋糕，一面向親朋好友講述時尚貿易對鳥類的可怕屠殺。她們的運動非常成功：超過九百名女性參與這項志業，同意不只要杯葛戴在頭上的羽毛帽，還要說服親朋好友一起這麼做。[42]

受到這波支持的鼓舞，海明威和霍爾於同一年創立了麻薩諸塞州奧杜邦學會。[43]多虧她們立場堅定，輿論漸漸開始轉向支持廢除羽毛交易，同時她們的運動也獲得了主流媒體的關注。一八九七年十月，《芝加哥每日論壇報》（*Chicago Daily Tribune*）呼籲女性拯救鳥類，要她們保證「不會戴任何一種鳥類羽毛製成的帽子，或者只戴鴕鳥毛製成的帽子」。[44]

然而，只要聯邦政府尚未在國內外通過防止大量殺害鳥類的法案，那麼這種有利可圖的殘殺交易就會一直持續下去。因此跨出下一步的就是一九〇〇年生效的《雷斯法案》（*Lacey Act*），該法案彌補了跨洲運輸毛皮和羽毛的漏洞。在過去，獵人可以帶著贓物橫跨最近的州界出售贓物，以此規避各州的鳥類保護法。[45]

接下來的二十年，我們又見到了兩部更重要的法案通過。第一部是一九一三年禁止獵殺候鳥的《威克斯—麥克萊恩法案》（*Weeks-McLean Act*）。支持該法案的先驅汽車製造商亨利・福特（Henry Ford）之後如此寫道：「我唯一一次利用福特組織影響立法的就是支持鳥類，而且我認為最終將證明我手段正當。」[46]該法案通過後五年，一九一八年又通過了《候鳥條約法》（*Migratory Bird Treaty Act*），雖然前總統唐納・川普（Donald J. Trump）曾數次規避該法案，但它一直到現在都還在保護著所有北美的候鳥。[47]《候鳥條約法》彌補了大部分法律漏洞，包括「非法追捕、狩獵、捕捉、殺害、持有、購買、交換、進口、出口或運輸任何一種候鳥」。[48]

回到英國，雖然偶遇波折，但運動加上立法也逐漸取得了成果。一九二〇年七月，英國下議院對《羽毛法案》（*Plumage Bill*）進行表決，雖然有作家湯瑪士・哈代（Thomas Hardy）和H・G・威爾斯（H. G. Wells）等幾位有力人士簽署背書，但還是未能通過。[49]次年該法案終於立案通過，羽飾帽也逐漸開始不受歡迎；令人莞爾的是，這還得歸功於時尚界內的潮流改變。

一九一五年，美國舞者艾琳．凱梭（Irene Castle）和她老公福儂（Vernon）引領了現代舞的出現。她在進醫院切除盲腸前決定先剪短頭髮，以便術後恢復期洗髮方便。之後她戴著頭巾重新出席社交活動，人們勸她摘下頭巾，給大家看看她的新髮型。粉絲們一見立刻陷入瘋狂：「鮑伯頭」（bob）橫空出世了。[50]

到了一九二〇年代初，幾乎所有當代引領潮流的演員與舞者等「社會有力人士」都頂著鮑伯頭，但這種髮型卻與寬大的羽毛帽不合。那個過去以野鳥羽毛妝點女帽獲取暴利的熱絡羽毛交易，因此被戲稱宛如碰上了「滅絕時代」，[51]最終化為灰燼。[52]

整起故事最迷人的地方，在於大西洋兩岸女性所扮演的重要角色。雖然大家常常將之描繪成女性成功抗爭的故事，但實情不單單如此。

女性不只是創立反羽毛交易的組織：她們也做了許多倡議宣傳。不過由於那些她們招募進來的重要男性常在運動中公開露面，所以運動的成功也常歸功於他們，如美國的威廉．布魯斯特（William Brewster）和英國的威廉．亨利．哈德森（W. H. Hudson）等人。此外，許多倡議者與記者憤怒批評的對象都不是真正**殺害**鳥類、也不是從駭人交易中牟利的男性，反而是那些執意戴著羽飾帽的女性。[53]一八九三年新成立的鳥類保護學會所發行的傳單「羽毛仕女」上，哈德森自己也斥責那些戴羽毛的女性為「鳥的敵人」，甚至還表示她們這樣吸引不到老公。[54]

同樣的論調也出現在一八九八年《紐約時報》一篇題為「謀殺的女帽」（Murderous Millinery）的文章中，文中直接將問題歸咎為滿足「善良的女性」，於是「上百萬隻的鳥就被殺了」。該文也譴責她們是「輕浮的女人」（feather-headed women）*，「她們利用謀殺無辜鳥類所獲得的遺體展現自己，這將讓她們自己千夫所指」。[55]這種厭女氛圍讓那群男性羽毛獵人躲過了大部分的指責。

一九二〇年《羽毛法案》被否決時，就連女性主義作家維吉尼亞・吳爾芙（Virginia Woolf）也寫了篇文章，開頭就批評那些繼續戴羽飾帽的女士，[56]甚至還大力批評一位站在店家窗外的買家，說她「顏面愚痴……（像隻）到了點心時間的哈巴狗，看起來貪心又暴躁」。吳爾芙義正嚴辭、語帶諷刺：「當她走到精心放在中央的白鷺羽毛展示櫃時，停頓了下來……畢竟還有什麼可以比這更飄渺迷人呢？羽毛似乎已是心靈與講究生活的裝飾、榮耀與不凡的象徵。」

不過，吳爾芙最後還是將矛頭對準了推動整個產業的男性，也就是那些羽毛獵人和貿易商，還有一開始在議會裡投下反對票的男士。她還強調，社會批評女性透過時尚滿足自身慾望，卻容忍甚至讚賞男性狩獵、殺戮與牟利的衝動，這根本就是雙重標準。[57]

＊ 譯者註：此為雙關諷刺用法，feather-headed直譯為頭頂的羽毛。

與此同時還有另一群人，因為有錢人的心血來潮和慾望而遭受可怕待遇。這些人是未受教育的貧窮女性，她們的工作是拔取鳥皮上的毛然後備好，供女帽買賣使用。這群不幸女性的困境一直要到泰莎·博斯（Tessa Boase）於二〇一八年出版的《潘克斯特夫人的紫色羽毛》（*Mrs Pankhurst's Purple Feather*）＊後才得到應有的關注。

博斯在書中講了一則悲慘故事。愛麗絲·巴特歇爾（Alice Battershall）是倫敦市「羽毛工廠」的二十三歲雇員。一八八五年九月，她被控偷了兩根鴕鳥羽毛，因而被判刑勞役六周：她代表的是身處倫敦最高利潤產業、卻面臨高工時低薪資的眾多年輕女工的命運。那兩根偷來的羽毛，她的母親只以一根一先令的價格賣出，但一掛到那些仕女帽上，價值就高達五英鎊（約等於今日的七百英鎊）。[58]

然而，整則故事最不尋常的一面是，反羽毛交易的倡導者與為女性爭取選舉權的成員所組成的兩個女性團體，原本期待能並肩作戰、克服男性主導的龐大政經利益，結果雙方居然壁壘分明。

博斯取的書名，指的是早期那些爭取婦女投票權的人士穿著，往往是最新、最富女性特質的時尚款式，理所當然地包含了野生羽毛。而她們會這麼穿，正是為了反駁那些時常指控她們看起來不像「真正的女人」的人。這也導致雙方倡議者之間的政治社會隔閡：一方是艾米琳·潘克斯特（Emmeline Pankhurst）這種為女性爭取投票權的人；另一方則是艾塔．萊蒙這種想要終結在女性時尚中使用羽毛的人。兩方人馬的對抗，更因萊蒙本人頑強的「反女性投票權者」性格，而越演越烈。59

儘管雙方明顯存在著差異，但兩個團體最終都用相似的策略達成目標，總結來說就是「抗議、宣傳手冊和說服」。事實上，環境歷史學者羅伯．蘭伯特（Rob Lambert）也將這兩種運動合而為一，以「鳥類學版的女性投票權者」（Ornithological Suffragettes）這個很有記憶點的詞彙來描述反羽毛交易的倡議者。60

此外，就像女性票權運動永遠改變了英國政治，那些早期反羽毛交易倡議者的成就也極具影響力與延續性。他們的成功預見了全球史上一項最重要運動的崛起：推動保護野生生物及其棲息地的運動。如同美國奧杜邦學會主席布吉．麥可馬克（Brigid McCormack）所觀察的，這是首次有大眾運動團結一致，共同捍衛今日那被我們視為理所當然的鳥類及廣大環境。61

二十世紀初的頭數十年，日益壯大的不只是鳥類，鳥類保護事業也是如此。一九〇五年，美國各州和各地奧杜邦學會齊聚在奧杜邦學會的麾下。今日這個學會共有超過五百個獨立的地方分

* 作者註：現在重新發行為平裝本的《艾塔．萊蒙：拯救鳥類的女人》（*Etta Lemon: The Woman Who Saved the Birds*）。

會，和超過六十萬名的會員。而英國的皇家鳥類保護學會則已成長為世界最大的鳥類保育組織，會員超過一百一十萬名。[62]業務範圍也從原本關注面臨羽毛交易威脅的鳥類福祉，擴大到更廣泛的全球議題，包括英國海內外的棲地保育、能源與運輸利用、生物多樣性的減少，當然還有氣候危機。[63]萊蒙於一九五三年逝世前，在英國皇家鳥類保護學會服務與提供支援超過半世紀之久，而威廉森這位在我們故事中被遺忘的女英雄，她一定也會對她所協助創立過的組織之今日樣貌感到驚喜與光榮。

鳥類保護運動自一九〇五年一路走來已走了非常長遠的路，這條路起點起於一位勇敢、一心試著想保護繁殖的雪鷺群而被冷血殺害的男子。

布萊德利並未隨著時間過去被人淡忘：一九三〇年，作家兼保育人士瑪喬麗・斯通曼・道格拉斯（Marjory Stoneman Douglas）出版了一篇關於他的短篇故事，[64]一九五八年，由伯爾・艾弗斯（Burl Ives）和克里斯多福・普拉瑪（Christopher Plummer）主演的電影《沼澤風雲》（*Wind Across the Everglades*）更是以他的生平和不幸逝世為部分藍本改編而成。[65]此外還有不少獎項也以他的名字為名。[66]二〇一三年的紀錄片《蓋伊・布萊德利，美國第一位環境殉道者》（*Guy Bradley, America's First Environmental Martyr*）中，主持人斯圖爾・麥克弗（Stuart McIver）認為布萊德利的犧牲是對抗羽毛獵人的轉捩點。「這麼說或許有點可笑，但（布萊德利）犧牲生命對這項志業的奉獻，也許比他一如往常繼續當個獵場管理員十五、二十年要來得多」。雖然主持人這麼說沒錯，但還是無法安慰到他的遺孀和孩子。而且這種說法也無意間暗示，現在已不再有人殺害捍衛自然環境與捍衛有限資源的保育人士。不幸的是，事實並非如此。

根據BBC新聞二〇二一年九月的報導，光是在二〇二〇年，全世界就有創紀錄的兩百二十七名環保人士成為蓄意殺害目標。[67]這些被害者當中有一位六十五歲的南非人，菲基爾·恩尚加斯（Fikile Ntshangase），她因反對露天煤礦場擴張在家中遭不明人士殺害。另一位被謀殺的是奧斯卡·艾羅·亞當斯（óscar Eyraud Adams），他為當地的原住民爭取水權，同年九月於墨西哥下加利福尼亞州（Baja California）的家門外被射殺。

在哥倫比亞這個比起世界上其他國家擁有更多傲人鳥類的國家，相關紀錄也不怎麼光彩。該國被殺害的保育人士與環保人士遠比其他國家來得多：二〇二〇年有六十五名相關人士遇害，足足超出全世界的四分之一以上。[68]一位叫弗朗西斯科·維拉（Francisco Vera）的哥倫比亞年輕人就因為發聲拯救該國獨特卻瀕危的野生生物而多次收到死亡威脅。他嚇壞的母親安娜·瑪麗亞·曼薩納雷斯（Ana Maria Manzanares）這麼說道：「這傷害了他，我們以往的平靜生活一去不復返了。」而弗朗西斯科只是個十二歲大的孩子。[69]

至於本故事的主角雪鷺，這種小巧、雪白亮眼的水鳥，在羽毛交易結束、得到全世界的保護復育一世紀後，牠現在又過得如何呢？

那些鷺和其他水鳥的繁殖地在遭受大規模的殺戮蹂躪後，最早在一九二〇年代就開始恢復。一九二四年出版的《南方流域故事》（*Tales of Southern Rivers*）一書中，美國冒險類作家贊恩·格雷（Zane Grey）去拜訪了佛羅里達大沼澤地西邊盡頭的薩布爾角（Cape Sable），他在看到那一帶的鳥群後，津津樂道地說：

> 這裡到處都看得到鳥，在空中在樹上。我們並未預期過了河彎處後會見到什麼。兩旁河岸的樹上滿滿都是杓鷸，看起來像覆蓋厚厚的白雪。成千上萬隻杓鷸自水面振翅呼嘯而過……多美的景象呀。*70

今日雪鷺仍舊分布於廣大的美國中南部。牠們的數量在羽毛交易結束後的一九三〇到一九五〇年代達到高峰，近年則因棲地流失、水源汙染、乾旱、人為干擾和食物來源減少等因素而數量減少。即便如此，牠仍代表了一則成功保育的故事，跟其他那些曾經大量存在於北美的鳥類相比之下更是如此；包括旅鴿、卡羅萊納長尾鸚鵡和愛斯基摩杓鷸等等，全都被無情地射殺至滅絕。

在人們的努力下，雪鷺成功避免了厄運，全世界也因而催生許多保育運動，因此我們可以拿雪鷺和本書中的度度鳥做對照。雪鷺至今仍繼續存在於北美的溼地，這就表明了只要有堅定的意志與努力，我們也許就能戰勝人類的貪婪，助大自然一臂之力。

＊作者註：我們可以認定，格雷當小說家應該當得比博物學者好，因為他看見的白鳥不是杓鷸，是雪鷺才對。

第八章　BALD EAGLE（*Haliaeetus leucocephalus*）

08.

白頭海鵰

世道人心太壞了，大鷹不敢落足的地方，小鷦鷯都在捕食。
——莎士比亞，《理查三世》（*Richard III*），第一幕第三場*

*　編者註：本句參考梁實秋譯本。另附方重譯本供參：世風日下，老鷹不敢棲息的地方，卻有鷗鶘在掠奪。

這個人雙臂外展、面目猙獰、態度堅定。擋在他面前、不讓他前往華盛頓國會大廈去路的是一名警察，少數幾名知道徒勞無功、卻仍試著阻止咆嘯暴民的警察。幾乎所有抗議人士都或帶或穿象徵自身意志的標誌：極右派團體驕傲男孩（Proud Boys）的橘色小圓便帽、幾個納粹黨「卐」字符號，以及飄揚在冬日寒風中紅白藍相間、現已聲譽受損的美利堅邦聯（Confederacy）*旗幟。[1]

但在所見的各種標誌中，最奇特的是一位憤怒抗議人士的T恤，正面印了一個圈住中間設計圖案的大寫Q（Q代表的是陰謀論團體，匿名者Q〔QAnon〕）。而在中間回頭盯著鏡頭的，是一隻有著銳利黃色眼睛的非美國官方國鳥：白頭海鵰。†

二〇二一年一月美國政府所在地發生的這起動盪事件並不是唯一一次。在這場風波中，極右派人士用了白頭海鵰做為國家至高無上權力的象徵。二〇二〇美國總統選舉，參選連任陷入苦戰的川普總統也推出了官方T恤，上面印有一隻展翅的老鷹站在圓形美國國旗上，並印著一句看似沒啥爭議的標語：「美國優先」（America First）。然而這種將老鷹與口號結合的作法，是極度損人不利己的狗哨政治（dog-whistle politics）。‡

這件T恤因為與另一個強大右翼政治團體使用的設計極為雷同，所以立刻就招來了譴責。進步派猶太團體「改變弧線」（Bend the Arc）在推特帳號上指出：「川普和彭斯（Pence）在競選活動官方網站自豪地展示這件具有納粹意味的T恤。川普前幾天才在推特上轉發支持者高喊『白人力量』（White Power）的影片，現在又在宣傳種族滅絕意象。」[2]該帳號繼續解釋他們兩位是如何詆毀T恤上這個口號的歷史：這段歷史可追溯到八十年前一個叫「美國優先委員會」（America First Committee）的知名機構，當初該委員會喊出這個口號，是為了反對並阻止美國介入第二次世界大戰。帶頭的是美國真正具開拓性的飛行英雄查爾斯・林白（Charles Lindbergh），最後總共吸引了八十多萬付費會員，該運動一度看似可以成功阻擋美國參戰。然而之後，到了一九四一年十二月七日這天，在日本入侵珍珠港的時空背景下，美國優先運動戛然而止。[3]

---

* 譯者註：美國南北戰爭期間，南部州聯合起來與北部州相抗衡的聯盟，於一八六五年戰敗。

† 作者註：根據普立茲獎得主傑克・E・戴維斯（Jack E. Davis）所述，事實上白頭海鵰並未被正式通過為美國國鳥。不過眾多證據都顯示，確實大部分的美國人以及全世界都這麼認為。見*The Bald Eagle: The Improbable Journey of America's Bird*（New York: Liveright Publishing/ W. W. Norton, 2022）。

‡ 譯者註：狗哨政治常使用具雙關意義或隱喻的詞彙、符號或象徵，以委婉手法向特定族群傳達訊息。為的是激起目標選民的情緒以鞏固支持，又不引起反方的關注。

起初，美國優先運動得到了反猶太主義和法西斯陣營的大力相挺。因此許多人認為，當川普在二〇一七年一月的美國總統就職演說中重提這個口號時，他絕對知道自己在做什麼：他將他自身的政治哲學，與被稱為「仇恨遺產」（Hateful legacy）的孤立主義*結合起來。[4]

果不其然，川普競選活動的發言人立刻就否認了美國優先T恤上的圖案與納粹的象徵有什麼相似之處，在順便嘲諷對手的同時，又順便毫不掩飾地訴諸起過時的美國愛國主義：「這真是愚蠢。民主黨眼中的美國，美國總統山（Mount Rushmore）是讚揚白人至上，然後美國國旗和白頭海鵰是納粹的象徵。他們真的是瘋了。」[5]

若我們仔細看看這件惡名昭彰的老鷹圖案T恤，或者說更仔細看看白頭海鵰頭的朝向，就會發現這種慷慨激昂的否認根本一文不值。美國國徽（The Great Seal of the United States）上的老鷹頭朝向左（當觀看者面向牠時），從古到今有老鷹圖像的大量範例也都朝左，包括現在的德國國徽。然而川普競選活動所挑選的是頭朝右的老鷹，這跟惡名昭彰的納粹右旋符號一樣，而且至今各式各樣的新納粹團體也仍在用這個標誌。[6]

所以，T恤上這隻老鷹的頭面向右、不向左，這純粹是巧合，還是它有什麼更邪惡的意圖呢？專門解讀右翼圖像與象徵的美國歷史學者史蒂芬．海勒（Steven Heller）[7]表示不用懷疑，它就是有威脅意圖，它巧妙地將之藏在無傷大雅的愛國主義訴求中：

我們實在很難相信，川普的設計師群會在不知道象徵意義的情況下，就賣弄老鷹頭的朝向（由哈利．杜魯門〔Harry Truman〕操刀）。他們知道他們在做什麼。他們了解精心設計的舞台表演、道具，與所有這一切的力量。所以，我認為他們這隻老鷹是讓川普與美國種族主義者眉來眼去用的。[8]

川普並不是唯一一個追隨納粹腳步，將老鷹當成活動標誌的強權或政權領袖。當佛朗哥將軍（General Franco）自激烈的西班牙內戰中成功掌權後，他將十五世紀「天主教雙王」（Catholic Monarchs）費爾南多二世（Ferdinand）和伊莎貝拉（Isabella）的聖約翰之鷹（Eagle of St. John）[9]紋章置於國旗上；另一位獨裁者薩達姆．海珊（Saddam Hussein），則選擇了普遍象徵阿拉伯民族主義的薩拉丁之鷹（Eagle of Saladin）。蘇聯迅速解體後，俄羅斯聯邦在一九九三年又重新使用了源於十六世紀晚期的老鷹紋章。這個國徽紋章上描繪的是一隻襯著紅色背景的雙頭鷹。[10]

＊ 編者註：「仇恨遺產」一詞是二次大戰期間反猶太主義的種族迫害思想，跟「美國優先」口號代表的美國孤立主義政治立場相互呼應。

比起其他鳥類，老鷹更常被許多國家與單一民族國家當成國鳥：包括阿爾巴尼亞、德國、印尼、哈薩克、墨西哥、納米比亞、巴拿馬、菲律賓、波蘭、蘇格蘭、塞爾維亞、尚比亞、辛巴威和未正式通過其為國鳥的美國。[11]此外，牠也被畫在阿爾巴尼亞、美屬薩摩亞、埃及、哈薩克、墨西哥、黑山共和國、莫爾達瓦、塞爾維亞的國旗，美屬維京群島旗幟以及美國部分州旗上。[12]

根據加拿大艾利森山大學（Mount Allison University）教授珍妮・羅傑斯（Janine Rogers）指出，在這些象徵的起源文化以及現代對鳥類象徵的使用上，例如繪於旗幟上的鳥類，都很少跟極權主義政權有關。然而正如她警告的，老鷹「與生俱來就帶有一種威脅感，所以似乎很容易就會與暴政和壓迫合拍」。[13]事實上，人們在使用老鷹上一直問題重重，因為牠在做為真實存在的鳥類以及做為象徵符號上，都有著淵遠流長的歷史。

其實可以說，人們所謂的「老鷹」（Eagle）並不存在。*「Eagle」只是個隨意附加在大型猛禽子群身上的詞，例如鷹鵰（Hawk Eagle）、蛇雕（Snake Eagle）、鵟雕（Buzzard Eagle）、大冠鷲（Serpent Eagle）和海鵰（Fish Eagle，包括白頭海鵰），以及「**真正的**」老鷹——雕屬（*Aquila*）鳥類。所以事實上，「老鷹」這個詞與生物學上的範疇並不怎麼相符，那只是我們語言上的便宜行事而已。

這些鳥類的最大共同點是牠們的體型都大而醒目，而且都位處或接近食物鏈頂端。有人類居住的六大洲都能找到老鷹的蹤跡，分布地區遠至北極圈、經過溫帶和熱帶，再到赤道或更遠處。而牠們對棲地的適應力也非常廣，從高山到沿海、濕原、樹林、森林和草原到炙熱的沙漠都能生存。

至於白頭海鵰本身的棲息環境也相當多元。幾乎整個北美都找得到牠們：從北邊阿拉斯加和加拿大的河流森林地區，遍及美國四十八個地勢較低平的州，到南端的墨西哥北部。亞利桑那州甚至有個族群會將巢築在炙熱乾燥的沙漠中。雖然密度最高的一群白頭海鵰出現在阿拉斯加野外，但我也曾在佛羅里達州麥爾茲堡郊區的某戶住宅見過一對白頭海鵰將巨大的巢築在裡面。面對這麼超現實的一幕，牠們還是對人來人往的當地居民視若無睹，繼續過牠們的日子，而居民也同樣如此。

面對白頭海鵰時，我們首先要注意，牠跟新舊大陸那些頂上無毛的兀鷲不一樣，牠並不是真的禿頭。†牠之所以會有這個名字，是因為成鳥的頭為純白色，從遠處看起來就像無毛一樣。頂

---

* 作者註：想當然，所有俗名裡有「Eagle」一字的各物種，在生物分類法都屬於同一科（鷲鷹科〔Accipitridae〕，包含了鵟、鷹、鷂、鳶和舊大陸的兀鷲），但除此之外，牠們彼此間的關係並不是那麼密切。

† 譯者註：白頭海鵰的英文名 Bald Eagle 直譯的話為禿頭海鵰。

上無毛，加上亮黃色的嘴和腳，讓我們很容易就能區分出牠跟牠北美洲的唯一家族成員金鵰（Golden Eagle）。

除了極其罕見的加州神鷲（California Condor）之外，白頭海鵰這種北美洲最大的猛禽*為海鵰屬（*Haliaeetus*）十個物種中的一個，Haliaeetus 一詞原自希臘文，意為「海鵰」。牠的相近品種是分布於北歐和亞洲的白尾海鵰（White-tailed Eagle），而另一種近親則是同樣有著明亮白頭的非洲魚鵰（African Fish Eagle）。跟同屬內的其他成員一樣，白頭海鵰的主食是魚；牠們會先俯衝，再用利爪獵捕水面上的魚，或從魚鷹或遊隼等鳥兒那裡偷魚（這種行為稱作盜食寄生現象〔kleptoparasitism〕），或是吃一些腐魚肉，例如吃那些從海洋逆流而上產卵後筋疲力盡、被沖到岸邊的鮭魚。†白頭海鵰跟大部分猛禽一樣，是機會主義獵人：只要有機會，就會獵捕各式各樣的哺乳類、爬蟲類和鳥類，包括鸊鷉（Grebe）、大瓣蹼雞（Coot）、海鷗（Gull）和（各種）潛鳥。目前已知牠們能吃的物種，包含擱淺的鯨魚在內一共超過四百種；在美洲猛禽的飲食多樣性方面，牠們僅次於紅尾鵟（Red-tailed Hawk）。[14]

白頭海鵰還有一點贏過其他所有的競爭對手，那就是鳥巢的尺寸。世界上所有的鳥類樹巢中，白頭海鵰所築的巢是最大的，只有澳洲眼斑冢雉（Mallee Fowl）用大量土堆所築的地巢能贏過它。‡《金氏世界紀錄大全》（*Guinness Book of World Records*）裡記載最大的巢，出現在佛羅里達聖彼得堡（St Petersburg）附近，寬二點九公尺、深六公尺，據信重量至少有兩噸重。[15]所以毫無疑問地，雖然牠偷竊寄生現象和食腐的習性讓人覺得有待改進，但牠還是跟牠其他近親一樣令人印象深刻。況且牠們的這種習性並沒有阻止美國幾位開國元勛接納牠，成為實質上的國鳥。

脫離英國獨立六年後的一七八二年六月二十日，愛爾蘭裔國會祕書查爾斯・湯瑪斯（Charles Thomson）發布了美國國徽的最終設計。這項設計最終成為美國的象徵標誌，如同普立茲獎得主戴維斯所說的，「美國歷史上沒有哪一種動物可以同時備受尊崇、又備受指責的。」[16]國徽設計中畫著一隻外貌兇猛、展翅的白頭海鵰，盾牌下有十三個星星（代表參加獨立戰爭的十三殖民

---

* 作者註：白頭海鵰也跟大部分的猛禽一樣，雌鳥體型明顯大於雄鳥：體長各異，從七十公分到一百零二公分左右都有，翼展則介於一點八公尺至二點三公尺之間，成鳥體重大約介於三到六點三公斤之間。見 J. Ferguson-Lees and D. Christie, *Raptors of the World* (London: Christopher Helm, 2001

† 作者註：白頭海鵰也常常會享用被那些灰熊、狼和狐狸所殺的鮭魚等魚類殘骸，有時候牠們會尾隨這些獵食者，方便獲得食物。R. Armstrong, 'The Importance of Fish to Bald Eagles in Southeast Alaska: A Review'（US Forest Service）。

‡ 作者註：眼斑冢雉的巢據測有四點六乘十點六公尺那麼大，若包含築巢材料在內的話，則高達三百公噸重。

地），海鷗嘴裡叼著一個寫著 E Pluribus Unum 的捲軸，亦即拉丁文的「合眾為一」。牠的雙腳一腳抓著橄欖枝，另一腳則抓著一把箭，曖昧地同時呈現了和平與戰爭。與湯瑪斯共同設計的設計師威廉．巴頓（William Barton）解釋，「這隻海鷗象徵了至高無上的權力與威信」。[17] 該項設計先在幾位開國元勛間激烈辯論了好一陣子，再經過三個不同委員會的評選，評選間又放棄了幾項不同的象徵設計，包括由三角形中的上帝之眼、金字塔和以羅馬數字寫成的一七七六年等三者組成的另一項國徽設計。幾經波折下，這一天美國國會通過了該設計。

令人難以置信，白頭海鷗的設計一直拖到最後一刻，才由三個委員會的最後一個提出。而且提出的當時，甚至連白頭海鷗的標誌性白頭都沒畫上去。湯瑪斯鉅細靡遺地解釋白頭海鷗長期以來的象徵、牠的力量與勇氣特質，再加上牠也明確代表了美國而非歐洲，在他具信服力的口吻下，最後終於贏得國會批准。這讓我們忍不住猜想，歷經這麼多年徒勞無功的討論，這時與會者大概什麼設計都會點頭了吧。[18]

但這個結果不是所有人都滿意。持反對意見的人當中，最有名的是美國老政治家富蘭克林。當時德高望重、七十六歲的富蘭克林不願意批准這個新標誌。他在一七八四年一月寫給女兒莎拉的一封信中表示：「就我看來，我不希望選白頭海鷗做為我們國家的象徵。這種鳥沒什麼道德感。牠不會老老實實自己謀生。」[19] 富蘭克林繼續解釋，這種鳥以腐肉為食還會偷竊，這正是問題：牠們站在樹梢上盯著「魚鷹」（Fish Hawk，這裡指鶚〔Osprey〕），當魚鷹抓到魚之後，牠們就俯衝下來偷魚。富蘭克林還批評牠們膽小，就連比麻雀還小的王霸鶲（King Bird）都敢大膽攻擊白頭海鵰，將牠趕出地盤。[20]為了打擊白頭海鵰的名譽，他繼續建議，野化火雞（見第三章）才是較佳選項。「事實上相較之下，火雞比較得人尊重……牠很勇敢，會毫不猶豫攻擊冒昧入侵牠農場的紅衣英國士兵。」[21]

後世的評論者認為這件事被誇大了，設計被批准時富蘭克林並沒有提出反對。[22]他寫下這些，很有可能只是說說笑而已。[23]但無論如何，懷疑的種子已被種下。半個世紀後，著名的鳥類藝術家兼探險家約翰・詹姆斯・奧杜邦（John James Audubon）發表了明顯與富蘭克林一致的意見，這股懷疑的氛圍就擴大了。他寫道，「親愛的讀者，請容我說句話，選（白頭海鵰）當我們國家的象徵實在令人難以接受。」[24]

有一個廣為流傳的說法是，白頭海鵰當初被選上，是因為在獨立戰爭開打的頭幾場戰役中，某一場有海鵰在士兵頭上一面盤旋、一面高聲刺耳地叫著，這個舉動被解讀為「呼喚自由」。二十世紀初期兒童作家莫德・格蘭特（Maude Grant）對此總結：「因此，這些海鵰有著無邊無際的自由精神……牠們已經成為國家的象徵，為這個國家提供了言論及思想自由，還有拓展未來康莊大道的機會。」

將這隻巨大、自由翱翔的白頭海鵰視作象徵，引此驗證美國是世界主要的自由民主堡壘，這不是第一次，也不會是最後一次。事實上，世界上許多因美國而招致禍端的人們，都可以證明實際情況要來得更加複雜。

現今的美國，白頭海鵰的標誌無處不在、稀鬆平常，要說滿坑滿谷也行，於是人們很容易就忽略了它的存在。它除了出現在美國總統印章上（用於聯邦政府官方紙本文件）、也出現在一美元紙幣的背面，市場上隨時都有約一百二十億美元在流通。它還出現在旗幟、軍隊制服、紀念碑、公共建築、護照和其他美國政府發行的官方文件等物件上。全世界的美國大使館和領事館也會將它置於圍欄門和大門等醒目位置。至於不那麼正式的形式，它也出現在「漫威」（Marvel）漫畫的封面，比如《超人》和《美國隊長》，也能被做成「車蓋裝飾、門環、錢夾；胸部紋身，以及一些小物件擺飾」。[25]

最有名的一個或許是一九六九年七月，阿波羅十一號（Apollo11）登陸月球的歷史之旅，當時三位太空人身上都穿了別有白頭海鵰「任務徽章」的太空衣。徽章上的白頭海鵰腳上抓著一根橄欖枝，這根橄欖枝不只巧合地讓人聯想到白鴿（見第二章），同時也呼應了立在月球表面上的紀念牌文字：「我們代表人類為和平而來。」[26]而阿波羅十一號的登月艙也恰巧叫做《鷹號》（*Eagle*），正因如此才會出現下面這句經典的傳世語錄：「《鷹號》已完成著陸。」（The Eagle has landed.）*

美國的開國元勛並不是唯一一個選擇老鷹標誌來合理化和推廣自身權力和威信的政治團體。事實上在任何時代，重要的歷史帝國或文明都很少不以這種方式來利用老鷹。舉例來說，許多北美原住民都將白頭海鵰視為聖鳥：比如稱牠為「天空之鳥」，代表神人之間的靈魂使者；或是稱牠為「雷鳥」，一種超自然的存在，可以如其名般振翅降下雷電，還有不可或缺的雨水。[27]

在美洲其他地區，有兩個主要的（最終也滅亡的）文明也將老鷹置於神話核心，分別是阿茲特克文明和馬雅文明。以阿茲特克文明來說，老鷹同時是戰士，也是太陽誕生的象徵；據說他們的老鷹因為被太陽烤焦了，所以翼尖才呈現黑色。[28]而馬雅文明則選擇了更曖昧的雙頭鷹做為神話核心，牠代表善與惡之間的永恆鬥爭。至於澳洲的三種老鷹中，最大的楔尾鵰（Wedge-tailed Eagle）是當地原住民文化核心，常常與烏鴉互為對立。[29]

---

* 作者註：傑克・希金斯（Jack Higgins）在他一九七五年出版的虛構驚悚小說中拿了這句話當書名（中譯名為《天降雄鷹》），讓這句話又變得更名聲響亮了。該小說敘述納粹密謀暗殺邱吉爾（Winston Churchill）的故事情節，而書名也許是在呼應那個頭朝右的邪惡老鷹勢力。

如各位讀者所料，《聖經》也多次提到老鷹。《舊約聖經》中，掃羅王（Saul）和約拿單（Jonathan）被盛讚「比鷹更快」，[30]而在《新約聖經》最後一卷《啟示錄》中，第四隻活物則「像飛鷹」。[31]至於舊大陸三大最具影響力的早期文明，老鷹同樣有舉足輕重的地位：這三大文明分別是希臘、波斯與羅馬帝國，時間跨度從西元前八世紀到耶穌誕生後的幾世紀之間。在這些古代社會中，老鷹因顯著的力量、長壽和自由的特質，所以被視為至高權力與威信的象徵。牠們是頂級獵食者，又習慣翱翔高空（牠會利用熱氣流高飛，所以也飛得比其他鳥類輕鬆），看起來就像神明一樣，於是乎往後那些終將一死的帝王們都想與老鷹建立連結，藉此共享神力。* 古希臘人明確選擇了老鷹，做為眾神之父與眾人之父宙斯的象徵；在希臘人的多神教社會中，宙斯相當於全能的存在。[32]傳說在宙斯還是洞穴中的小嬰兒時，有隻老鷹曾將帶花蜜帶給祂；後來宙斯和老鷹一起並肩作戰，在戰鬥時還會化身為老鷹。[33]

波斯第一帝國（或稱阿契美尼德〔Achaemenid〕帝國）發跡比希臘晚，國祚也短得多：從西元前五五〇年至西元前三三一年，僅僅兩個多世紀而已。領土大小為五百五十萬平方公里，大約是現今阿根廷的兩倍大，但這樣的大小卻是當時人類史上最大的帝國了。[34]帝國的創立者居魯士大帝（Cyrus the Great）舉著一面「沙赫巴茲」（shahbaz）旗，很可能是一種代表金鵰或東方帝國的老鷹，牠也跟美國國徽上的白頭海鵰一樣呈現展翅樣貌。

居魯士本人堪稱統治者模範：他如眾望那般勇敢強大，有能耐、效率高，對弱者也展現出寬宏大量的氣度。他也如同宙斯一般在仁慈與力量之間取得平衡，而且不只得到臣民的讚賞，就連遠方的希臘帝國也對他讚譽有加。[35]由此來看，做為象徵的老鷹在權力、力量與威信之間取得了細緻的平衡；從另一方面來看，它又協調了智慧與憐憫之間微妙的差異。

要清楚究明老鷹何時、如何、尤其是**為何**從仁慈權力象徵轉變成擾人的殘暴權力象徵，並不容易。我的看法是，儘管要找上好幾世紀才能完整呈現，但這個象徵的轉變實際上始於兩千年前，羅馬帝國的鼎盛時期。

在一九七九年的電影《萬世魔星》（*Monty Python's Life of Brian*）中，虛構的猶太人民陣線（People's Front of Judea）領袖雷格（由約翰．克里斯〔John Cleese〕飾演）問了句名言：「羅馬人為我們做了什麼？」[36]但也許更切題的問法應該是：「羅馬人為**他們自己**做了什麼？」在羅馬帝國之前或之後，幾乎沒有一個帝國會如此殘忍：羅馬人從征服贏得的土地與人民身上獲取經濟利益，但他們對於征服來的人民福祉卻不怎麼感到內疚。所以，當羅馬人用老鷹表現軍事統御與

* 作者註：不過諷刺的是，在北半球的許多文化裡頭，都存在不起眼的小鷦鷯顛覆「鳥中之王」老鷹地位的故事。見 Stephen Moss, *The Wren: A Biography*（London: Square Peg, 2018）。

力量時，其象徵意義真的就意味著比先前的文明更加黑暗邪惡嗎？

之前的各個政權會把老鷹圖案的軍旗和旗幟帶上戰場，但羅馬人做得更進一步：他們設計老鷹標誌，是為了將害怕與恐懼灌輸給敵人，同時鞭策激勵自己的軍隊。這個知名標誌是政治家蓋烏斯．馬略（Gaius Marius）將軍的主意。

西元前一〇五年十月六日，發生於今日法國東南部的阿勞西奧戰役（Battle of Arausio），這場戰事的慘敗為老鷹的象徵意義帶來了關鍵改變。兩支羅馬軍隊對上實力懸殊的對手，兩個缺乏鐵的紀律跟帝國龐大軍事物資奧援的北日耳曼部落，本該輕鬆取勝，然而在羅馬指揮官間長期彼此較勁下，結果大約八萬名士兵加上半數官員和營隊隨扈，全遭殲滅。

這場驚天大敗，給馬略帶來成為羅馬救星的機會。他首先廢棄了五種動物軍旗中的牛、狼、馬和野豬等四種，只留下一種：鷹，或稱阿奎拉（Aquila，拉丁文的鷹、單頭鷹）。這面鷹旗由銀或青銅製成，被固定在長桿頂端，好讓士兵都能看清。在每個軍團裡，這面軍旗會由一名旗手或稱持鷹者（aquilifer）帶入戰場，他唯一的任務就是捍衛這面珍貴的旗幟，必要時甚至得獻出生命保護旗幟。

馬略將標誌由五個減為一個的這個改變看似微小，卻能防止意見分歧與相互較勁，有助於統一整個羅馬軍隊，也讓軍隊對這面強大的象徵標誌忠心耿耿。[37]這個改變對羅馬軍隊而言再重要不過了。每位士兵都將這面鷹旗當成神聖象徵，為它赴湯蹈火。若這面軍旗落入敵人手中，那麼他們輸掉的就不只是戰爭，更是輸掉軍團榮譽。

西元前五十五年的戰役絕佳示範了鷹旗的重要性，當時的羅馬軍隊由尤利烏斯・凱撒（Julius Caesar）領軍，準備入侵不列顛。故事是這樣的，一看見不列顛軍隊聚在灘頭，羅馬軍隊自然不願穿著厚重的盔甲下船，涉過淺灘登岸。根據後來的記載，那時軍團的旗手主動大喊：「跳吧，戰友們，除非你們想向敵人出賣鷹旗。至於我，我會向共和國還有我的將軍盡責。」[38]接著他迅速躍入海中走向岸邊，士兵們在一陣遲疑後，全跟了上來。*多虧了這樣的故事，老鷹才轉頭向前展翼，真正遍及整個羅馬帝國；牠不再單單只是個象徵，更是帝國至高權力的象徵。

大約九個世紀後的西元八〇〇年，神聖羅馬帝國的起源卡洛林王朝查理曼（Charlemagne，即查理大帝〔Charles the Great〕）成為首位經教宗利奧三世（Pope Leo III）加冕的皇帝。為了鞏固脆弱的權力基礎，查理曼重新啟用了原本的羅馬鷹。這次設計與之前相仿，同樣是一隻展開雙翅、頭側向一邊的老鷹。而從十三世紀中期起，神聖羅馬帝國逐漸衰弱，那時的老鷹就開始常常被畫成雙頭的模樣，更添加了曖昧的氛圍。[39]

* 作者註：諷刺的是，這場入侵企圖失敗了；羅馬帝國一直要到快一世紀後的西元四十三年，才在皇帝克勞狄一世〔Claudius〕的帶領下成功征服不列顛。

之後包括腓特烈一世（Frederick I，又稱紅鬍子腓特烈〔Frederick Barbarossa〕）在內的接連好幾位羅馬帝國皇帝都繼續使用這個老鷹象徵，也許這可以稱作早期的「品牌行銷」，而它也的確有效。儘管帝國陸續失去了許多領土，但一直要到一八〇六年的奧斯特利茨戰役（Battle of Austerlitz），末任皇帝法蘭茲二世（Francis II）遭到拿破崙的毀滅性軍事打擊後，帝國才因而解散。歷史學者湯姆・霍蘭（Tom Holland）指出，拿破崙也直接以羅馬鷹為藍本，採用了老鷹標誌。[40]

就像一則老笑話所說，神聖羅馬帝國既不神聖、不羅馬也不帝國；它命途多舛，卻鞏固了老鷹象徵在歐洲的核心地位。這個地位在接下來的一世紀將帶來不可預期又極為不祥的後果。

有時候，特別是政治動盪及改革時期，老鷹象徵就會捲入爭議。一九一九年十一月十一日，也就是第一次世界大戰結束、德國戰敗受辱的一年後，紛爭就這麼開始。當時新成立的德意志共和國第一任總統弗里德里希・艾伯特（Friedrich Ebert）宣布，此後「帝國之鷹」將成為德國國徽（Coat of arms of Germany）。

獲選的鳥並不是引起怒火的主因，主因在它的設計。這隻黑鳥畫得粗糙尖銳，有著醒目的紅嘴、舌頭和雙腳，整體風格實在太過現代主義，難以贏得保守派政治人物批准。而它也招來右翼媒體訕笑，更被另一位那時還不太知名的年輕政治人物斥為「破產的猶太兀鷲」。那人就是阿道夫・希特勒（Adolf Hitler）。[41]

四年後的一九二三年，文化史學者亞瑟・莫勒・范登布魯克（Arthur Moeller van den Bruck）出版了一本書，書中將德國歷史分為三個階段，他稱之為帝國（Reich）。他認為的第一帝國是西元八〇〇年起至一八〇六年的神聖羅馬帝國；第二帝國存在時間較短，又稱德意志帝國（German Empire），從一八七一年起止於一九一八年第一次世界大戰的可恥戰敗。[42]但下一個階段讓德國變得比前兩階段更為有名，實際上來說應是聲名狼藉才對，它的國名就是布魯克的書名《第三帝國》（*Das Dritte Reich*），現今為世人所熟悉的名字也就是這個「第三帝國」。[43]

該書出版兩年後，布魯克在柏林結束了自己的生命。也許幸運的是，他不用活著目睹他提出的危險觀念所帶來的後果，也不用活著目睹接下來十年間，這個觀念是如何激勵了身為藝術家、勞工、軍人和政治家的希特勒，將這個第三德意志帝國概念重塑成「千年帝國」（Thousand-Year Reich），並試著讓它成真。

第三帝國遠遠不及其自吹自擂的程度，從一九三三年至一九四五年僅維持了十二年，但它對全世界的衝擊卻比歷史上其他政治運動都來得大。那頗具威脅性的惡意標誌結合自兩種古德國標誌，共同顯示出納粹統治的恐怖：一隻抓著鑲有卐字花環的老鷹。[44]

希特勒就像一隻有偷竊癖的喜鵲，粗暴地翻找歷史上任何指涉偉大日耳曼民族的典故，好讓他用來激起德國人的愛國主義。所以在他和納粹黨選擇老鷹做為象徵時，他們鐵定知道自己在做什麼。但他的老鷹跟艾伯特總統的老鷹有個關鍵差異：如同我們所見，納粹的老鷹就跟川普的一樣頭都不朝左，而是朝右。這樣的用意在於，看起來就像在面對東方那個希特勒的軍事計畫目標——俄羅斯。

這種面朝右的鷹被重塑為「黨鷹」（Parteiadler），很快就變得無所不在。如同老鷹之於羅馬人，黨鷹同樣也協助了納粹運動，並同樣給予支持者一個近乎神祕的崇高使命。歷史學者賈斯汀．海斯（Justin Hayes）將之形容為「施展古代的共鳴魔法符號」，它能為施展者帶來成功與勝利。同時他也思考著這個問題：「它也許能將配戴者提升到『持鷹者』的地位，讓這群配戴者扮演最為勇敢、自命不凡的軍團士兵」。[45]

這是蓄意呼應羅馬的象徵手法。一八七八年，早在納粹快速崛起前半個世紀，作曲家兼日耳曼民族主義者理察．華格納（Richard Wagner）就寫了一篇題為「德國是什麼？」的文章，文中他公然將他的國家自我形象與羅馬帝國做連結：「在渴望『偉大德國』時，德國人除了夢想復興羅馬帝國之類的事物外，其餘的……都想像不到。**即使是最善良的德國人**，也都會被顯而易見的統治欲望與渴望超越其他民族的至高權力所俘虜。」[46]

毫無意外，希特勒將華格納的哲學思想，放在他自身對何謂德國的扭曲觀點的核心之中。他非常著迷羅馬帝國的力量，稱羅馬是「最佳的導師」，以及「歷來……最偉大的……政治產物」，因為羅馬「成功地統治了所有鄰近民族」。此外他還讚揚羅馬帝國嚴謹的軍事紀律、將羅馬帝國的敬禮調整為納粹惡名昭彰的納粹舉手禮，更推廣羅馬帝國在藝術和建築方面的影響力。最重要的是，他讓老鷹成為納粹象徵手法的核心。[47]

至今我們仍須面對一個棘手的問題：老鷹究竟是正面，還是負面象徵。它是否如同許多古代文化中的那樣，代表著智慧運用權力的美德，還是它已深植於納粹德國和法西斯主義中，所以無可避免成為海斯所說的，它象徵「極權政府的權力與殘暴的種族中心主義」？[48]

另一個觀點是，老鷹的形象早已從鳥類物種本身脫離，成為一種由力量與權力化約而成的便利符號，再被品牌設計師不假思索的採用。不過即使是現在，老鷹象徵仍保有震撼力，若不加以斟酌它那充滿爭議的過去，有時就連使用者本身都會遭到反噬。

二〇〇七年，巴克萊銀行（Barclays Bank）嘗試收購荷蘭的荷蘭銀行（ABN AMRO），當時媒體普遍報導該公司已移除了多塞特分行（Dorset branch）屋頂巨大的金屬老鷹雕像，很明顯是在回應荷方認為與納粹鷹象徵相似的疑慮。[49]有人建議如果收購成功，那麼就該永久取消銀行的老鷹標章。[50]但最後收購失敗，所以巴克萊銀行的老鷹還是留著。

與此同時，海勒指出納粹圖像是「史上最有效的身分認同系統」，[51]它一直持續被大眾文化借用，尤其是設計師、搖滾樂團和公司標章。他同時還指出英國服裝品牌倫敦男孩（Boy London）「歷史健忘及公然挪用」納粹鷹意象：他們在「遺產收集系列」（Heritage Collection）的商品，如帽子、夾克和連帽T恤前後都清楚印上了面朝右的老鷹圖案。[52]

這些標誌顯然跟納粹德國有視覺上的連結，於是《每日郵報》（*Daily Mail*）刊登了一則顧客杯葛該品牌的新聞，但儘管如此，情況仍沒有改變。[53]根據海勒所述，以男同性戀為主要客群的該公司還使用了「國家的力量在年輕人身上」（The strength of a nation lies in its youth.）的標語，這句話讓人憶起希特勒恐怖的青年運動口號。[54]

此外，老鷹標誌也被逐利忘義的人們用來吸引更年輕的市場。美國全國步槍協會（National Rifle Association, NRA）用了一隻可愛的卡通人物艾迪鷹（Eddie Eagle）來教導學齡前兒童使用槍枝安全。這點值得讚揚，但若我們得知美國青少年的主要死因為何，就不會這麼想了：二〇二〇年美國有超過四千三百名兒童與青少年死於槍口下。[55]儘管美國全國步槍協會宣稱艾迪鷹有助於減少針對孩童的槍枝暴力，但根據研究顯示沒有明確可測效果。[56]而且眾所周知，此作法是將結束美國槍枝暴力氾濫的責任放在受害孩童身上，而不是成年犯罪者身上。[57]

人們不禁會假設，近期出現在圖像、行銷和政治上的老鷹案例大多是出於意外或懈怠才引用了納粹標誌，而不是出於蓄意挑釁。當然，自古以來也不乏許多以仁慈為目的、並以負責任的態度將老鷹用作智慧與權力象徵的案例。然而若只關注這些善意案例，就會掩蓋住一些以惱人方式不斷援引老鷹的案例。毫無疑問地，當那些極右派白人至上主義人士襲擊國會大廈、驕傲地展示老鷹並大聲喊著「第四帝國」、完成希特勒的志業時，這番場景應值得我們深思。[58]

與此同時，自從白頭海鵰被開國之初的美國首次選為國家象徵以來，美國人民和他們的州政府與聯邦政府，又是如何照顧這些真正的鳥類呢？答案很簡單：「不怎麼照顧。」

如同其他許多猛禽，人類與居住地附近的白頭海鵰長期以來就關係緊繃。跟渡鴉一樣（見第一章），基本上鵰類會與人類競逐自然資源：以白頭海鵰來說就是魚。結果，自歐洲人開始定居北美洲的兩個多世紀以來，這種鳥就遭到無情的迫害。

牠們也是第一批向人類迫害者發出警訊的野鳥。早在十九世紀初奧杜邦就寫道，未來白頭海鵰的數量會嚴重減少，並暗示自然界的其餘部分也是如此：「一個世紀後，我眼中的牠們將不復存在，自然界的燦爛魅力將被掠奪殆盡。」[59]

根據當時估計，北美洲的白頭海鵰數量介於三十萬至五十萬隻之間。但從一九一七年至一九五三年短短不到四十年間，光是阿拉斯加州就有不下十萬隻被射殺。其他還有一些因吃下遭射殺動物屍體而死於鉛中毒的，或是被為了獲取海狸和麝鼠皮跟控制野狼和土狼等獵食者而設下的陷阱所捕獲的。一九三〇年，保育人士警告白頭海鵰有實質滅絕的危險。一位傑出的鳥類學者在雜誌上撰文，將真實世界的白頭海鵰與象徵意涵的白頭海鵰連結起來加以說明，他說道：「除非採取嚴厲的措施來保護這些鳥免於滅絕，否則幾年內，我們就只能在硬幣和美軍軍服上看到美國的白頭海鵰了。」60

然而更糟的還在後頭。發明於十九世紀、但一九三九年才被發現殺蟲效果強大的DDT很快就被譽為「殺蟲神劑」，它可以根絕害蟲，讓農民得以提高產量。然而沒人想到，自一九四〇年代中期起廣泛而不假思索地使用DDT，會帶來什麼樣的後果。

DDT對付害蟲很有效，但也會累積在食物鏈中，越往食物鏈高層累積得越多。待它累積到白頭海鷹等食物鏈頂端的獵食者那時，巨大的傷害開始產生：它使得這些鳥的蛋殼變得異常脆弱，以致無法孵化出幼鳥。

白頭海鵰和遊隼等的猛禽類數量雙雙以前所未見的速度下滑。到了一九六〇年代早期，也就是DDT成為美國農民常態使用的農藥僅僅十年後，白頭海鵰在美國四十八個低地州的數量就只剩下四百一十二對。更糟的是，剩下的幾乎都是頭上頂著經典白羽毛的成鳥，這簡單明瞭的意味著幼鳥沒能倖存下來長大。因為白頭海鵰的壽命可達二十歲，所以矛盾的是，牠們的長壽反而暫時掩蓋了牠們幾乎無法繁殖成功的事實。

按理說，白頭海鵰早該受到一九一八年《候鳥條約法》[61]的保護，更具體來說還受到一九四〇年通過的《白頭海鵰與金鵰保護法案》（*Bald and Golden Eagle Protection Act*）[62]的保護才對。然而事實上，這些法案的效果微乎其微，牠們還是持續被迫害與毒害。直到卡森一九六二年出版《寂靜的春天》一書大聲疾呼[63]，才開啟現代保育運動，潮流也才終於開始轉向。正如戴維斯所言，「整整兩次，美國標誌性的白頭海鵰差點於野外消失，而人類也幫助牠們兩次重返自然。」[64]

儘管曾瀕臨滅絕邊緣，但白頭海鵰的數量還是迅速恢復了。到一九八〇年代初，DDT在美國終被禁用的十年後，據估計其數量已回升至十萬隻；再十年後則約十一萬五千隻，大部分都位於阿拉斯加和加拿大的卑詩省（British Columbia）。最終，一九九五年該物種被聯邦政府從瀕危名單移至近危名單；十二年後的二〇〇七年七月從名單中完全移除。[65]

為了慶祝白頭海鵰從瀕臨滅絕中驚人恢復，每年的六月二十日（最初採用白頭海鵰做為美國象徵的週年紀念），美國老鷹基金會（American Eagle Foundation）都會過「美國老鷹日」（American Eagle Day）。[66]正如基金會創辦人兼主席艾爾．辛西爾（Al Cincere）所言，「由於我們的過錯及忽略……差一點就失去了這份珍貴的國家寶藏，但我們站在一起迎難而上，小心翼翼地把牠們帶回美國的土地、水域和天空中。」[67]戴維斯以他精湛的描述，為白頭海鵰的這趟旅程做出總結，表達了同樣的看法：

> 在二十一世紀，白頭海鵰（*Haliaeetus leucocephalus*）又像過去牠成為美國國鳥前我們所知的那樣，翱翔於廣袤的大陸，這是個圓滿的結局。在這兩個世紀間，牠目睹危機爆發、棲地被侵犯，以及人們指控牠們的獵食方式是種令人髮指的罪責。然後在真正的唯一獵食者面前，這隻美國國鳥獲得了救助、恢復棲地的統治權，以及再度自由煥發。[68]

然而戴維斯的話或許說得太早。二〇一六年十二月，美國魚類及野生動物管理局（US Fish and Wildlife Service）計畫發布許可，允許風力發電業者在接下來三十年內，就算（因撞擊風力渦輪機）意外造成四千隻老鷹死亡也可豁免起訴。[69]二〇一九年十二月，做為川普混亂的總統任期內最後幾個法案，他宣布了《瀕危物種法案》（*Endangered Species Act*）的重大修正，該法案曾將白頭海鵰從瀕危邊緣拯救出來。在決定是否批准可能會傷害到野生生物及棲息地的開發時，此次修正允許將經濟因素納入考量，而這會嚴重削弱法案的力量。[70]然後，根據最近二〇二一年三月的報導，自一九九〇年代中期起，美國東南部各州有數百隻白頭海鵰陸續離奇死亡，死因為溴化物中毒，但溴化物來源至今仍不明。[71]

我們都知道，起初老鷹之所以被如此多的民族與文明選為力量的象徵，是因為牠們的野性，以及不願屈從於人類的特質。因此下面這件事會發生也很就合理了。二〇一五年，還是一般民眾的川普為了幫《時代雜誌》拍攝封面故事，於是決定與白頭海鵰一同入鏡，但過程卻不那麼順利。起初，這隻白頭海鵰（剛好叫「山姆大叔」〔Uncle Sam〕＊）還很安分。但隨著拍攝進行，牠變得越來越焦躁不安，開始拍動翅膀，最後還攻擊川普。這也許是一種現世報吧。72

自然界遭受威脅時必然反撲。它會從實際面反撲，就像白頭海鵰與川普的例子，也會從比喻面反撲。只要人類代理人越無所不能，那野生生物的復仇也就越強大，如同我們將在下一章見到的那樣。

＊ 譯者註：山姆大叔是將美國擬人化後的名稱。

第九章 TREE SPARROW（*Passer montanus*）

09.

樹麻雀

一隻麻雀的生死都是命運預先注定的。
——莎士比亞，《哈姆雷特》，第五幕第二場*

* 編者註：本處採朱生豪譯本。另附梁實秋譯本供參：一隻麻雀死，也是天命。

一九五八年十二月十三日週六，中國上海

新的一天剛破曉，群眾就開始齊聚街頭。眾人湧入城市，揮舞著成千上萬象徵中國共產黨的紅旗，空氣中充斥著可怕的戰吼。噪音高亢震耳欲聾，孩童、學生、農民、工人以及人民解放軍一律動員來抵抗共同敵人。

日出後，屠殺很快就開始。最年長和最年幼的負責警戒，其他人則大肆殺個痛快，一份報紙稱這叫「全面戰爭」。

這支鬆散的軍隊帶著竿子、網子、捕捉器還有槍，一個勁兒無情追趕著他們的目標。其他人則大力敲鍋打盆，干擾並迷惑獵物，不斷吶喊、尖叫、歡呼和大吼。

起初他們的敵人試著群聚在一起，以數量求取安全。不過顯然已無處可逃。漸漸地，牠們一個接著一個掉落地面，或被射殺、或被勒斃，或單純筋疲力盡而死。

這些無助的受害者，死在全中國的街頭、田野、公共公園、私人花園、屋頂及溝渠中。有些甚至在集體被殺前就直接從天上掉下來。到了夜幕低垂時，單是上海就死了近兩萬隻。[1]

雖然我們都很熟悉那些駭人的殘暴屠殺故事了，但在上面的故事中，被屠殺的受害者不是人類，而是麻雀。*或者說，在擁有絕對權力的政黨主席毛澤東所領導的中華人民共和國，領導們給這些受害者冠上了一項罪名——「四害」中的一害。

這場運動是「大躍進」這個廣大政治社會運動的第一場，始於一九五八年一月，目的是根除四種被斥為「害蟲」的動物。當時張貼的各種色彩繽紛的海報中有一張特別毛骨悚然，那是一張畫著四種目標被刀子串起來的海報，用來敦促忠誠的中國人民「除四害！」裡頭有傳播鼠疫的老鼠；散播瘧疾等各種疾病的蚊子；無所不在的惱人蒼蠅；最後也是最重要的，就是會吃掉珍貴種子與穀物、威脅收成的麻雀。

四害當中，麻雀被單獨挑出來成為主要目標，而中國領導階層向來喜歡口號，所以這場運動很快有了名字：「打麻雀運動」。根據政府科學家計算，一隻麻雀每年會吃掉四點五公斤的穀種；因此他們推算，每殺一百萬隻麻雀，就夠額外餵飽六萬人。這道數學題理論上正確，但結果

* 作者註：北美的讀者可能會對這個物種覺得困惑，確切來說，這裡的麻雀指的是樹麻雀（Eurasian Tree Sparrow），是麻雀科（Passeridae）的一員（舊大陸麻雀），學名為 *Passer montanus*。至於美洲樹麻雀（American Tree Sparrow，樹雀鵐）學名為 *Spizelloides arborea*，在生物分類法中屬於不同科別，是新大陸雀鵐科〔Passerellidae〕。在歐洲，樹麻雀主要是一種鄉村鳥類，牠的近親家麻雀（House Sparrow，學名 *Passer domesticus*）則分布於城市。但在中國，家麻雀相對沒那麼常見，樹麻雀已經同時適應了城市與鄉村的生活。

卻徹底事與願違。

自毛澤東一九四九年首次掌權以來，中國人民已經先經歷了十年的可怕匱乏，因此他們急需任何可以吃的食物。想當然，這場活動無論在城市還是在鄉村肯定受歡迎，而且也有助於將整個國家團結在至高無上的領導人之下。成千上萬的麻雀，以及大量的蚊子、蒼蠅和老鼠等三「害」紛紛被射殺。*麻雀巢被搗毀、麻雀蛋和幼鳥被砸碎、打死在地上。一位目擊者如此寫道：

那些麻雀即使於最初的大規模殺戮中倖存下來，但在村民和鎮民從早到晚的追逐和敲鍋打盆下，也根本無法繁殖與棲息，最終力盡而亡。殺死麻雀的方法有許多種，在這場生死搏鬥中全都用上了。[2]

每個人無論男女老少都被期待參與這場活動。某張海報上就畫了一位拿著彈弓的孩童，笑著瞄準毫無防備的麻雀。毛澤東也表示：「所有人民，包括五歲小孩都該被動員來消除這四害。」[3]這場殺戮不限於城市，鄉村的麻雀也同樣被毒餌誘殺、設陷阱捕殺，或被塗在樹枝上的膠粘住。[4]

為了鼓勵這場屠殺，甚至還舉辦了競賽，擁有最多鳥屍的人可以獲得獎賞與褒揚。一位來自中國雲南省的十六歲年輕男子楊舍盟（Yang She-mun，音譯）獨自殺了兩萬隻麻雀，消息上報後成了全國英雄。他趁這些麻雀白天築巢時先找出這些樹，到了晚上再爬上去徒手勒死牠們。

倫敦北部馬斯韋爾山（Muswell Hill）一條繁忙的主要幹道後藏著一座舒適小屋，人們不會預期在這裡能找到什麼僅剩的「打麻雀運動」見證人。不過，住在這兒的周瑛（Esther Cheo Ying）卻一直過著不尋常的生活。

周瑛是位身材矮小、整潔、衣服講究，年近九十的女士。她在那本痛苦、誠實又值得一讀的回憶錄《紅色中國的黑暗鄉村女孩》（*Black Country Girl in Red China*）中講述了她人生的前半段。[5] 她生於一九三二年，父親是中國人，母親是英國人，六歲前都在上海度過。一九三八年父母離異後，她與母親和兩位弟妹回到了英國。然而回到英國並不意味著她年幼時期的動盪就此結束。我們一面喝著咖啡，一面聽著她就事論事的敘述：「我母親愛著她的孩子，卻無法照顧他們。」[6] 三位小孩因此被送去寄養家庭，在英格蘭中部（Midlands）的斯塔福郡（Staffordshire）由她摯愛的養父母「姨父姨母」帶大。

＊ 作者註：一份未經證實但常被引用的報告宣稱，最後總計有十億隻麻雀、十五億隻老鼠、一億公斤的蒼蠅及一千一百萬公斤的蚊子遭殺害。

一九四九年，十七歲的周瑛決定回中國加入紅軍，當時毛澤東的中國共產黨剛剛奪取政權。她燃燒慾望以建設更美好世界的作為，我們今日看來似乎有點天真（尤其她又只認識她自己中文名的那兩個中文字）。她告訴我：「第二次世界大戰後，年輕世代開始以不同的角度看待事情，開始質疑各種事物；當時我們意識到，這個社會並不公平……。」一如吉爾・特威迪（Jill Tweedie）於周瑛回憶錄一九八七年版本的前言所說，她這是在追尋真正的自己。「周瑛懷著滿腔熱忱，期望找回她的中國認同，於是她努力隱藏自身那個英國的『艾斯特』（Esther）。」7

儘管她在反抗毛澤東僵化的獨裁政權時，有時還是會顯露出英國的那一面，但在接下來的十年間，她還是做到了。當整座城市都在撲殺犬隻預防狂犬病時，就算她將因此失去寵物而心碎，一度不願服從，但最後她還是殺死了自己心愛的狗。

然而漸漸地，周瑛被迫違背意願行事，而她也不再緘默。「我一直很叛逆。起初我也像大家一樣著迷。之後我開始質疑一些我不該質疑的事。」在下達殺麻雀的命令時，她的叛逆之心已然沸騰。當時周瑛任職北京英語廣播電台，她回憶道：「這一切都該停止」。隔天清晨，成千上萬的民眾蜂擁上街，開始殺戮。

她是電台員工中唯一沒參加的。就連她聰明受過教育的同事好友林薇（Wei Ling，音譯）也加入了。周瑛回憶，「她像個野蠻人一樣跑來跑去，眼神呆滯地敲著鈸」：

我坐在窗前，一臉厭惡地看著我的同事。每當筋疲力盡的麻雀摔落地面、被歇斯底里尖叫的暴民踩死時，一些人就激動得嘴角泛白。林薇得意洋洋地撿起一隻扁掉的麻雀，笑著扔向我。

周瑛給我看了張褪色黑白照片，上面的她抱著一隻翅膀受傷的幼燕，牠是這場屠殺中數百萬的無辜受害者之一。「我發現這隻可憐的小鳥時，我才真正想開始破壞這場運動。我只想說『去你的毛主席──我才不參加！』」

我相當驚訝，但不是驚訝這位令人敬佩的女士有這種反政府的念頭，而是她不管潛在的嚴重後果就大聲疾呼出來。她是怎麼反叛宛如神般有著絕對權力的皇帝，還能逃出來的？

她告訴我，也許是因為她當過紅軍，所以在中產階級的同事中因此有了特殊地位。此外，周瑛的母親婚前是一名女清潔工，這也幫她增加了一個勞工階級的認證。「還有因為當時我還不能流暢地說寫中文，所以我想他們大概是把我當成半文盲農民吧！所以我也不用加入這場謀殺。」

不過當時有一點可以肯定，周瑛的英國認同勝過了中國認同。*

* 作者註：周瑛最後在一九六〇年代帶著她兩名年幼的兒子（經由柏林）回到了英國，並跟她的首任丈夫離婚後改嫁給一名難民兒童運動（**Kindertransport**）的猶太難民蘭斯．薩姆森（**Lance Samson**，他碰巧也跟周瑛一樣在一九

除四害運動的細節在世全界激起餘波盪漾，《紐約時報》揶揄稱這些麻雀為「有羽毛的『反革命分子』，毫無例外是五年計畫的威脅」。《時代》雜誌的態度則較為嚴肅，他們引用北京《人民日報》的勝利報導，報導中的語調就跟戰時的對敵宣傳如出一轍：「戰勝前每位戰士都不該撤退。所有人都該勇敢熱烈地投入戰場；我們必須鍥而不捨地保有革命者的頑強態度。」[8]根據《時代》雜誌報導，在中國的首都北京，一天就有三百萬人參與這場屠殺：*

清晨五點鐘，號角響起、敲響鈸聲、哨聲四起。聚集的學生敲著他們的廚房器具前進著，一如北京廣播電台所述，他們唱著慷慨激昂的革命歌曲：「起來！起來！起來！我們萬眾一心，冒著敵人的炮火，前進。」[9]

這場活動發起不到一年，華裔醫生兼作家韓素音（Han Suyin）寫了篇文章刊登在一九五九年十月的《紐約客》（*The New Yorker*）週刊上，極其生動地描述這場屠殺。她憶起當時與已故父親的老僕人薛媽起了爭論，他堅決反對殺這些麻雀，但兩人的對話被屋外突然響起的揚聲器打斷。韓素音回憶起揚聲器高聲說道：「我們的科學家已經發現，麻雀飛行兩個小時後就會筋疲力盡從天上掉下來，這時就能輕鬆捕捉。在對抗公敵的崇高鬥爭中，我們的策略是不讓牠們在任何地方休息，無論是屋頂、牆上還是樹上。**讓麻雀一直飛！**」[10]

一經中央公告後，不只沒有轉圜餘地，後續該如何完成目標的詳細施行細則也一一下達。幹部指示家庭主婦將鈴鐺綁在稻草人上面，再將它們放在樹上和煙囪等戰略高點。學生則被告知在竿子末端綁上飄動的布條，再用它們追趕騷擾麻雀。其他人則被敦促著組隊一邊敲打一些家用品，一邊高聲呼叫，以確保麻雀一刻都不得休息。[11]

隔天早上破曉前，韓素音親眼目睹了一場麻雀對抗戰，一隊隊的男男女女聚集在街頭準備作戰。她回憶，起初麻雀一小群一小群的四處飛，但很快就開始散開，不是停在樹上，就是停在電報線上。每當這些麻雀要降落時，眾人就會用長竿驅趕或接連發出噪音大喊把牠們嚇飛。牠們實在無處可躲。[12]被噪音騷擾到的還不只麻雀：韓素音也看見雨燕、烏鴉和喜鵲等一群鳥兒也近乎瘋狂的四處亂飛。

這也難免，被殺掉的不會只有麻雀。魯曉鵬（Sheldon Lou，這場屠殺運動進行時他還是個北京青年，之後成為加州大學教授）在他二〇〇五年的回憶錄[13]中想起曾對一位友人提出的疑慮：

三八年抵達英國）。過了十幾年，一九八〇年，她終於得以再返回中國。

* 作者註：歷史上北京的英文拼音為 Peking，但在一九二八年至一九四九年間南京取代北京為首都的期間，北京更名為北平（Beiping）。而「Peking」這個拼音則一直在國際上使用到一九七九年為止。

「我們怎麼確定只會殺到麻雀，不會殺到其他鳥？」想當然，他們確實無法確定。周瑛也想起在那之後的一段時間裡，她在北京幾乎沒看見什麼鳥。「雨燕好多年都沒回來。我會仰望天安門和天壇，想著這片美好藍天之中少了什麼，之後想到：原來少了雨燕。」[14]

對於身陷屠殺核心的韓素音來說，事情之後有了意想不到的轉折。她回到她父親的家時，居民委員會的翁同志跟她打招呼。他鄭重告訴韓素音，事情進行得非常順利，但他們碰上了障礙：她父親的僕人拒絕讓捕雀隊進屋。並說她必須合作對抗麻雀，薛媽則駁斥，據她回憶老一輩都以慈善容忍的態度對待這些麻雀。「在我那個時代，沒有什麼打麻雀這種事。我是個鄉村婦女，我們只有在饑荒時才抓麻雀吃。」[15]

翁同志的回答則簡潔有力。「現在不會再有饑荒了。」以事後諸葛來說，這些話聽來實在相當諷刺。

這場麻雀對抗戰持續了一整天。隔天凌晨四點四十五分，「一陣警報又再次將我們投入戰爭」。韓素音在那些倖存下來的麻雀身上看到微妙變化，牠們對這一連串攻擊已越來越絕望。現在麻雀又更少了，而且飛得更飄忽不定，這些倖存的麻雀已接近筋疲力盡。如果有麻雀掉落地面，脖子就會立刻被套上繩索勒死，「再跟那些窒息而死的麻雀綁成一串，背負在那些堅決的小紅巾少年先鋒隊身上」。[16]當天傍晚，韓素音看見一輛輛滿載著成千上萬麻雀屍體的車子穿越大街小巷。車邊匆匆忙忙漆上了顯眼的口號「跟麻雀奮戰到底！勇往直前消滅麻雀禍害！」事情也確實如此：單單兩天內，光是北京估計就有八十萬隻麻雀受害。

還是有一些鳥差點就能逃脫。一群飛入波蘭大使館的麻雀起初還得到外交人員的庇護，當時使館人員斬釘截鐵地拒絕暴民入館的要求。不過麻雀也只得到短暫的庇護：使館很快就被這些不斷敲鑼打鼓的群眾包圍了兩天兩夜。最後，使館人員還是得剷走館內上百隻的死麻雀。

從表面上看來，這場打麻雀運動取得了莫大的成功。據稱有十億隻麻雀遭殺害，雖然這數字可能有點誇張，不過毫無疑問，確實有上億隻麻雀喪生。在這場大屠殺後，該物種在中國馬上就瀕臨滅絕。而整起事件最扭曲的部分是，幾年後中國卻不得不自蘇聯進口二十五萬隻樹麻雀，以彌補那些被蹂躪的數量缺口。[17]

這場大屠殺後不到一年，可怕的後果降臨。一九五九年六月至七月的稻米收成淪為一場災難。當時產量會驟降，理由很簡單：雖然麻雀秋冬確實以種子與穀物為食，但繁殖季節的成鳥得用幾百萬隻昆蟲餵食幼鳥。現在所有的麻雀都消失了，因此包含最具破壞力的大批蝗蟲在內，許多昆蟲都能把珍貴的穀物洗劫一空。*

* 作者註：美國政治史學者茱迪絲．夏布洛（Judith Shapiro）指出，打麻雀運動並非引發後續事件的唯一原因：「導致饑荒的原因不少，還包括全民大煉鋼以及錯誤的農業政策，例如密植。」

然而，就算全國性饑荒的跡象越來越明顯，最終將導致上百萬中國人死亡，但整個一九五九年還是不斷在推廣鼓勵殺麻雀。最後在該年年底，毛澤東突然宣布打麻雀運動結束，並將「四害」中的麻雀改為臭蟲。因為這次政策急轉彎，許多國營媒體開始撰文譴責人們激情支持過的大屠殺行動，那也不過才一年多前的事而已。

周瑛還記得，她曾一邊給她的朋友林薇看《人民日報》的影本，一邊表示她是對的。林薇簡短反駁道：「我會記得你是怎麼說我們摯愛的主席的，你違背了黨的命令。那不可原諒。」[18]

所以，是什麼導致政策突如其來的轉變？主要是兩位有洞察力與勇氣兼具的科學家鄭作新與朱洗，他們敢於質疑支持屠殺麻雀的科學理論。

鄭作新（一九〇六至一九九八年）從小就對大自然感興趣。自美國畢業後，身為動物學者的他回到中國，專職鳥類研究。毛澤東發動共產革命掌權後一年，一九五〇年他搬到北京，隔年協助成立中央自然博物館籌備處（現今為國家自然博物館）。除四害運動開始時，鄭作新立即意識到，若自精細的生態系統內除掉樹麻雀，那可能會引發潛在災難。不過他當時仍需要證據。接下來的一年裡，他與同事朱洗合作，有條不紊地檢視麻雀的消化系統。

這兩位科學家找到了他們期待的確切證據：繁殖季的麻雀胃裡有四分之三是昆蟲，而種子與穀物只占四分之一。因此，麻雀雖然確實吃掉了一些收穫，但這些損失仍可藉由牠們控制害蟲所帶來的益處彌補。了解到這項發現的重要性後，他們立即連絡中國科學院，學院再告知中國共產黨，這才有了政策上意想不到的逆轉。

你可能會想，這兩位科學家應該會被稱為英雄吧。不過這樣想，就誤判了中國共產黨頑強的意識形態：他們永遠不會承認這場大錯特錯的災難。所以，雖然這項發現讓打麻雀運動戛然而止，但他們兩位也因膽敢疾呼反對官方政策而惹上禍端。

鄭作新曾在美國做過研究，也跟東德和蘇聯的鳥類學者長期合作，所以早就備受懷疑。儘管他完全正確，但因為勇於發聲反對屠殺麻雀，於是處境變得艱難。鄭作新在後來的反智氛圍下被迫中止科學研究工作，還被判有罪，套一句當時流行的歐威爾式（Orwellian）*口號來說，就是「擁有的知識越多，就越是反動分子。」當局辦了一場（動過手腳的）鳥類學考試，來檢測鄭作新的鳥類學者資格，未通過的話就得去掃廁所，以示懲罰。一九六六年，他被送入牛棚單獨監禁，當時紅衛兵還沒收了他最珍惜的東西：打字機，他用這台打字機寫下了許多重要的科學論文。

* 譯者註：譬喻政府試圖控制人民所有大大小小的事。

一九七六年九月毛澤東去世後，對學者的敵對氣氛開始軟化。鄭作新的中國鳥類代表作也終於發行，但惱人的是，他被迫在序言加入毛澤東的話。[19]他漸漸重獲自由，最後前往英國，在那裡與知名的自然保護主義者彼得・史考特爵士（Sir Peter Scott）合作。

被譽為中國現代鳥類學奠基者的鄭作新於一九九八年七月逝世，享耆壽九十一歲。在漫長的一生中，他共出版了一百四十篇科學論文，超過兩百六十篇文章和短文，二十本專著和三十本書。*

鄭作新的處境雖然有改善，但也沒能完全從打麻雀運動的影響中恢復。話雖如此，至少他得以倖存，沒有隨千千萬萬人一同死去。

從人類的苦痛遭遇來看，打麻雀運動絕對是史上最大的人禍。在一九五九年到一九六一年這短短不到的三年間大約就有一千五百萬人至五千五百萬人死亡，這場災難後來被稱為中國大饑荒，是對早先那幾場運動的諷刺呼應。[20]從這點來看，這個預估死亡數字還高於死於第一次世界大戰時的四千萬人。[21]

實際上，並不是每個人都死於饑荒。根據美國歷史學者強納森・莫斯基（Jonathan Mirsky）所言，那些拒絕參加黨的政治運動的人會遭到拘禁、虐待、殺害以及害整個家族被牽連。[22]而且因為「政治批評會議」，那些異議人士最後也常遭到暴力對待，於是人們開始噤若寒蟬。荷蘭歷史學者馮客（Frank Dikötter）在《毛澤東的大饑荒》（*Mao's Great Famine*）[23]一書中估計，有超過兩百五十萬人遭毆打或虐待致死，同時有三百萬人不願面對慢性餓死，選擇自殺了結生命。

隨著饑荒一發不可收拾，不滿情緒已瀕臨公然叛亂的邊緣，對於質疑政策的人，懲罰也日漸嚴厲。許多受害者或遭虐待、或被打殘、甚至被逼吃屎喝尿；也有些被滾燙的熱水活活燙死、丟入村裡的池塘溺死或活埋。[24]目擊者陳述了真正的可怕之處，中國共產黨信陽地區專員祕書余德鴻回憶：「一百多具屍體在野外沒人埋，走到河塘兩邊的葦塘裡，又看到一百多具屍體。外面傳說屍體被狗吃了，還說狗吃人吃紅了眼。這是不符合事實的，狗早被人吃完了，那時哪有狗？」[25]

中國記者楊繼繩在二〇一二年出版的《墓碑：中國六十年代大饑荒紀實》（*Tombstone: The Untold Story of Mao's Great Famine*）[26]†一書中揭露了饑荒的恐怖後果。在中國河南省一座城市裡有八分之一人口、超過一百萬人死亡。一座村莊裡四十五位村民，有四十四位往生；唯一倖存者是

---

* 作者註：以他名字命名的物種共有兩種：鄭氏沙鼠（*Meriones chengi*，一種嚙齒動物）和二〇一五年發現的四川蝗鶯（*Locustella chengi*）。

† 譯者註：該書中文版已於二〇〇八年在香港出版，二〇一二年出版的為英譯版。

個老太太，最後也瘋了。在其他地方，一位失去雙親的少女殺了四歲的弟弟後吃掉他。

絕望透頂的人們，就連家中有人死去，其餘的家人也會保留屍體假裝人還活著，這樣他們就能繼續請領死去家屬那份少得可憐的食物配給。同時，他們任由老鼠啃食腐爛的屍體；諷刺的是，老鼠當時還是應該要根除的「四害」之一。

這場恐怖的大饑荒發生時，楊繼繩還只是個青少年。他想起有次放學回家，看見瀕臨死亡的父親。「他想伸出手招呼我，但沒有伸起來，只是動了動。……原來通常說的『瘦得皮包骨』是這樣的恐怖與殘忍！」[27]

然而，楊繼繩對共產黨的信念很堅定，堅定到他不認為失去家庭與全國死了百萬人有什麼關係。據他回憶，他認為父親的死與政府政策所延伸來的政治社會後果無關，那純粹就是他一個家庭的不幸。[28]

打麻雀運動並非無中生有，它其來有自。那是科學無知與權力不受控的致命結合，兩者共同將過去十年來的政策與一連串實踐上的長期錯誤一併推向高潮的結果。該歸咎誰很明顯了，大概就是那位史上最全能的人：毛澤東。

毛澤東毫不妥協的強硬政治意識形態又稱作毛主義（Maoism），這種思想被形容為「史上對人類操控最具野心的嘗試之一」。[29]毫無疑問，將六億五千萬人收納為統一國家最有效的方式，就是要求所有人民對毛澤東如同神一般的統治表示絕對服從。*但這種執意冷酷的方法不只迫害了自己的人民，更對大自然發動了連續戰爭。[30]如同環保人士戴晴所述，毛澤東是最危險的人物，他是環境與生態上的文盲暴君：「毛澤東完全不理解動物。他也不想討論他的計畫或傾聽專家意見。他隨興決定要除掉哪『四害』。」[31]

打麻雀運動雖然是一個最嚴重最致命的例子，但它絕不是唯一一次人類出於驕傲與忽視才引發的對鳥類全面戰爭。我們人類縱使握有更多的知識、科技與資源，但對鳥類發起戰爭，最終卻還是往往落得失敗的下場。快一個世紀前在澳洲西部沙漠發生的這場詭異衝突，就將這點表現得淋漓盡致。

一九三二年十一月的一個美好春日，天剛破曉，戰爭就隨之開始。車輛載著皇家澳大利亞砲兵（Royal Australian Artillery）抵達西澳的坎皮恩定居地（Campion, Soldier settlement），這個地方當初是為了安置第一次世界大戰的退伍士兵所搭建的。士兵們開始快速開箱設置兩挺路易士機槍

* 作者註：周瑛甚至聲稱，在一個百分之九十的人民都是文盲的國家，這也許是唯一有效的管理方法。

（Lewis light machine gun）和約一萬發彈藥。不到幾分鐘，他們就看見了敵人：全部齊聚於這片紅土地上，數量五十隻，每隻幾乎都高達兩公尺。

第七種炮兵團少校指揮官梅爾迪（G. P. W. Meredith）下令包圍敵人，逼牠們靠近炮口。不幸的是，他低估了敵人：敵人分散成一小群一小群，縱使士兵們努力射殺了十幾隻，但其餘的還是逃跑了。

兩天後，梅爾迪和士兵們設下埋伏，他們看見不下一千隻的數量朝他們而來。他們這次一定可以完成任務。但運氣沒那麼好：開了幾槍後路易士機槍就卡彈，敵人們也集體安全逃跑了。

接下來幾天，梅爾迪和他的軍隊還是不斷跟蹤目標。他們改變策略，將一挺路易士機槍裝在卡車上，但敵人跑得比他們還快，而且路面顛簸，讓士兵無法開槍。一位士兵悔恨地表示，日子一天天過，敵人也一天天越來越有組織：「牠們每一群看起來都有自己的領袖，這個領袖站起來足足有六呎高；當牠的同伴們參與這場破壞戰爭時，牠隨時保持警戒，並通知同伴我們靠近了。」[32]

到了十一月八日，也就是行動開始後一週，士兵們開了兩千五百發左右的彈藥，卻沒什麼效果。他們漸漸意識到他們嚴重錯估了敵人，於是下令撤退。懊悔的梅爾迪少校將敵人與另一群傳奇戰士比較：「牠們像無堅不摧的坦克一樣能抵禦機槍。就像祖魯人*，連子彈也阻止不了。」[33]但根據該事件的正式官方報告指出，唯一令人安慰的是沒有士兵傷亡。這一點也不令人意外，因為敵人並非人類，而是澳洲最大型的鳥類：鴯鶓，別名澳洲鴕鳥。

前述的這起行動是「大鴯鶓戰爭」（Great Emu War）的開場。如同樹麻雀的故事，這是另一則有益的故事，說的是一則試著對某單一鳥種的「種族清洗」。

這場戰爭出於一個看似非常正當的理由。那時鴯鶓為了尋找食物與水源，就從原本廣大荒涼的澳洲內陸地區晃到了西澳。但人們早已在那裡建立定居地，也在那裡耕種，此時的鴯鶓就成了大問題。這個議題可以追溯到一九三二年十月，當時世界性大蕭條導致小麥價格下滑，嚴重打擊了農民的經濟。屋漏偏逢連夜雨，這時又有兩萬多隻鴯鶓找上門來。

鴯鶓是世界上最高大的鳥之一[†]，也就是說，這種鳥是難纏的敵人。牠們不只會吃作物，會踐踏作物，還會穿破籬笆，如此一來另一種「有害動物」兔子就會跑進田裡覓食。

---

* 譯者註：祖魯人為南非的部落民族，以堅強勇敢、驍勇善戰聞名。

† 作者註：一隻成年鴯鶓（*Dromaius novaehollandiae*）可以高達一點九公尺，重達六十公斤，短跑時速超過五十公里，讓牠們很容易就逃出人類的追捕。身高只有鴕鳥比牠高，體重也只有鴕鳥和鶴鴕比牠重。

面對這種情勢，顯然得要有什麼作為。一組退伍軍人前往遊說國防部長喬治・皮爾斯爵士（Sir George Pearce），他們建議用機關槍來殺死或驅散這群鴯鶓。他欣然同意：這不僅為軍隊提供了急需的射擊練習，在政治上也可得利，藉此阻止西澳鄉村地區的反叛，進而導致該州從國家政府取得獨立。

皮爾斯預期軍隊會取勝，於是就安排了福斯影音新聞（Fox Movietone）的攝影師一同參與，好為這件事拍攝新聞短片。然而最終製成的短片反倒成了著重宣傳，而不重（農民）不便實情的經典範例。34

新聞片段以典型輕快的音樂開場，標題為「西澳鴯鶓之戰——軍隊機關槍挺進坎皮恩助農民擊退搶匪之鳥。」新聞主播先以急促的語調為場景定調，接著發表以下幽默評論時指出，「行進軍隊的偵查兵」、「我們的小夥子」還有「敵人用牠們的潛望鏡審度局勢」——鴯鶓常常向上延伸的頸子。主播樂觀地總結道（結果卻大錯特錯）：「情勢扭轉了，不是這些鳥趕走農民，而是未來這裡不會再有危害了。」

起先一週內，這些鴯鶓還是持續破壞著珍貴的作物，軍隊準備發動第二波屠殺。但這次成功獵殺的數量一樣少得可憐：大約一週一百隻。以這個速率的話大概要花上好幾年才能見到實質效果；而且梅爾迪為了面子，也可能誇大鴯鶓的獵殺數量。

但一切都太遲了，議會已經在辯論這場大敗。一位國會議員被問到是否該頒發官方獎章給這些參戰士兵，他則沒好氣的回答，如果要頒獎的話那也要頒給那些鴯鶓，因為牠們「目前為止每一回合都贏」。[35]

直到今天，大鴯鶓戰爭仍舊是人類史上唯一正規軍隊被鳥擊敗的案例。或者我們可以這麼說比數：鴯鶓一分，人類零分。

回到中國這場六十多年前發起的打麻雀運動，我們要問一個運動後留下的關鍵問題：如果有造成影響的話，那麼這場大屠殺對麻雀的命運造成了什麼關鍵性的長期影響？*

樹麻雀這種鳴禽已經演化出能迅速從異常事件中快速恢復的能力，比如遇上颶風或嚴冬等自然災害，或是遇上殺麻雀這類的人為事件。牠們每年會生兩、三窩幼鳥，而且單一繁殖季就能孵出十隻以上。這意味著只要棲息地完整、食物供應無虞，那麼數量很快就能再度恢復正常。很顯然在中國就是這樣。[36]

---

* 作者註：好消息是，根據國際鳥盟的說法，樹麻雀現今被劃分為「無危」物種。全球數量估計在一億九千萬到三億一千萬隻之間，繁殖範圍約為九千九百萬平方公里。見國際鳥盟網站。

然而，雖然速度沒有快到引人注意，但全世界樹麻雀的數量確實正穩定緩慢的下滑。其中個別區域的下滑情形比全球嚴重：在英國，樹麻雀是下滑速度最快的鳥類之一，儘管最近數量已趨於穩定，但自一九七〇年代起已減少了百分之九十五，主要是因為喪失棲息地和合適食物短缺之故。[37]而在歐洲大陸，樹麻雀的數量也同樣逐漸下滑中。

不過在整個溫帶亞洲地區，這個物種仍然很常見且分布廣闊。在中國，雖然數量難以估算，但城市及鄉村都很常見到麻雀繁殖。然而在中國的大型都市牠們卻面臨威脅；這些威脅不是因為蓄意殺害，而是因為都市發展、棲地零碎化，以及人為干擾。

二〇〇八年，三位中國研究員發表了一份研究，旨在探討中國第二大城北京的樹麻雀在繁殖季和冬季的狀況。[38]北京現有兩千一百萬名居民，人口是一九五八年打麻雀運動的七倍之多。以現在人口年增長率百分之二計算，預估到了二〇三七年，北京人口將達到兩千五百萬人以上。

這對北京的樹麻雀來說是個壞消息。調查過八個城區的郊區、公園和市中心後，研究人員發現，越是都市化的建物道路密集區，麻雀的數量就越是下滑。反之，公園那些有樹的綠地能讓麻雀的數量維持先前的水準。研究總結道，「**雖然樹麻雀是個能適應大多數環境的物種**，但牠還是一直沒適應快速的都市化」，所以「都市計畫應該要將鳥類……納入規劃考量。」

與此同時，一九九三年十二月，荷蘭的鹿特丹港發現了一批貨物，裡頭是兩百萬隻冷凍樹麻雀。當時這批貨正要從中國運往義大利，有可能是用在人類消費上。[39]如同已故鳥類學者、專精麻雀研究的丹尼斯・薩默斯—史密斯（Denis Summers-Smith）所言，「雖然這種貿易並不違法，但以這種速率捕獵的話，那牠們絕對承受不住。」[40]

二〇一六年，香港首次進行樹麻雀普查。[41]麻雀是少數能在香港市中心成長茁壯的鳥類之一，普查結果也證實了這點，估計總數為三十二萬隻。在那之後每年都會進行一次普查：二〇二〇年的普查估計有二十六萬隻，平均每平方公里兩百三十五隻。[42]

以全球尺度來看，樹麻雀的近親家麻雀，牠「光是幾乎完全依賴人賴」的這個生活習慣，長期下來讓牠們不斷得到好處。[43]多虧與人類關係親密，家麻雀已經能夠從原生地歐洲和亞洲擴展到美洲、非洲與澳大拉西亞生活，牠現在已是世界上最常見、最成功的一種鳥類。然而過去數十年來，歐洲家麻雀的數量已經減少了將近二億五千萬隻。這顯示出就算一種鳥再怎麼常見、分布再怎麼廣，我們不能、也不該將牠會持續存在這件事視為理所當然。[44]

我們能從一九五八年的事件中得到什麼大教訓？中國的話似乎沒有。在這場人員傷亡巨大的事件過了六十多年後的今天，打麻雀運動仍然是個禁忌。在提起這件事時，這場饑荒通常被委婉形容成「三年困難時期」或「三年自然災害」，歷史學者也暗示這該歸咎於洪水或乾旱等極端氣候。然而馮客卻強烈駁斥這個說法，他表示饑荒持續得比之前認為的還久，整整四年，而且起因幾乎完全就是出於政治。他總結道，「饑荒一詞給人的印象是缺少糧食、然後人們逐漸餓死，這個用語太不負責任……更恰當的說法應該是『大規模謀殺』。」[45]

著名英國籍華裔作家張戎和她的丈夫愛爾蘭歷史學者喬・哈利戴（Jon Halliday）絕對會同意這個意見。他們在二〇〇五年合著的毛澤東傳記中揭發了真相：毛澤東已經準備好接受大量死亡是實行激進大躍進政策的必然結果。[46]當死亡人數逐漸明顯上升時，中國外交部長陳毅於一九五八年十一月宣稱：「這一點代價應該付出，不值得大驚小怪。在戰場上班房裡不知犧牲了多少人，現在有點疾病、傷亡算不了什麼！」[47]

這個看法與毛澤東相同，事實上，或許這正是他本人的想法。一年後上海的一場祕密會議上，毛表示：「大家吃不飽，大家死，不如死一半，讓另一半人能吃飽。」[48]

歷史學者芮納・米德（Rana Mitter）在評論楊繼繩的《墓碑》一書時表示，所有饑荒基本上都是政治決策，而非自然災害的結果。他同時指出，在錯誤政策所導致的災難後果逐漸明朗時，中國的政治家甚至還拒絕改變方向：

> 那是領導階層陷入逃避罪責的時刻……楊繼繩的書不只是在為父親和其他饑荒受害者立墓碑，更是在為當時共產黨領導層的名譽立墓碑；那時他們應該有所行動，卻未這麼做。[49]

在向周瑛告別前，我問她是否曾與前同事就那幾年的麻雀屠殺中所發生的事有過爭執。她說有。她其中一位同事如此回她：「你是對的，但時機不對。」在極權統治的束縛下，這種異議根本無效，也難以撼動。

打麻雀運動是促成這場前所未見人類災難的部分原因，它顯示出社會與基礎生態事實脫節所帶來的危險。這就一如英國環境作家麥可．麥卡錫（Michael McCarthy）於二〇一一年所說的：

在這幾個世紀所有獨裁者犯下的嚴重錯誤中，毛澤東的麻雀死刑屬於奇怪的一類。奇怪之處不在於規模或殘忍度，而在於以他自身的角度來看很合理：這是追求科學社會主義的合理結果，再加上他擁有方法及手段可用來執行這個社會主義，也就是服從於他任何衝動的六億人民。然而，以上這些全是幻想。50

對麥卡錫而言，毛澤東的打麻雀運動，是中國領導人以危險且錯誤的態度面對自然界的典型範例：無非就是幻想他能實際征服自然，使自然臣服在自己的意志與慾望之下，就如同他對中國人民所做的那樣。「自然不是拿來尊重的；它只是一種利用資源；山川就該被征服；它們應該服從人類意志。」毛澤東內心的政治及經濟哲學口號，就是「人類征服自然。」51

這種哲學與現代大部分中國人民的看法相當不協調，我們可以從一九九七年劇作家沙葉新諷刺的自我質問中清楚看見這點。他如此自問時，已是親眼目睹這一切的近四十年後了：

麻雀跟知識分子一樣都有些缺點。牠們都會跳上旗桿，好讓自己顯得很重要。當牠們位居高位時總喜歡吱吱喳喳叫，就像知識分子喜歡高談闊論一樣……但麻雀終究會盡責抓害蟲，就像知識分子會老實的苦幹實幹，並且做擅長的事……牠們的貢獻遠比缺點多……所以我們怎麼能屠殺牠們呢？牠們也許有幾個行為不正的，但也只是極少數，根本沒道理動員全人類去滅掉整個物種。[52]

或以自然作家查理．吉爾摩（Charlie Gilmour，周瑛的孫子）的話來說，毛澤東就是極權主義版的老太太吞蒼蠅。[53]

*

然而也許，除四害運動加上政治人物與人民一同欣然支持這種造成環境災難的政策，這件事帶給我們的最大教訓，就是一切很容易重蹈覆轍。

中國確實已重蹈覆轍。一九九八年，也就是首次發起除四害運動的四十年後，一切又在西南部的重慶市重新復活了。海報督促著人們「除四害」。[54]之後，到了二〇〇四年一月，中國政府宣布發起毛澤東式的「愛國根除運動」對抗麝貓、獾、貉和蟑螂；牠們身上被控藏有並傳播嚴重急性呼吸道症候群（SARS）病毒。[55]不過世界衛生組織（World Health Organization, WHO）立刻指出殺掉牠們會適得其反。因為在殺死、棄置這些動物時會與牠們近距離接觸，這讓人們**更可能**遭感染，並且無意中傳播這個危險疾病。

中國不只無法從自身過去的錯誤中得到教訓，似乎還會重蹈覆轍。但這絕非唯一例子，所有擁有絕對權力的領導人本能反應所採取的民粹主義政策，最終都將對人民以及環境產生潛在不可逆的傷害†：比如美國前總統川普及巴西前總統雅伊爾・波索納洛（Jair Bolsonaro）。此外，我們這代人現在也面臨著最大的存在威脅：前所未見的氣候緊急狀態正威脅著人類及野生動植物。

在最終章，我將專注探討一個物種，牠是所有物種中最能體現這個威脅所造成的附帶傷害的一個。

---

* 譯者註：該典故源自一首民謠，說的是一位老太太誤吞了一隻蒼蠅，之後便吞下蜘蛛去抓蒼蠅，接著再吞下一隻鳥去抓蜘蛛。

† 作者註：又或者不採行政策，就像中國未能阻止新冠肺炎病毒透過販賣活體食用野生動物的「傳統市場」傳播一樣。

第十章　　EMPEROR PENGUIN（*Aptenodytes forsteri*）*

10. 皇帝企鵝

偉大的上帝啊！這是個極惡之地……

——莎羅伯特．法爾肯．史考特（Robert Falcon Scott），英國海軍軍官兼極地探險家，《日誌》，1912年1月17日。

* 譯者註：皇帝企鵝與國王企鵝（King Penguin，學名：*Aptenodytes patagonicus*）容易混淆，雖然外型類似，但兩者實為不同種。

劇組在南極待上了一陣，期間他們目睹了許多戲劇性場景，許多令人心痛的場景。有五十隻皇帝企鵝帶著一群步伐踉蹌的小企鵝，不知怎麼地，全跌入了陡峭的冰谷中。再也無法逃脫。

對製作團隊來說，這是棘手的道德困境。如果他們毫無作為，那麼這群企鵝將會餓死。但如果決定出手幫助牠們抵達安全處所，那又會違反野生生物製片人的執行規範，也就是最神聖的「永不干預」準則。

聽起來雖然殘忍，但這就是準則的目的。一旦製片人干預了自然過程，那麼就是跨越了那條分隔觀察者與被觀察者的隱形界線，比如從獅子底下救走無助的小羚羊。鏡頭一面捕捉著幼鳥凍死的畫面，主持人艾登堡一面用他沉著冷靜的聲音解釋，「無論感受如何，劇組都必須拍攝事件的進展。」

這支在南極為BBC《王朝》（*Dynasties*）紀錄片系列[1]拍攝皇帝企鵝群的團隊似乎無法幫上忙。當然，雖然不得不目睹這場可怕災難，但他們還是非常關心這群企鵝。攝影師琳賽．麥克雷（Lindsay McCrae）一邊拭去眼淚一邊說著：「我知道這就是自然法則……但看得我難受。」

然而不久後，一道曙光出現。一隻勇敢的企鵝帶著小企鵝奮力爬出冰谷。劇組看見牠用短而有力的翅膀加上鳥喙，艱辛地爬上安全地帶。

兩天後天氣轉晴，團隊返回冰谷，心碎地看著情況惡化。他們知道他們不能從事運出企鵝這類的直接干預，但還是決定為這些鳥創造另一個選項。眾人在冰上鑿了個有淺緩階梯的斜坡，讓這些企鵝有機會逃脫。令他們欣慰的是，這些企鵝也確實用了這個新路徑逃出冰谷。全數生還。

播出企鵝《王朝》系列時，BBC大膽地將故事核心設定為救援行動。節目宣傳時也清楚明白地說明，雖然有著嚴格的執行規範，但劇組如何、以及為何還是決定干預。令他們又驚又喜的是，傳統媒體及網路社群媒體全都給予壓倒性正面回應。結果似乎證明劇組的決定是對的。

之後不久，被戲稱為「拯救企鵝的男人」的導演威爾．勞森（Will Lawson）接受了ITV電視網晨間節目主持人洛林．凱利（Lorraine Kelly）的訪問。凱利在節目中表示「大衛．艾登堡說你幫助牠們是對的」，整起事件無意中將這位備受寵愛的國寶推上了神一般高的地位。

勞森反思道：「某方面來說，整個環境就像個獵食者一樣。」

勞森這句話說得中肯。皇帝企鵝以及全世界各種生物所面臨的最大威脅，就是環境變遷：更精確來說就是氣候危機。*

---

* 作者註：最近科學家及部分媒體改變了用詞，因此我也不再使用聽起來太溫和的「全球暖化」或太中性的「氣候變遷」，而改用更具急迫性的「氣候危機」一詞。

皇帝企鵝演化出一種在天寒地凍的南極嚴冬養育獨生幼鳥的能力，這是其他生物辦不到的。為了在這種環境下養育幼鳥，皇帝企鵝數千年來發展出一種最複雜、難度最高的繁殖週期，是全世界其他一萬多種鳥類所不具備的策略，而且奏效了：研究人員於二〇〇九年首次嘗試掌握整個物種的數量，於是便對已知的四十六群皇帝企鵝做了空間調查。據估計，全球皇帝企鵝的成鳥數量約有六十萬隻，這是先前預估的兩倍多。[2]

事實上，一直到最近不久前，全球保育組織國際鳥盟都還將皇帝企鵝歸類為「無危」[3]物種。但在二〇一二年的後續研究，皇帝企鵝的數量已經下滑到了「近危」[4]名單之中。對大部分數量下滑的鳥類而言，其下滑原因不外乎出於棲地喪失、迫害、汙染等或其他相對局部因素的威脅，然而皇帝企鵝所面臨的唯一原因卻被大家遺忘：全球氣候危機。

若是我們不採取措施避免全球暖化加速，皇帝企鵝就不會是唯一一個面臨生存困境的物種。牠就跟住在地球另一端的北極熊一樣，同樣是我們最關注的對象：牠是所謂的「看板鳥類」，代表大難臨頭。

我們知道，皇帝企鵝很可能會先於其他物種，到達不得不滅絕的臨界點；也知道眾多物種將快速跟上腳步；更知道現在世界上八分之一的鳥類都面臨威脅。[5]縱使我們會遺憾失去生物多樣性，但若從物種滅絕及棲地喪失的角度來看，那我們也應該警覺，另一個物種——智人（*Homo* sapiens）——也正面臨存續危機。我們這些智人或可說是地球上有史以來最成功的物種，但這無法讓我們免受氣候失序所帶來的毀滅性後果。

諷刺的是，YouTube 上這部劇組拯救企鵝的影片雖被廣為分享大受讚揚，但其實它還隱含著更大的氣候危機內涵。劇組在觀眾的加油打氣下，專心處理這些個別企鵝當下的困境，而我們卻持續忽略擺在所有人面前、那前所未見的更大局面。* 就好像我們無法處理眼前的嚴峻問題一樣。

影片中這群企鵝和毛髮蓬鬆的可愛企鵝寶寶多虧了人類的介入，才能免於慢慢凍死，活著誕出新的下一代。不過牠們的後代數量將逐漸減少，也許到了我們的孫輩時，這種世界最大的企鵝終究會像度度鳥一樣走向滅絕。到了那時，我們人類也將跨過自掘墳墓所引發的世界末日臨界點，難以倖存。

* 作者註：已故的《王朝》系列「皇帝企鵝」篇製作人麥爾斯．巴頓（Miles Barton）是我們非常懷念的同事與朋友，他在節目尾聲對氣候危機帶給皇帝企鵝的潛在災難後果提出了適時警告：「牠們所處的冰世界逐年瓦解，這是在提醒牠們所面臨的未來有多麼難以預料。海洋溫度預估將逐年上升。所有皇帝企鵝賴以維生的這片南極海冰，往後每年結凍的時間將不夠牠們完成與眾不同的生命週期。」

這就是我們最終章的主題：人類與鳥類能夠倖存下來嗎？*

全世界的鳥大致上可分為兩大類：一種是廣泛型，這種鳥在許多不同的棲息地都能成長，也能利用各種不同的生態棲位；另一種則是特化型，牠們演化出適合特殊生態棲位的特點。

在本書出現的十種鳥中，有四種屬於廣泛型（渡鴉、鴿子、白頭海鵰和樹麻雀），兩種介於中間（野化火雞和雪鷺），其餘的四種則是徹頭徹尾的特化型（度度鳥、達爾文雀、南美鸕鷀和皇帝企鵝）。在特化型的四種中，皇帝企鵝演化出了極其複雜的特殊生命週期：乍看之下的第一印象會有點奇怪，但對這種物種來說卻合情合理。

沒有哪一種鳥、實際上也沒有哪一種生物會一輩子都生活在南極內陸，更不用說選擇在那裡繁殖。對皇帝企鵝來說，牠要面對的環境有：溫度經常低於攝氏零下四十度、刺骨寒風，以及三分之一時間都活在黑暗中。這種環境會帶來兩個顯而易見的問題：第一，為什麼牠們要這麼做？再來是跟第一點同樣重要的，牠們究竟怎麼在那兒活下來的？

「為什麼」的答案很簡單：適應當地生活，以及數千隻以上集中組成繁殖群，讓牠們在繁殖季的早期階段，也就是剛產卵跟孵化幼鳥這個特別脆弱的時刻可以減少獵食者的威脅。但這並不是說整個群體就此完全安全。南方巨海燕（Southern Giant Petrel）這種海燕中最大的一種鳥，體型約等於小型信天翁（Albatross），牠們會吃掉已死或將死的皇帝企鵝和幼鳥，也會主動獵食稍大一點但未成年的幼鳥。[6]另外，成鳥回到開放海洋覓食時，牠們也得面臨兩種海洋哺乳類的獵食，一種是虎鯨（Orca），另一種是豹海豹（Leopard Seal）。[7]不過若在冰上的話，牠們都還算安全。

體型與體重對皇帝企鵝而言至關重要。看牠的名字就能知道，皇帝企鵝是世界上最大的企鵝，也是世界上最重的海鳥。實際上以鳥的體重來說，牠在地球上可以排到第六†，體重約介於二十二至四十五公斤之間。雄鳥與雌鳥外觀相似，兩者皆約一百公分高。

如同其他不會飛行的鳥類一樣，皇帝企鵝放棄了飛行能力才得以變的又高又重，也因此就沒必要將輕盈置於變大變重所帶來的好處之上。在生物分類法中，皇帝企鵝的屬別為國王企鵝屬

---

* 作者註：我不選擇探究當前氣候危機的具體原因，是因為氣候危機以及氣候變遷的人造（或稱人為）因素已被廣泛接受。見二〇〇六年史登報告（Stern Review）〈氣候變遷的經濟〉（The Economics of Climate Change），以及其他附帶報告。

† 作者註：前五名都是沒有飛行能力的平胸鳥類（ratite）：分別是非洲鴕鳥、索馬利亞鴕鳥（Somali Ostrich）、南方鶴鴕（Southern Cassowary）、北方鶴鴕（Northern Cassowary）和鴯鶓。

（*Aptenodytes*），語源為希臘語的「無翅膀潛水者」之意。牠也跟所有的企鵝一樣長得又矮又壯，但相當有力（自翅膀演化而來）的鰭肢讓牠們可以高速潛入極深的水中追捕獵物。*

體型和體重也是讓皇帝企鵝能渡過南極嚴冬的主因。根據「平方立方定律」（square-cube law），當同一形狀的物體大小等比例增加時，體積的增長速度將比表面積快。若應用到生物體上就意味著，比起相同外型但較小的生物，生物體型越大，體積就大得更快，更能儲存熱量。也因此大企鵝的熱量流失速度就比小企鵝來得慢。

但矛盾的是，在極寒環境中，這反而會為皇帝企鵝帶來麻煩。寒冷且風特別強的時候，皇帝企鵝會「聚攏在一起」，此時聚攏中心溫度會較邊緣來得高，而且溫度會高於冰點攝氏二十至三十度。但只要我們長時間觀察牠們的聚攏行為，就會看到牠們一直在交換位置，位於裡面的鳥會換到外緣，反之亦然。傳統上各大報章雜誌與電視節目的解釋都是這群企鵝出於無私付出，讓牠們的同伴都能夠輪流換到中間位置，以確保整個族群的生存。但事實上並非如此，這種取信人的說法太流於表面。其實皇帝企鵝濃密的羽毛底下還有一層厚厚的脂肪，這給牠們帶來絕佳的隔熱效果，換句話說，如果牠們待在中心位置太久反而會有過熱的危險，這才是牠們要交換位置的原因。[8]

皇帝企鵝複雜的繁殖週期一直都是野生動物紀錄片的熱門題材。[9] 故事雖然千篇一律，卻不因此喪失可看性。約莫三、四月，南極進入天寒地凍的初冬時節，雌雄企鵝會從邊緣的浮冰地區橫跨一百二十公里抵達內陸。因為牠們不會飛，所以必須靠雙腳完成這趟漫長艱辛的旅程。

這群企鵝一到繁殖地，雄企鵝就會開始向雌企鵝求偶，而雌企鵝會模仿雄企鵝的聲音動作，藉此強化配對關係。皇帝企鵝的平均壽命可達二十歲，有時甚至更長，牠們如此長壽，卻不代表會跟配偶從一而終；話雖如此，在整個繁殖期牠們還是會維持忠誠。

交配後，雌企鵝會產下一顆重約四百六十公克的梨狀蛋，† 而且幾乎一產出就會把蛋傳到雄企鵝腳上。如果雌企鵝將蛋下在冰面上或雄企鵝沒好好接住，那麼除非牠們在一分鐘內將蛋安全放回雄企鵝腳上，否則裡面的幼鳥就會死去。一旦錯過稍縱即逝的時機，就代表牠們整個繁殖季一開始就劃下句點。[10] 如果傳成功了，那麼雌企鵝就會馬上潛入海中覓食，好重新恢復消耗掉的能量。下次再見到配偶，就是好幾個月後了。

* 作者註：根據金氏世界紀錄，經證實鳥類中最深的潛水紀錄由皇帝企鵝所創下：這隻企鵝身上裝有追蹤器，根據紀錄牠在東南極海域創下了五百六十四公尺深的紀錄。相較之下，飛行鳥類的最深紀錄為厚嘴海燕所創下的兩百一十公尺深，這深度僅有帝王企鵝的一半不到。

† 作者註：雖然皇帝企鵝的蛋是雞蛋的七八倍重，但這重量僅僅只是雌企鵝體重的百分之二，這意味著相對於世界上其他鳥類的體型比例，牠們的蛋是世界上最小的。

現在，雄企鵝的唯一責任就是不眠不休地孵雙腳間的蛋，這段漫長而孤獨的孵化過程要花兩個月以上。牠得保持下腹部這個小窩溫暖，將自己的體溫傳給蛋裡面的小企鵝，好讓牠成長茁壯。到了七、八月成功孵出小企鵝時，正好是南極的深冬時節；在那之前雄企鵝已經有四個月不吃不喝，體重掉到十八公斤以下，只剩原本的一半不到。

剛破殼的小企鵝仍然非常脆弱，完全仰賴雄企鵝保暖和牠分泌的「嗉囊乳」維生，幾天後這種富含蛋白質與脂肪的物質就會吃完，如果這時雌企鵝還沒自海中回來，那麼小企鵝就會餓死；如果回來了，那在經過一陣小心翼翼的危險精細操作、將小企鵝傳到雌企鵝腳下後，雌企鵝會反芻一些消化了一半的食物餵食小企鵝，主要是魚、磷蝦和烏賊。再來就輪到雄企鵝與雌企鵝道別，換牠回到海中覓食，以彌補失去的體重。

等小企鵝長到六、七週大後，這時就算獨自留下牠們也非常安全了，而且雙親也得長途跋涉返回海中收集食物。此時小企鵝們會像在托兒所那樣聚在一起，這樣在保暖的同時又能免受（像吃了類固醇那般龐大的）巨鸌（Giant Petrel）與灰賊鷗（South Polar Skua）等獵食者的侵襲。不久後這些小企鵝會開始換毛，從毛茸茸的絨毛脫換為成熟的羽毛。等十二月、一月夏天來臨，牠們就得長途跋涉前往海中，從此自食其力活下去。

從各方面來看，皇帝企鵝的繁殖週期都如此複雜而危險。但卻有效。不過所謂的有效也只到最近為止。

現在因為南極氣候快速變遷，皇帝企鵝的生命週期瀕臨崩潰。崩潰來自於牠們仰賴的海冰出現了前所未見的快速變化，而這些變化連帶影響了牠們的繁殖棲息地及食物供應。

簡單來說，當海冰範圍減少時，在海冰邊緣的企鵝繁殖地還來不及完成繁殖週期就開始在春夏之際破裂，那些小企鵝就會淹死。這是實際發生過的事：二〇一六年海冰過少，當時世界第二大的哈雷灣（Halley Bay）企鵝繁殖地的小企鵝因此淹死了一萬隻。[11]

融冰會進一步為皇帝企鵝帶來毀滅性的後果，導致牠們所仰賴的食物資源，例如大量的魚、烏賊和磷蝦等不是減少就是移出原本的所在位置。若果真如此，那麼成年企鵝就無法替自己跟小企鵝取得足夠維生的食物。這還是在還沒考慮到海冰減少的情形。包括海平面一如預期的災難性上升、風向和降水型態改變，以及極端氣候事件，所有這些都會為皇帝企鵝的繁殖地帶來負面影響，以及潛在的極端後果。

預測整個南極大陸廣大海冰的進一步變化，以及這些改變會為皇帝企鵝帶來什麼結果，這些在科學上都還沒有確切的答案。但是用新的電腦模擬技術，科學家提出了各種可能的場景。

二〇一四年，一篇刊登於《自然》期刊經過審查的論文分析了全球皇帝企鵝整體數量的可能趨勢變化。[12]作者群的結論是，如果海冰一如模擬預測地持續減少，那麼到了二一〇〇年所有企鵝群數量都會減少，其中有三分之二的群體會減少超過一半以上。

該論文發表後七年，二〇二一年的預測結果更糟。這次科學家預測，百分之九十八的皇帝企鵝群到了本世紀末都會進入「準滅絕」狀態。一些鳥類還能找到新的地方覓食繁殖，但就連最樂觀的評估都表示，皇帝企鵝的數量會減少超過五分之四。[13]即使以更短的時間尺度來看，一個人類世代之內的預測結果也令人擔憂，也就是未來不用三十年，預估到了二〇五〇年，也會有十分之七的企鵝群進入準滅絕狀態。[14]

實際上，這意味著就算有少數成年企鵝能繼續存活，但小企鵝還是活不下來。長期來看，這些皇帝企鵝屆時就會成為實質上的「殭屍物種」，也就是還活著、但終將全數死亡。對於一種與人類相伴歷史不長、卻時常陷入困擾的鳥類來說，這種命運真的再諷刺不過了。

縱使皇帝企鵝體型龐大、數量眾多，但牠們的棲息地偏遠得難以抵達，所以一直要到十九世紀中期才出現牠們的科學紀錄，這點也就不令人意外。*

接下來五十年間，我們對這個物種的了解一直所知不多。直到一九〇一年羅伯特・法爾肯・史考特探險隊的《發現號》（*Discovery*）上，愛德華・威爾森（Edward Wilson）這位助理外科醫生

（兼鳥類學者）發現了第一個繁殖地。該地位於南緯七十七度以南、羅斯島（Ross Island）的克羅澤角（Cape Crozier）峭壁下方。

威爾森提出一個概念。經過觀察，他認為皇帝企鵝的幼鳥應該是在南極深冬時孵化的，這種習性被形容為「鳥類學當中少見的古怪」。[15]他的見解在科學界引起一陣騷動，科學家們大肆猜測，皇帝企鵝可能代表著一種最原始的鳥類生命型態。

九年後的一九一〇年，威爾森與史考特船長展開了一場**新地**探險（Terra Nova Expedition，又稱英國南極地區考察），企圖（趕在挪威探險家羅阿爾・阿蒙森〔Roald Amundsen〕之前）成為第一組抵達南極點的探險隊，然而卻以探險史上最大的一場災難告終。在團隊展開這場時運不濟的極地之旅前，威爾森和他的同事還有重要的事得先處理。他們想要進行名為「重演說」（recapitulation）的理論實驗：該理論認為可藉由仔細檢視胚胎的發育來得知物種的演化歷程，例如像企鵝這種「原始」鳥類是否自爬蟲類演化而來。

---

* 作者註：首次的科學紀錄出現在英國動物學者喬治・羅伯特・格雷（George Robert Gray）於一八四四年出版的《鳥類的屬別》（*Genera of Birds*）一書中。他將皇帝企鵝的種名命名為*forsteri*，以紀念德國博物學者約翰・萊因霍爾德・福斯特（Johann Reinhold Forster）；這位博物學者曾與庫克船長（Captain Cook）一同參與一場環球航行，因此他很可能是第一位親眼見到這種物種的人。

為此，他們需要取得三顆皇帝企鵝的蛋做為樣本。於是在一九一一年的南極冬季永夜，威爾森、艾普斯雷．薛瑞葛拉德（Apsley Cherry-Garrard）和亨利．「博迪」．鮑爾斯（Henry'Birdie' Bowers）這三位男士離開了較安全舒適的探險基地營區，橫跨冰原長途跋涉一百公里前往克羅澤角繁殖地。

我們很難想像，對這三位男士而言，這趟旅程究竟有多麼煎熬難受。不過這三名人士最後唯一活著返回英國的倖存者薛瑞葛拉德，在他的《世界上最險惡之旅》（*The Worst Journey in the World*）一書中對此做了適切描述，我們因而有幸不需靠想像來感知這份煎熬。[16]作者平鋪直敘、不加掩飾地描述了這趟長達五週的恐怖旅程細節：暗無天日、寒風刺骨、狂風暴雪，以及攝氏零下六十度的低溫。他用典型英式內斂的筆法寫道：「南極探險很少如人想像得那麼糟，很少會像傳言那樣。不過這趟旅途卻讓我們詞窮：它可怕得難以言喻。」[17]

當他們三位終於抵達繁殖地時，卻大失所望，只見到一百隻左右的成年企鵝聚在懸崖下取暖。話雖如此，他們還是取了五顆蛋，並用羊毛手套裹起來保暖。在更加艱辛的回程路上破了兩顆蛋；一安全抵達營區、接受史考特和其他探險隊員英雄式的歡呼後，威爾森就趕緊取出剩下的三顆胚胎加以泡製保存。

返回英國前，史考特、威爾森、鮑爾斯、伊凡斯（Evans）和勞倫斯．奧茨（Lawrence

Oates）等五人陸續罹難，奧茨死前甚至還說了「我出去一下，可能要一點時間」這麼一句。*總算回國後，薛瑞葛拉德如期將剩餘的三顆皇帝企鵝胚胎交給倫敦自然史博物館。交付時薛瑞葛拉德先是枯等數小時，博物館館長才不情不願地收下標本，而且之後就一直將胚胎放在儲藏室整整二十年無視於它。[18]待館方終於想檢視這些胚胎時，它們早已發展成熟、無用武之地了，此外那時重演說也早已被完全摒棄。這些英勇探險隊所經歷的可怕旅程似乎全然徒勞無功。

二〇二一年的一份論文透露了海冰減少對皇帝企鵝的災難性影響，該論文以開頭的標題來表達這份不尋常的呼喚：「皇帝企鵝的呼喚：受氣候變遷威脅物種的法律應對」。[19]論文作者建議凸顯這些鳥類的困境，同時迫使政府（尤其是美國政府）努力減緩未來溫度上升，一種可行方式就是將皇帝企鵝加入《瀕危物種法案》的物種保護清單。二〇二一年八月四日，也就是論文發表的隔天，美國魚類及野生動物管理局馬上就採納了這個建議，提案照做。[20]目前也只有少數物種被列入美國《瀕危物種法案》，包括北極熊和髯海豹（Bearded Seal）。會將焦點放在這些特定物種上，也許是因為相較於赤道、溫帶或熱帶地區，氣候變遷對極地的影

* 譯者註：遇難期間奧茲自知身體變差，不想拖累團員，因而說出這句臨別之語。

響發生得更快，而且會帶來更嚴重的後果。[21]不過雖然這立意良好，但將皇帝企鵝列入名單內，還是無法幫助我們認識一個至關重要的面向，也就是眾多遷徙鳥類的生命週期。這些鳥類每年春天會往北飛到北極繁殖，牠們很可能就是氣候變遷下一波的主要受害者。

就拿大西洋兩岸愛鳥人士都相當熟悉的涉禽（wading bird）*——紅腹濱鷸（Red Knot）為例。牠們雖然矮胖雙腳又短，所以常被比喻成橄欖球員或美式足球員，但牠們卻有著長而尖的翅膀，同時也演化出一年兩度橫跨全球的史詩級遷徙能力。有些旅程單趟就能從北極極北地帶飛到火地島（Tierra del Fuego）†路程達一萬四千公里之遙。有一隻長壽紅腹濱鷸經過測量追蹤，牠一生當中飛行的距離遠到足以來回月球一趟；二〇一四年五月最後一次看見牠時，牠至少已經活了二十年。牠的官方代號為「B95」，綽號就叫「月鳥」（Moonbird）。[22]

在南北美洲、歐洲、亞洲、非洲和澳大拉西亞的海岸線，常常都能見到這種遷徙濱鳥密集群聚覓食。雖然在皇帝企鵝的故鄉南極大陸尚未正式目擊牠們的存在，但可以肯定的是，這只是時間上的問題而已。

紅腹濱鷸與皇帝企鵝的分布差異性極大。皇帝企鵝只局限於一個小範圍，而紅腹濱鷸則有著世界範圍的廣度，介於北緯五十度到南緯五十八度之間，涵蓋面積達一千八百萬平方公里。然而在面臨氣候變遷時，紅腹濱鷸複雜的生命週期特質同樣脆弱。因此，國際鳥盟也將紅腹濱鷸劃入

「近危」物種，[23]二〇一四年，美國魚類及野生動物管理局也依照《瀕危物種法案》重新將牠歸為受威脅類別。[24]

紅腹濱鷸要面臨的第一個問題在於繁殖區域。牠們會飛到北極圈內的苔原地帶繁殖，築巢的位置靠近阿拉斯加、加拿大、格陵蘭和西伯利亞等地的海邊。正如我們所觀察到的，這裡溫度上升的程度比起地球其他地區更高，也更快速。二〇二二年三月春分，北極部分地區的溫度比往年均溫高了攝氏三十度；不到一年前，加拿大部分地區的夏季溫度也打破了歷史高溫紀錄，更勝以往。[25]

日照量的相對細微差異會觸發紅腹濱鷸的腦內訊號，促使牠們開啟北遷的漫長旅途，所以牠們才能像所有長途飛行的候鳥一樣，以相當精準的時點返回繁殖地。與溫度變化不同，日照量的變化是固定的，所以紅腹濱鷸每年春天都會在大致相同的時間開啟旅程。但因為牠們的繁殖地轉暖特別快，所以這些北部區域的春天也來得更早。結果，那些每年大量出現的昆蟲出現得一年比一年早，而這些蟲又是紅腹濱鷸和其他在北極繁殖的涉禽餵食幼鳥的來源。這意味著，如果紅腹濱鷸一如往常在相同時間回來，那麼幼鳥在孵化的當下，昆蟲就幾乎消失殆盡了，如此幼鳥就得

* 譯者註：泛指在水邊涉水棲息的鳥類。

† 譯者註：為南美洲最南端的島嶼，與南極洲相望，為南極考察的重要基地。

挨餓，數量也就開始一年比一年下滑。最終，如果繁殖周而復始失敗，數量又持續減少，那麼這個物種就可能走上滅絕之路。

紅腹濱鷸要面對的問題不只是太晚抵達而無法繁殖。在春天北遷與秋天南遷的旅途中，牠們必須停下來覓食，補充下一趟飛行所需的能量。當牠們離開溫暖的熱帶、飛經溫帶地區時，牠們也需要更大的覓食區以便獲得足夠能量。*這意味著氣候危機造成海平面上升，會直接減少可覓食的棲地，也就減少了牠們的生存機會。

世界最知名的紅腹濱鷸中途停留地，是美國東海岸的德拉瓦灣（Delaware Bay）。這裡擁有數百萬隻的鱟（Horseshoe Crab），傳統上牠們每年春天會在紅腹濱鷸差不多經過時產卵。鱟的卵非常好消化，所以對紅腹濱鷸而言特別有價值，這讓牠們的體重在停留覓食的一、兩週內就能增加兩倍。

上述這點並非巧合：紅腹濱鷸會演化出這樣的遷徙時間，就是為了利用這項富含能量的食物，就像高速公路休息站一樣，可以提供牠們繼續旅程所需的燃料。[26]因此，在加拿大北極地帶繁殖的紅腹濱鷸亞種（*Calidris canutus rufa*），大約一半到四分之三的鳥每年都會經過德拉瓦灣。[27]然而當地氣候的改變，代表鱟會提早產卵，所以紅腹濱鷸將會錯過時間，抵達後才發現沒有足夠的食物。這對牠們來說非常危險。同樣地，北大西洋另一頭受眾人喜愛的北極海鸚（Atlantic

Puffin）也在努力尋找著主食玉筋魚（Sand Eel）；這種牠們用來餵食幼鳥的魚也因為海水快速暖化而向北遷徙。28

就像氣候危機常引發的後果，各式各樣的威脅全都聚集到了海鸚和紅腹濱鷸等鳥類身上，例如棲地喪失、汙染及過度捕撈自然資源，像鱟就被捕來用作肥料或魚餌。在這些威脅的衝擊下，實際上在氣候變遷造成紅腹濱鷸抵達時間和鱟產卵時間脫節之前，那些中途停留德拉瓦灣的紅腹濱鷸數量就開始下降了；從一九八〇年代到二〇〇〇年代，一共減少了百分之七十五。29

但為什麼紅腹濱鷸無法應對氣候變遷，去適應新的環境條件呢？嗯，牠們可以調適，可惜方向錯了。因為牠們所處的環境，特別是繁殖地正在持續暖化，所以紅腹濱鷸也正遵循伯格曼法則（Bergmann's Rule）：該法則認為生存在相對較冷環境的鳥類體型較大，生存在溫暖地區的體型較小，因此也會朝著小體型和低體重的方向演化。這種演化方向會直接導致幼鳥存活率降低。同時基於相同原因，牠們的鳥嘴也逐漸變短，這意味著牠們能取得的食物比以前更少。30

* 作者註：一份研究顯示，一群在西非過冬的紅腹濱鷸所需的覓食區大小為二到十六平方公里；但當遷徙過程中，牠們在荷蘭的瓦登海（Wadden Sea）停留時，為了有效覓食也就需要更大的區域，大小將達八百平方公里。Jutta Leyrer, Bernard Spaans, Mohamed Camara and Theunis Piersma, 'Small home ranges and high site fidelity in red knots (*Calidris c. canutus*) wintering on the Banc d'Arguin, Mauritania', *Journal of Ornithology* 147.(2), 2006.

為了幫助紅腹濱鷸扭轉數量下滑，人們限制捕撈鱟和牠們的卵，還有禁止進入海灘以免打擾鳥類覓食。[31]然而這些地區性的努力是否足以解決全球性的問題，仍存有嚴重疑慮。

對於極地以外的地區，氣候危機造成的溫度變化影響不是那麼極端，或是說**還沒**那麼極端。話雖如此，實際上就連溫暖地區的許多鳥類也因氣候快速暖化正苦苦掙扎著。

北美和歐洲的林地對許多（雀形目）鳴禽來說，是繁殖與養育幼鳥的理想場地。在北半球的春夏季，漫長的日照時間滋生了大量昆蟲，讓成鳥得以充足餵食幼鳥。各種鳴禽分別採取了兩種截然不同的生存策略，以便活得夠久，將基因傳給下一代。〈該留下還是該走〉（Should I Stay or Should I Go）這首歌的歌名可以很好的概括這些鳥面臨的進退兩難，這是一九八一年英國搖滾樂團衝擊合唱團（the Clash）發行的歌曲。

留下來的主要是各種不遷徙的留鳥，牠們會在北部的溫帶森林繁殖。在歐洲，這些留鳥有各類畫眉鳥（例如烏鶇）、歐亞鴝、鷦鷯、鳾、旋木雀、戴菊（Goldcrest; Kinglet）和幾種山雀；北美的留鳥則有旅鶇、鷦鷯、簇山雀（Titmice）、山雀（Chickadee）、鳾以及戴菊。除了那些在遙遠北方繁殖的留鳥外，因為牠們大致上終年都待在固定的棲息地，所以這些鳥的體型大多較小，翅膀也較短，其中有些鳥也沒辦法飛離出生地太遠。每年新春，牠們就會開始早早以鳴叫捍衛自已領地並求偶，所以整個林地總是充滿鳥鳴，這場鳥鳴盛宴會在三月末北半球進入夏季前的春分時節進入高潮。牠們求偶、交配、築巢、產卵、孵卵與餵食孵化幼鳥。在第一窩幼鳥羽翼豐滿後，通常會再繼續生第二窩、第三窩，直到秋天食物供應減少時為止。

進入秋天後，這些鳥的生存策略會由繁殖後代轉向度過即將來臨的冬天。儘管這些留鳥大多只能活兩、三年，但只要有足夠的時間加上一點運氣，那麼牠們就有機會可以養育更多年輕的下一代，繼續綿延這條祖傳血脈。

當四月鳥鳴聲的強度似乎已大到不能再大、強到不能再強時，卻又會再創高峰。因為另一批物種會如魔法般現身，湧入同一片林地，用更多采多姿的鳥鳴填滿整個春天。恰如其分，這些造詣頗高的歌唱家有很多都是鶯鳥。創造這個詞的是一七七〇年代威爾斯鳥類學者湯瑪斯・彭南特（Thomas Pennant），這個詞是統稱各種分布於全歐洲、以及舊大陸多數地區體型小、細喙、食蟲的鳴禽，牠們傳統上被歸類為鶯科（Sylviidae）。[32]不久後，包含蘇格蘭裔亞歷山大・威爾遜（Alexander Wilson）在內的一些北美鳥類學者先進，也將相同名稱用在外表相似、但分屬不同科別的當地鳴禽上；牠們現在稱作新大陸鶯（New World Warblers），歸在森鶯科（Parulidae）底下。[33]

這兩種科別的鳥有許多相似的特徵，例如牠們及其幼鳥都以昆蟲為食；大多長相優雅、有著長翅膀，而且非常活潑。但最重要的一點是，這兩個科別的大部分鳥類，都會長距離遷徙。與少部分鶯類留鳥不同，這些候鳥會從北半球的繁殖地長途跋涉向南飛去過冬，大部分都飛到南半球。因此新大陸鶯與鶯雀（Vireo）、唐納雀和霸鶲（Tyrant Flycatcher）等會從加拿大及美國遷徙到中南美洲，而歐洲的鶲和鳴禽（Chat）*也會向南飛，多數會飛抵撒哈拉沙漠以南的非洲地區。

鳥類學者常被問到的一個問題是，為什麼一隻只有十五到二十克重的鳥，要冒著危險長途跋涉呢？因此當然也有人會認為：待在原地不是更好？然而湯瑪斯．阿勒斯坦（Thomas Alerstam）指出，更好的問法是：為什麼不是**所有的**鳥類都會遷徙？[34]

對一些物種而言，遷徙能兩全其美，是牠們的最佳選擇策略。在北方的繁殖地，這些候鳥可以享有豐富的食物、長時間的日照時數，以及不太需要跟其他物種競爭的優點，而在南方過冬則可享有溫暖與食物（請記住，實際上這些全球旅人享有第二個南方夏季，牠們從未經歷過真正的冬天），這是兩相結合的最佳策略。與留鳥相比，候鳥通常下蛋的數目較少，所以幼鳥也較少，以上證實了留在原地過冬所面臨的危機普遍大於遷徙會遇到的危險。

又或者像皇帝企鵝與紅腹濱鷸，以前會遷徙、但現在不會了。如今溫帶地區的春天漸漸提早來臨，隨之而來的是植物開花與昆蟲出現都比長期平均提早了一個月左右。[35]更重要的是，大山雀（Great Tit）和斑姬鶲（Pied Flycatcher）用來餵食幼鳥的橡樹蛾毛蟲，也比平常提前許多出現。

這就是「該留下還是該走」兩種策略開始消失的原因。大山雀這種留鳥能夠調整自己的生命週期，開始提前繁殖，所以蛋孵化時還是能找到足夠的食物餵養嗷嗷待哺的幼鳥。然而斑姬鶲這種在西非過冬的候鳥，就無法這麼迅速調整了。牠們跟紅腹濱鷸一樣，都是利用日照時間來決定何時該回北方，所以牠們每年都在差不多四月中到五月初的時候返抵。隨著春天提前，當幼鳥在五月底或六月破殼時，早已沒有足夠的毛蟲了，得再等上一年。

除非牠們能快速調整時間提早遷徙，否則這些長途的旅行家所能養育的下一代將會更少，群體數量也緩慢而穩定下滑。的確，牠們也能以飛蟲來替代毛蟲，但這些飛蟲也因其他原因而數量急遽減少，這樣長期來看還是不足以拯救牠們。[36]

對於新舊大陸的候鳥來說，同樣地，這些氣候危機造成的問題都不是個別獨立的。三十多年前，美國環境科學家約翰·特柏格（John Terborgh）在他的書《鳥兒都去哪了？》（*Where Have All the Birds Gone?*）中道出了北美長途遷徙候鳥所面臨的問題。[37]該書封面插圖是由奧杜邦繪製的兩隻黑眼紋蟲森鶯（Bachman's Warbler），這種鳥現在幾乎確定已經滅絕了，牠的滅絕同時也象徵其他新大陸那些常見、大眾熟悉的鶯類正快速步上後塵。[38]

* 譯者註：這裡的鳴禽尤指金鶯或野鶲。

特柏格在開篇生動講述了一段自己一九五〇年代的童年回憶，他觀察維吉尼亞州阿林頓（Arlington）家裡附近的鳥類。他難過地表示，由於人口的增長、開發以及棲地喪失等種種原因，所以「如今那個在維吉尼亞州阿林頓長大的男孩已經沒辦法再重溫這些回憶了。」[39]

他在書中繼續解釋，由於過冬棲地的喪失與零碎化，這些春夏期間到北美洲東部作客、冬天到熱帶地區過冬的候鳥因此更加脆弱。他警告「如果我們一直不去注意這些過度開發的情形，任其自由發展，那麼有一天我們將在另一個截然不同的春天醒來；這個春天不會有那些我們過去認為本該有的熟悉鳥類。如果我們要做些什麼防患未然，那麼最好現在就行動。到了西元兩千年就太遲了。」[40]

最後那句話就像在我們肚子上打了一拳。距離他設定的行動截止日已經過了二十多年，而許多物種仍身陷於嚴重困境。最令人震驚的是，特柏格教授在一九八〇年代寫這本書時，甚至還沒提到鳥類數量下滑是出於氣候危機這個因素。那是因為在還不到人類一個世代之前的當時，人為引起的氣候變遷甚至都還不算是個議題。但現在，它卻威脅著這顆星球上的每一種生物。

雲霧繚繞的中南美洲是許多北美鶯類過冬的地方。在這裡有一種鳥，正面臨氣候快速變遷所帶來的後果。但牠與那些大老遠飛來這的鶯類不同——鳳尾綠咬鵑（Resplendent Quetzal）幾乎算是一種完全定棲的留鳥，而且只分布於海拔一千兩百公尺至兩千一百公尺之間的地方。[41]

或許鳳尾綠咬鵑本該在書中有屬於自己的章節，因為在哥倫布抵達前，中部美洲文明（Mesoamerican）的阿茲特克人與馬雅人都奉這種鳥為神祇，阿茲特克人稱牠為羽蛇神（Quetzalcoatl）。有一則傳說聲稱，阿茲特克統治者蒙特蘇馬（見第三章）相信西班牙征服者科爾特斯的到來，意味著羽蛇神的回歸。結果，據說阿茲特克人因此很歡迎科爾特斯和他的部下，也才讓他們得以征服整個文明，最後進一步征服拉丁美洲。若果真如此，那麼鳳尾綠咬鵑的確改變了世界。但若進一步檢視，就會發現這只是西班牙人編造來描述阿茲特克人有多麼原始天真的神話。[42]

今日，鳳尾綠咬鵑仍在該地區的文化中有著特別的地位，強納森・伊凡・馬斯洛（Jonathan Evan Maslow）在他的自然遊記《鳥之生，鳥之死》（*Bird of Life, Bird of Death*）[43]中寫道，鳳尾綠咬鵑是瓜地馬拉的國鳥，也被印在貨幣上面。但就跟皇帝企鵝、紅腹濱鷸和大西洋兩岸眾多的鶯類一樣，鳳尾綠咬鵑也同樣面臨威脅。牠跟皇帝企鵝還有一點相同的是，定棲的天性以及特化成適合棲地、當地食物與生活方式的結果，反倒促使自身迅速衰落。

氣候變遷不只擾亂了極地等高緯度地區的天氣型態，對高海拔地區也有著同樣的影響。隨著氣溫上升帶來降雨型態改變，鳳尾綠咬鵑棲息的那片雲霧繚繞的森林，其脆弱的平衡也開始崩潰。鳳尾綠咬鵑以及在中美洲山區森林成長等物種的未來，也跟第四章的度度鳥和海島鳥類一樣，大致上走上相同的滅絕模式。此外，因為將島嶼包圍的是海水，所以島嶼會在生態和地理上起到作用。相對地，包圍那些雲霧繚繞山區的，則是一些鳳尾綠咬鵑及其他物種都無法生存的已開發低地棲息地，因此在許多方面兩者有相似之處。所以，這世上存在著所謂的生態「島嶼」，它們大部分都是山脈，或只是一些零碎的特殊棲地，支持著當地高度特化的動植物群。一旦氣候緊急狀態快速改變了環境條件，那麼在那些地方生活的生物終將無法倖存。

德州的金頰黑背林鶯（Golden-cheeked Warbler）[44]只會在刺柏樹上築巢，但牠的棲地因開發而逐漸變得零碎。牠的近親黑紋背林鶯（Kirtland’s Warbler）也是另一種瀕臨滅絕的鳴禽，只出現在五大湖區南部密西根州的北美短葉松林，牠對生態環境的要求也非常特殊。氣候危機及其為氣候與棲地帶來的改變，或許已為這些物種敲響喪鐘。

不過鳥類離滅絕實際上還有一些時間，這為一些志在拯救牠們的組織和個人帶來了一絲希望。但之後科學研究還是丟下了一顆震撼彈，似乎奪走未來所有的希望。二〇二一年三月，澳洲東南部發生一場猛烈的森林大火，之後科學家對此發布的一篇論文顯示，澳洲一種稀有的雄性攝政垂蜜鳥從此再也無法唱出牠們獨有的曲調。牠們現在反而在模仿當地一些常見鳥類的歌聲。結果這些雄鳥就被潛在配偶給忽略了，這後果更進一步加速了該物種的滅亡。[45]

森林大火後，野外僅剩的三百隻攝政垂蜜鳥稀疏地分布在英國面積大小的區域，彼此之間變得疏離，導致年輕的雄鳥再也無法向老鳥學習正確的曲調。科學家、保育人士，甚至是當時對氣候變遷抱持懷疑態度把自己搞得臭名昭彰的澳洲政府，現在也都不得不承認：破壞大部分攝政垂蜜鳥棲息地的森林大火，毫無疑問地是由全球氣候危機所造成的氣溫上升直接引起的。[46]

若以更大的尺度來看，氣候變遷所導致的土地使用變化很可能廣泛又前所未見。這些變化不只會影響稀有與特化物種，就連常見適應力強的物種也會被影響。現在，溫暖南歐的大片農耕土地很可能將無法再生產糧食，當中有一部分區域將轉變成沙漠或半沙漠。但更北邊的西伯利亞和加拿大廣大土地可能變得適合種植作物或飼養牲畜。這個結果對全世界的動植物來說既未知又具潛在破壞性，有高達一半的物種將面臨區域性的滅絕威脅，有一些則會完全消失。[47]某些地區情況更糟：非洲中南部的米翁博林地（Miombo woodlands）預估溫度將升高攝氏四點五度，這會導致五分之四的哺乳類和七分之六的鳥類消失。[48]

這種統計數據對我們來說很難理解。但再清楚不過的是，我們需要快點採取行動。[49]如同我本章開頭那段節目中展現的，相較於一些巨大、長期及無形的問題，我們比較可能參與的是一些當下的具體問題，以節目來說就是劇組人員拯救皇帝企鵝的行動。這些證據俯拾即是，但我們無法、或者說只是不願去思考其後果。[50]

現在的我們正在受所謂的「末日疲勞」之苦，這是一種無論我們（做為個體、社會或政府）怎麼試著與氣候變遷對抗都不夠的感覺。[51]

與此同時，二〇二〇年南半球的冬天（也就是北半球的夏天），科學家發布了一份對這個世上最大的企鵝而言「好壞參半」的衛星調查報告。[52]好的部分是，根據較佳的衛星影像顯示，目前皇帝企鵝的新繁殖地多了幾處。全部的繁殖地數目提升了五分之一，預估總數量則增加了百分之五到百分之十。壞的部分是，儘管皇帝企鵝的數量比我們以為的還多，但對長期生存而言，牠們仍得面對同樣的重大威脅。

二〇二二年初，對全球鳥類困境的最新查核結果為我們帶來了壞消息。查核發現幾乎一半的鳥類數量確實或疑似正在下滑，僅有百分之六的鳥類數量成長。「礦坑中的金絲雀」一詞也許已被過度濫用，但以此查核報告來說，也算八九不離十了。[53]

在悲觀者眼中，皇帝企鵝、鳳尾綠咬鵑和一眾受氣候危機威脅的物種的命運，都是人類經濟快速增長下的不幸附加傷害，所以他們不願理會。但如我們在這整本書中所見的，一旦我們糟蹋了大自然，那麼我們也就陷入了困境：也許皇帝企鵝會先走向滅絕，但卻也是在預言我們不遠的未來。

擺在我們面前的是一道簡單的選擇題：我們是要讓皇帝企鵝步上度度鳥的後塵，以徹底消失這種錯誤的方式來改變世界？還是我們能夠痛定思痛，去扭轉氣候危機所引發的連續高溫、去減緩最糟的結果，以及在拯救皇帝企鵝之外，最終也拯救地球上其他的所有生命——當然也包括我們在內？

致謝

在我的眾多著作中，毫無疑問，這本是我諮詢過最多人、也受過最多人幫忙的一本，大家都根據自己所選的主題，為我慷慨解囊的分享所知所聞。

由衷感謝泰莎・博斯（Tessa Boase）、周瑛（Esther Cheo Ying）、戈登・科雷拉（Gordon Corera）、莎拉・達爾文（Sarah Darwin）、馮客（Frank Dikötter）、珂琳・福勒（Corinne Fowler）、艾羅爾・富勒（Errol Fuller）、米蘭達・葛雷特（Miranda Garrett）、彼得格蘭特與蘿絲瑪莉格蘭特夫婦（Peter & Rosemary Grant）、湯姆・霍蘭（Tom Holland）、朱利安・休姆（Julian Hume）、柯林・傑羅麥克（Colin Jerolmack）、卡爾・瓊斯（Carl Jones）、萊斯利・金斯萊（Lesley Kinsley）、威爾・勞森（Will Lawson）、提姆・羅爾（Tim Low）、琳賽・麥克雷（Lindsay McCrae）、提姆・莫爾曼（Tim Moreman）、傑諾米・邁諾特（Jeremy Mynott）、丹尼爾・歐索里歐（Daniel Osorio）、梅爾・帕切特（Merle Patchett）、茱迪絲・夏布洛（Judith Shapiro）、麥可・謝里丹（Michael Sheridan）、克里斯多福・斯卡夫（Christopher Skaife）以及喬・溫彭尼（Jo Wimpenny）。

其他該致上謝意的還有查理·吉爾摩（Charlie Gilmour）、布萊恩·傑克曼（Brian Jackman）、凱薩琳·諾伯里（Katharine Norbury）、蘇茜·潘特（Susie Painter）、愛麗絲·奎爾克（Alice Quirke）以及大衛·萊特（David Wright），感謝你們的協助與建議。

一開始我提出這個想法時，多米尼克·庫岑斯（Dominic Couzens）、邁克·迪爾格（Mike Dilger）、艾德·裘伊特（Ed Drewitt）與奈裘·雷德曼（Nigel Redman）等鳥友幫我決定該選哪十種鳥類；同樣地，還有我巴斯泉大學（Bath Spa University）的碩士生，特別是瑞秋·班特利（Rachael Bentley）、梅芙·布拉德伯里（Maeve Bradbury）、黛博拉·格雷（Deborah Gray）、瑞秋·亨森（Rachel Henson）和黛比·羅爾斯（Debbie Rolls）。

我的好友凱文和多娜·考克斯（（Kevin and Donna Cox）慷慨出借他們德文郡核心地帶的小屋，讓我得以安靜寫作；敬重的同事凱兒·西蒙斯（Gail Simmons）和她的丈夫理查·貝里（Richard Bailey）他們兩位幫我審視了整份稿子並提供建議。還有一如既往地，我的老友兼長期合作編輯葛拉罕·科斯特（Graham Coster）幫我做了一份出色的文案編輯，然後萬分感謝我優秀的經紀人布魯·多爾蒂（Broo Doherty）。另外也要感謝妮可·海黛羅普（Nicole Heidaripour），為每個章節開頭都畫了精美插圖。

我要感謝費伯與費伯出版社（Faber & Faber）所有參與的同仁，包括編輯部蘿拉·哈森

（Laura Hassan）、前製理查·威廉森（Rachael Williamson）、宣傳部康納·哈欽森（Connor Hutchinson）和喬許·史密斯（Josh Smith）、行銷部約翰·格林卓（John Grindrod）和菲比·威廉斯（Phoebe Williams）、製作部佩卓·尼爾森（Pedro Nelson）、設計部安娜·莫里森（Anna Morrison）、索引製作梅蘭妮·吉（Melanie Gee）、校對莎拉·巴羅（Sarah Barlow）、排版戴夫·萊特（Dave Wright）、版權部路易絲·布萊斯（Louise Brice）、莉琪·畢許（Lizzie Bishop）、漢娜·斯泰爾斯（Hannah Styles）、哈蒂·庫克（Hattie Cooke）以及整個銷售團隊。特別感謝我的企劃編輯佛萊德·貝提（Fred Baty），感謝他的耐心、指導和建議。

與往常一樣，我要感謝我住在索美塞特郡（Somerset county）和其他各地的溫暖家人：蘇珊娜、大衛和凱特（外加一個！）、詹姆斯、查理、喬治和黛西。

最後，要是沒有露西·麥克羅伯特（Lucy McRobert）的專業、細心與辛勤，那麼我就沒辦法完成這本著作。身為愛鳥人士與歷史學者的她，絕對是研究本書中各種故事、趣聞軼事、例證、真實情況與數據的完美人選。

這本《鳥類創世紀》要獻給露西和她的丈夫，任職於諾丁漢大學（University of Nottingham）的環境歷史學教授羅伯·蘭伯特（Rob Lambert），致他們多年來的友誼、支持與睿智的建議。

原文註

＊原文註裡的網址連結於寫作時均為有效連結。

序言

1 Eleanor Ratcliffe et al., 'Predicting the perceived restorative potential of bird sounds through acoustics and aesthetics', *Environment and Behaviour*, vol. 52, issue 4, 2020.

2 Boria Sax, *Avian Illuminations: A Cultural History of Birds* (London: Reaktion Books, 2021).

3 WWF, 'The Living Planet Report', 2018: https://www.wwf.org.uk/updates/living-planet-report-2018. See also A. Lees et al., 'State of the World's Birds. Annual Review of Environment and Resources', DOI, 2022: https://doi.org/10.1146/annurev-environ-112420-014642.

4 Worldometer: https://www.worldometers.info/world-population/ and https://www.worldometers.info/world-population/world-population-byyear/

第一章

1 As told in Bernd Heinrich's book, *Mind of the Raven* (New York: Harper Perennial, 1999, 2006).

2 Heinrich, *Mind of the Raven*.

3 See *Oxford English Dictionary* (OED) entry: 'raven': https://www.oed.com/view/Entry/158644?rskey=E4uNz8&result=1&isAdvanced=false#eid.

4 See Stephen Moss, *Mrs Moreau's Warbler: How Birds Got Their Names* (London: Guardian Faber, 2018).

5 Jeremy Mynott, *Birds in the Ancient World* (Oxford: Oxford University Press, 2018).

6 See 'The Ravens', Historic Royal Palaces website: https://www.hrp.org.uk/tower-of-london/whats-on/the-ravens/#gs.2c1ot4.

7 George R. R. Martin, *A Game of Thrones* (New York: Bantam Spectra, Random House, 1996). 這系列稱作《冰與火之歌》，講的是九個貴族世家在維斯特洛斯（Westeros）等地爭奪無上權力的故事。故事情節與角色部分以中世紀的玫瑰戰爭（Wars of the Roses）及悠久的奇幻文學為藍本，並加入大量性與暴力元素來吸引現代觀眾的注意。

8 Genesis, chapter 8, verses 7–12 (King James Version, 1611).

9 「神說：我們要照著我們的形像、按著我們的樣式造人，使他們管理海裡的魚、空中的鳥、地上的牲畜，和全地，並地上所爬的一切昆蟲。」《創世紀》第一章第二十六節（詹姆士王譯本，一六一一）。編者註：聖經中文譯句均採用中文和合本。

10 William MacGillivray, *A History of British Birds* (London: Scott, Webster and Geary, 1837–51).

11 Frank Gill, David Donsker and Pamela Rasmussen, eds, 'Family Index', IOC World Bird List Version 10.1, International Ornithologists' Union, 2020.

12 See Euring website: https://euring.org/data-and-codes/longevity-list?page=5.

13 Derek Ratcliffe, *The Raven: A Natural History in Britain and Ireland* (London: T. & A. D. Poyser, 2010).

14 Ratcliffe, *The Raven*.

15 See BirdLife International: http://datazone.birdlife.org/species/factsheet/common-raven-corvus-corax

16 Karel Voous, *Atlas of European Birds* (Amsterdam: Nelson, 1960).

17 Stanley Cramp and Christopher Perrins, eds, *Handbook of the Birds of Europe, the Middle East and North Africa. The Birds of the Western Palearctic. Volume VIII Crows to Finches* (Oxford: Oxford University Press, 1994). 順帶一提，另一種能征服如此廣大棲息地的動物，是體型較小但適應力同樣強的鷦鷯。See Stephen Moss, *The Wren* (London: Square Peg, 2018).

18 Ratcliffe, *The Raven*.

19 See Danish Journal of Archaeology, vol. 2, issue 1, 2013: https://www.tandfonline.com/doi/abs/10.1080/21662282.2013.808403?journalCode=rdja20.

20 福金和霧尼這對渡鴉與奧丁密不可分，牠們不只出現在故事和傳說中，也出現於各類考古文物上，包括硬幣、頭盔、胸針、壁毯和石雕。See Andy Orchard, *Dictionary of Norse Myth and Legend* (London, Cassell, 1997) and Rudolf Simek, translated by Angela Hall, *Dictionary of Northern Mythology* (Woodbridge, D. S. Brewer, 2007).

21 See Nordisk Mytologi website: https://mytologi.lex.dk/Ravneguden.

22 John Lindow, *Norse Mythology: A Guide to the Gods, Heroes, Rituals, and Beliefs* (Oxford, Oxford University Press, 2001).

23 Anthony Winterbourne, *When the Norns Have Spoken: Time and Fate in Germanic Paganism* (Cranbury, New Jersey: Rosemont Publishing & Printing Corp, 2004).

24 In an endorsement of Christopher Skaife, *The Ravenmaster* (London: 4th Estate, 2018). See https://www.4thestate.co.uk/2018/11/george-rr-martinreviews-the-ravenmaster//.

25 Heinrich, *Mind of the Raven*.

26 Heinrich, *Mind of the Raven*.

27 Heinrich, *Mind of the Raven*.

28 See Ella E. Clark, *Indian Legends of the Pacific Northwest* (Berkeley: University of California Press, 1953).

29 早期的文明並不會清楚區分烏鴉與渡鴉，見John M. Marzluff and Tony Angell, *In the Company of Crows and Ravens* (New Haven and London: Yale University Press, 2005).

30 Franz Boas, 'Mythology and Folk-Tales of the North American Indians', *Journal of American Folklore*, 27 (106), 1914.

31 在阿拉斯加、卑詩省和育空地區的特林吉特（Tlingit）文化中，存在兩種不同但重疊的象徵：造物主烏鴉和天真無邪的烏鴉。 See John Swanton, 'Tlingit Myths and Texts', *Bureau of American Ethnology Bulletin 39*, Smithsonian Institution, 1909.

32 Encyclopaedia of Islam: https://referenceworks.brillonline.com/entries/encyclopaedia-of-islam-3/cain-and-abel-COM_24374.

33 Mynott, *Birds in the Ancient World*. 他指出，渡鴉會用嗅覺來找出已死或將死動物的位置，不過該點仍存有爭議：https://pubmed.ncbi.nlm.nih.gov/3960998/.

34 Edward A. Armstrong, *The Folklore of Birds* (London: Collins, 1958).

35 Quoted in Armstrong, *The Folklore of Birds*. Oddly, the numerical equivalents here are the exact reverse of the magpie verse, in which one is 'for sorrow' and two 'for joy'.

36 Revd Charles Swainson, *The Folk Lore and Provincial Names of British Birds* (London, Dialect Society, 1885).另一則故事中提到，渡鴉也幫助維京人找到並殖民冰島。

37 Kristin Axelsdottir, 'The Discovery of Iceland', Viking Network, 14 August 2004.

38 Jesse Byock, *Viking Age Iceland* (London: Penguin, 2001). 在歷史頻道製作的熱門電視劇《維京傳奇》（*Vikings*）中，造船工人佛洛基的原型就是弗洛基．維爾格達森。見〈冰島在電視歷史頻道《維京傳奇》系列第五季位居要角〉，《冰島雜誌》（*Iceland Magazine*），二〇一七年三月三日。

39 Mynott, *Birds in the Ancient World*.

40 C. D. Bird, 'How the rook sees the world: a study of the social and physical cognition of *Corvus frugilegus*', PhD thesis, University of Cambridge, 2010: https://ethos.bl.uk/OrderDetails.do?uin=uk.bl.ethos.596654.

41 M. Boeckle, M. Schiestl, A. Frohnwieser, R. Gruber, R. Miller, T. Suddendorf, R. D. Gray, A. H. Taylor and N. S. Clayton, 'New Caledonian crows plan for specific future tool use', Royal Society, 2020: https://royalsocietypublishing.org/doi/10.1098/rspb.2020.1490.

42 '477+ Words to Describe Raven': https://describingwords.io/for/raven.

43 3 Rachel Nuwer, 'Young Ravens Rival Adult Chimps in a Big Test of General Intelligence', Scientific American, 2020: https://www.scientificamerican.com/article/young-ravens-rival-adult-chimps-in-a-big-test-of-general intelligence/. 該研究最令人驚訝的地方在於，研究人員對渡鴉的四個年齡層個別做了測試，分別是四個月、八個月、十二個月與十六個月大。他們發現第一個年齡層的渡鴉就可以掌握大部分的任務，年輕渡鴉的表現至少已跟成年黑猩猩和紅毛猩猩一樣好。

44 Reported in Science, July 2017: 'Ravens – like humans and apes – can plan for the future': https://www.science.org/content/article/ravens-humans-and-apes-can-plan-future.

45 See Charlotte Ruhl, 'Theory of Mind', *Simply Psychology*, 7 August 2020: https://www.simplypsychology.org/theory-of-mind.html.

46 Derek Bickerton, *Adam's Tongue* (New York: Hill and Wang, 2009).

47 See Bernd Heinrich, *Ravens in Winter* (New York: Simon & Schuster, 1989, 2014).

48 詩詞完整版請見the Poetry Foundation website: https://www.poetryfoundation.org/poems/48860/the-raven.

49 For example, 'The Ten Best Poems of All Time', *Strand Magazine* website: https://strandmag.com/the-ten-best-poems-of-all-time/.

50 威廉・莎士比亞，《凱薩大帝》（*The Tragedy of Julius Caesar*），第五幕，第一場（一五九九）。編者註：本處採朱生豪譯本。另附梁實秋譯本供參：在我們頭上盤旋，向下窺視我們，好像我們是奄奄待斃的獵物一般。

51 威廉・莎士比亞，《馬克白》（*The Tragedy of Macbeth*）第一幕，第五場（一六〇六）。編者註：本處採梁實秋譯本，原譯句為烏鴉。另附朱生豪譯本供參：報告鄧肯走進我這堡門來送死的烏鴉，牠的叫聲是嘶啞的。

52 威廉・莎士比亞，《哈姆雷特》（*The Tragedy of Hamlet, Prince of Denmark*），第三幕，第二場（一六〇九）。編者註：本處採梁實秋譯本，原譯句為烏鴉。另附朱生豪譯本供參：哇哇的烏鴉發出復仇的啼聲。

53 威廉・莎士比亞，《奧賽羅》（*The Tragedy of Othello, the Moor of Venice*），第四幕，第一場（一六〇四）。編者註：本處採朱生豪譯本，原譯句為烏鴉。另附梁實秋譯本供參：好像烏鴉盤旋於疫病人家一般的不祥。

54 Boria Sax, *City of Ravens* (London: Duckworth Overlook, 2011).

55 Lucinda Hawksley, 'The mysterious tale of Charles Dickens's raven', BBC Culture website, 20 August 2015: https://www.bbc.com/culture/article/20150820-the-mysterious-tale-of-charles-dickenss-raven.

56 Heinrich, *Ravens in Winter*.

57 Heinrich, *Ravens in Winter*.

58 開場就呈現了整集的風采，請見YouTube: https://www.youtube.com/watch?v=bLiXjaPqSyY&ab_channel=NikaGongadze.

59 托爾金的《哈比人》（*The Hobbit, or, There and Back Again*. London: George Allen and Unwin, 1937）.

60 See, for example, this 'Notes and Queries' column from the Guardian: https://www.theguardian.com/global/2015/dec/29/weekly-notes-queries-carroll-raven-desk.

61 Heinrich, *Mind of the Raven*.

62 During the winter of 1496–7. Quoted in Ratcliffe, *The Raven*.

63 Simon Holloway, *The Historical Atlas of Breeding Birds of Britain and Ireland: 1875–1900* (Calton: T. & A. D. Poyser, 1996).

64 Abel Chapman, *The Borders and Beyond* (London: Gurney and Jackson, 1924). (Quoted in Ratcliffe, *The Raven*).

65 See Eilert Ekwall, *The Concise Oxford English Dictionary of Place Names* (Oxford: Clarendon Press, 1936).

66 Based on a bounty of 4d (roughly 1.66 new pence) per raven offered in 1731. https://www.bankofengland.co.uk/monetary-policy/inflation/inflationcalculator. See Roger Lovegrove, Silent Fields (Oxford, Oxford University Press, 2007).

67 William Wordsworth, A Guide through the District of the Lakes (Kendal: Hudson and Nicholson, 1810).考慮到攀爬樹木或陡峭的岩壁上到渡鴉巢並抓取幼鳥的危險，同時還要忍受憤怒渡鴉父母的攻擊，這樣的獎勵很值得。

68 Lovegrove, *Silent Fields*.

69 Lovegrove, *Silent Fields*.

70 請見生態攝影師李察・泰勒瓊斯（Richard Taylor-Jones）二〇一〇年在BBC 新聞網的這篇文章：http://news.bbc.co.uk/local/kent/hi/people_and_places/nature/newsid_8727000/8727116.stm.

71 J. T. R. Sharrock (ed.), *The Atlas of Breeding Birds in Britain and Ireland* (Tring, BTO, 1976).

72 Peter Lack (ed.) *The Atlas of Wintering Birds in Britain and Ireland* (Calton: T. & A. D. Poyser, 1986).

73 D. E. Balmer et al. (eds), *Bird Atlas 2007–11: The Breeding and Wintering Birds of Britain and Ireland* (Thetford: BTO Books, 2013).

74 Balmer et al., *Bird Atlas 2007–11*.

75 Skaife, *The Ravenmaster*.

76 Felix Leigh, Thomas Crane and Ellen Houghton, *London Town* (London: Marcus Ward & Co., 1883).

77 Mentioned in Sax, *City of Ravens*.

第二章

1 請見二〇〇五年的電視紀錄片《戰爭之鳥》（*War of the Birds*）：https://www.imdb.com/ title/tt0759946/plotsummary?ref_=tt_ov_pl. 可在YouTube上觀賞：https:// www.youtube.com/watch?v=sZfjbfe5SXM&ab_channel=FAMOSOXR, 從十分二十五秒起開始。

2 See also Nicholas Milton, *The Role of Birds in World War Two: How Ornithology Helped to Win the War* (Barnsley and Philadelphia: Pen and Sword, 2022).

3 DSA Dickin Medal, PDSA Website: https://www.pdsa.org.uk/what-wedo/animal-awardsprogramme/pdsa-dickin-medal. 這枚獎章一九四三年由英國慈善機構PDSA動物患者救助人民醫院（People's Dispensary for Sick Animals）的瑪麗亞．迪金（Maria Dickin）創立，以表彰在「任何軍種或民防單位中表現出英勇卓越或盡忠職守」的動物。

4 《創世記》，第八章第九節（詹姆士王譯本，一六一一）。

5 幾乎可以肯定的是，挪亞方舟的故事源於古蘇美（Ancient Sumeria）文明中更古老的史詩《吉爾伽美什》（*Gilgamesh*），據信至少可追溯到五千年前。有趣的是，裡頭同樣有一段情節，被放飛去尋找陸地的是一隻渡鴉和一隻鴿子（還有一隻燕子）。See Stephanie Dalley, *Myths from Mesopotamia: Creation, The Flood, Gilgamesh, and Others (Oxford: Oxford University Press, 1989)*.

6 人們如今認為，「中東」（Middle East）這個詞是源自西方殖民與盎格魯中心主義的用語；較恰當的用語是「黎凡特」（Levant）或「西亞」（West Asia）。See 'The Middle East and the End of Empire', World History project: https://www.khanacademy.org/humanities/whp-1750/xcabef9ed3fc7da7b:unit-8-end-of-empire-and-cold-war/xcabef9ed3fc7da7b:8-2-end-of-empire/a/the-middleeast-and-the-end-of-empire-beta.

7 See ABC News, 'Evidence Noah's Biblical Flood Happened, Says Robert Ballard', 2012. https://abcnews.go.com/Technology/evidence-suggestsbiblical-great-flood-noahs-time-happened/story?id=17884533.

8 Barbara West and Ben-Xiong Zhou, 'Did chickens go north? New evidence for domestication', *Journal of Archaeological Science*, vol. 15, issue 5, September 1988: https://www.sciencedirect.com/science/article/abs/pii/0305440388900805. 然而，二〇二二年六月一項新的研究重新確定了多個地點的雞隻的骨骼年代，指出雞的馴化時間比原先認為的要晚得多，大約在三千五百年前。See Helena Horton, *Guardian*: https://amp.theguardian.com/science/2022/jun/06/chickens-were-first-tempted-down-from-trees-by-rice-research-suggests.

9 《利未記》第五章第七節（詹姆士王譯本，一六一一年）：「如果他無法帶來一隻羔羊，那麼他應為他所犯的過失帶來兩隻斑鳩或兩隻雛鴿，獻給上帝：一隻作為贖罪祭，另一隻作為燔祭。」

10 Ruth Biasco et al., 'The earliest pigeon fanciers', Open Access report, 2014: https://www.nature.com/articles/srep05971. 總體而言，在這個洞穴及其周圍發現了至少九十種鳥類的遺骸，其中最常見的是各種山鶉、紅嘴山鴉、雨燕，以及鴿子。

11 C. Vogel, *Tauben* (Berlin: Deutscher Landwirtschaftsverlag, 1992).

12 R. M. Engberg, B. Kaspers, I. Schranner, J. Kösters and U. Lösch, 'Quantification of the immunoglobulin classes IgG and IgA in the young and adult pigeon (*Columba livia*)', Avian Pathology 21, 1992.

13 Yotam Tepper et al., 'Signs of soil fertigation in the desert: A pigeon tower structure near Byzantine Shivta, Israel', *Journal of Arid Environments*, vol. 145, October 2017: https://www.sciencedirect.com/science/article/abs/pii/

S0140196317301222?via%3Dihub.

14 Jennifer Ramsay, 'Not Just for the Birds: Pigeons in the Roman and Byzantine Near East': https://www.asor.org/anetoday/2017/11/not-just-birds.

15 Jacqueline Musset, 'Le droit de colombier en Normandie sous l'Ancien Régime', *Annales de Normandie*, vol. 34, 1984.

16 Andrew D. Blechman, *Pigeons: The Fascinating Saga of the World's Most Revered and Reviled Bird* (St Lucia: University of Queensland Press, 2007).

17 Kate Dzikiewicz, 'The Tragedy of the Most Hated Bird in America', Storage Room No. 2: Musings from the Bruce Museum Science Department, 17 April 2017: http://www.storagetwo.com/blog/2017/4/the-tragedy-of-themost-hated-bird-in-america.

18 See Fahim Amir, 'Rats with wings', on Eurozine website, August 2013: https://www.eurozine.com/rats-with-wings/. See also Colin Jerolmack, 'How Pigeons Became Rats: The Cultural-Spatial Logic of Problem Animals', *Social Problems*, vol. 55, no. 1, 2008: https://www.jstor.org/stable/10.1525/sp.2008.55.1.72.

19 Rosemary Mosco, *A Pocket Guide to Pigeon Watching* (New York, Workman Publishing, 2021).

20 Gerard J. Holzmann and Björn Pehrson, *The Early History of Data Networks* (London: John Wiley & Sons, 1995).

21 Holzmann and Pehrson, *The Early History of Data Networks*.這種巧妙的策略被喻為「也許是最早的否定確認信號」：Gerard J. Holzmann, 'Data Communications: the first 2500 years' (New Jersey: AT&T Bell Laboratories): https://spinroot.com/gerard/pdf/hamburg94b.pdf.

22 Holzmann and Pehrson, *The Early History of Data Networks*.

23 See Stephen Moss, *The Swallow: A Biography* (London: Square Peg, 2020).

24 For more detail, see Ian Newton, *Bird Migration* (London: Collins, 2020).

25 T. Guilford, S. Roberts and D. Biro, 'Positional entropy during pigeon homing II: navigational interpretation of Bayesian latent state models', *Journal of Theoretical Biology*, 2004, https://www.robots.ox.ac.uk/~parg/pubs/bird_2.pdf .

26 Quoted in Helen Pilcher, 'Pigeons take the highway,' *Nature*, 2004: https:// www.nature.com/articles/news040209-1.

27 由動物行為學者尼科・廷貝亨（Niko Tinbergen）和康拉德・洛倫茨（Konrad Lorenz）於二十世紀中期發展的概念。兩人在一九七三年與卡爾・弗里希（Karl von Frisch）同獲諾貝爾醫學獎，以表彰他們在鳥類行為方面的開創性研究。見《自然》（*Nature*）雜誌網站貼文：https://www.nature.com/articles/2141259a0.

28 整個過程的描述見Darren Naish, 'Voyeurism and Feral Pigeons', *Scientific American*, 2015: https://blogs.scientificamerican.com/tetrapod-zoology/voyeurism-and-feral-pigeons/.

29 Pliny the Elder, *Naturalis Historia* (77 ad).

30 Monica S. Cyrino, *Aphrodite: Gods and Heroes of the Ancient World* (London and New York: Routledge, 2010).

31 《路加福音》（*Gospel of Luke*）第二章第二十四節（詹姆士王譯本，一六一一）。

32 《馬太福音》（Matthew）第三章第十六節（詹姆士王譯本，一六一一）。

33 See this unofficial Pablo Picasso website: https://www.pablopicasso.org/dove-of-peace.jsp.

34 As mentioned (without source) in https://www.pipa.be/en/articles/originbelgian-racing-pigeon-rock-dove-carrier-pigeon-part-ii-9313.

35 Pliny the Elder, *Naturalis Historia*: https://www.loebclassics.com/view/pliny_elder-natural_history/1938/pb_LCL353.363.xml?readMode=recto.

36 See 'Enduring lessons from the legend of Rothschild's carrier pigeon', *Financial Times*, May 2013: https://www.ft.com/

content/255b75e0-c77d11e2-be27-00144feab7de.

37 Frederic Morton, *The Rothschilds: A Family Portrait* (London: Secker & Warburg, 1962).

38 Such as 'Carrier Pigeon Commerce, How Knowing First Helped the Rothschilds Build A Banking Empire', *Forbes*, June 2014: https://www.forbes.com/sites/samanthasharf/2014/06/18/carrier-pigeon-commerce-how-knowingfirst-helped-the-rothschilds-build-a-banking-empire/?sh=7972d4f2b08f.

39 'The Pigeon Post into Paris 1870–1', University of California website: https://www.srlf.ucla.edu/exhibit/text/hist_page4.htm.

40 Andrew McNeillie, *The Magna Illustrated Guide to Pigeons of the World* (London: Magna Publishing, 1993).

41 National Museum of American History website: https://americanhistory.si.edu/.

42 See Adam Bieniek, 'Cher Ami: the Pigeon that Saved the Lost Battalion', 2016, on the United States World War One Centennial Commission website: https://www.worldwar1centennial.org/index.php/communicate/press-media/wwi-centennial-news/1210-cher-ami-the-pigeon-that-saved-the-lost-battalion.html.

43 See 'Croix de guerre', on this military history website: https://military-history.fandom.com/wiki/Croix_de_guerre

44 See 'Cher Ami', on the National Museum of American History collections website: https://americanhistory.si.edu/collections/search/object/nmah_425415.

45 Bieniek, 'Cher Ami: the Pigeon that Saved the Lost Battalion'.

46 Kathleen Rooney, *Cher Ami and Major Whittlesey*: https://www. penguinrandomhouse.com/books/624839/cher-ami-and-major-whittlesey-by-kathleen-rooney/.

47 Wendell Levi, *The Pigeon* (Sumter, South Carolina: Levi Publishing Company, 1977).

48 See 'Pigeons in War', Royal Pigeon Racing Association website: https://www.rpra.org/pigeon-history/pigeons-in-war/.

49 Alexander Lee, 'Pigeon racing: A Miner's World?', *History Today*, April 2021: https://www.historytoday.com/archive/natural-histories/pigeon-racingminers-world

50 Gordon Corera, *Secret Pigeon Service: Operation Columba, Resistance and the Struggle to Liberate Europe* (London: William Collins, 2018). Also see Jon Day, 'Operation Columba', London Review of Books, 2019: https://www.lrb.co.uk/the-paper/v41/n07/jon-day/operation-columba.

51 *War of the Birds*.

52 PDSA Dickin Medal, PDSA Website.

53 'Spy pigeon's medal fetches £9,200', BBC website, 30 November 2004: http://news.bbc.co.uk/1/hi/uk/4054421.stm.

54 'Liberation of Europe: Pigeon Brings First Invasion News', Imperial War Museum website: https://www.iwm.org.uk/collections/item/object/205357374.

55 See PDSA website: https://www.pdsa.org.uk/get-involved/dm75/the-relentless/duke-of-normandy

56 Ian Herbert, 'The hero of the latest British war movie is a pigeon called Valiant. A flight of fancy? No, it's based on real life', *Independent*, 23 March 2005: https://www.independent.co.uk/news/uk/this-britain/the-hero-ofthe-latest-british-war-movie-is-a-pigeon-called-valiant-a-flight-of-fancy-noi

57 *War of the Birds*.

58 Ed.Drewitt, *Urban Peregrines* (Exeter: Pelagic Publishing, 2014).

59 National Archives website: https://discovery.nationalarchives.gov.uk/details/r/C4623103.

60 Derek Ratcliffe, *The Peregrine* (Calton: T. & A. D. Poyser, 1980).

61 National Archives website.

62 Ratcliffe, *The Peregrine*.

63 See Maneka Sanjay Gandhi, 'A Fascinating History of the Carrier Pigeons', *Kashmir Observer*, 6 July 2020: https://kashmirobserver.net/2020/07/06/afascinating-history-of-the-carrier-pigeons/.

64 'Pakistanis respond after "spy pigeon" detained in India', BBC News website, 2 June 2015: https://www.bbc.co.uk/news/blogs-trending-32971094.

65 'Iran arrests pigeons for spying', *Metro* website, 21 October 2008: https://metro.co.uk/2008/10/21/iran-arrests-pigeons-for-spying-56438/.

66 NBC News website: https://www.nbcnews.com/storyline/isis-uncovered/isis-executes-pigeon-bird-breeders-diyala-iraq-n287421.

67 Frank Blazich, 'In the Era of Electronic Warfare, Bring Back Pigeons', War on the Rocks website: https://warontherocks.com/2019/01/in-the-era-ofelectronic-warfare-bring-back-pig

68 'The Pigeon versus the Computer: A Surprising Win for All': https://pigeonrace2009.co.za/.

69 Chris Vallance, 'Why pigeons mean peril for satellite broadband', BBC News website, 29 August 2021: https://www.bbc.co.uk/news/technology-58061230.

70 Eric Simms, *The Public Life of the Street Pigeon* (London: Hutchinson, 1979).

71 Simms, *The Public Life of the Street Pigeon*. 希姆斯提到的兩個車站為基爾伯恩站（Kilburn）和芬奇利路站，當時屬於貝克盧線（Bakerloo line）的一個支線；後來這一支線成為朱比利線（Jubilee line）的一部分。

72 Daniel Haag-Wackernagel, 'The Feral Pigeon', University of Basel: https://stopthatpigeon.altervista.org/wp-content/

uploads/2012/10/Daniel-Haag-Wackernagel-Culture-History-of-the-Pigeon-Kulturgeschichte-der-Taube.pdf.

73 'Feed the Birds', St Paul's Cathedral website: https://www.stpauls.co.uk/history-collections/history/history-highlights/feed-the-birds-1964.

74 Jen Westmoreland Bouchard, '"Feed the Birds, Tuppence a Bag . . .": A Visit to London's St Paul's Cathedral', Europe up Close website, January 2020: https://europeupclose.com/article/feed-the-birds-tuppence-a-bag-avisit-to-londons-st-pauls-cathedral/

75 Andrew Hosken, *Ken: The Ups and Downs of Ken Livingstone* (London: Arcadia Books, 2008).

76 John Vidal, 'London pigeon war's costly bottom line', Guardian website, October 2004: https://www.theguardian.com/uk/2004/oct/07/london.london.

77 Valentine Low, 'Now you risk £500 fine for feeding pigeons anywhere in Trafalgar Square', *Evening Standard* website, 10 September 2017: https://www.standard.co.uk/hp/front/now-you-risk-ps500-fine-for-feeding-pigeons-anywhere-in-trafalgar-sq-6633

78 *New York Times* website: https://www.nytimes.com/2008/05/08/world/europe/08iht-pigeon.4.12710015.html and Observer website: https://observer.com/2019/02/nyc-parks-ban-feeding-animals/.

79 Walter Weber, 'Pigeon Associated People Diseases', University of Nebraska, 1979: https://digitalcommons.unl.edu/cgi/viewcontent.cgi?article=1020&context=icwdmbirdcontrol.

80 Colin Jerolmack, *The Global Pigeon (Fieldwork Encounters and Discoveries)*(Chicago: University of Chicago Press, 2013).

81 Colin Jerolmack, 'How Pigeons Became Rats: The Cultural-Spatial Logic of Problem Animals', 2008: https://www.jstor.org/stable/10.1525/sp.2008.55.1.72?seq=1%2525252523metadata_info_tab_contents.

82 BBC News website, 22 January 2019: https://www.bbc.co.uk/news/ukscotland-glasgow-west-46953707.

83 Songfacts website: https://www.songfacts.com/facts/tom-lehrer/poisoning-pigeons-in-the-park. For a recording of a live performance: https://www.youtube.com/watch?v=QNA9rQcMq00&ab_channel=TheTomLehrerWisdomChannel.

84 Melanie Rehak, 'Who Made That Twitter Bird?', *New York Times Magazine*, 8 August 2014: https://www.nytimes.com/2014/08/10/magazine/who-madethat-twitter-bird.html.

85 Doug Bowman, quoted in Rob Alderson, 'A look at the new Twitter logo and what people are reading into it', 7 June 2012: https://www.itsnicethat.com/articles/new-twitter-logo.

第三章

1 Ambrose Bierce, *The Cynic's Word Book (aka The Devil's Dictionary)* (New York: Doubleday, Page & Co., 1906).

2 See Rebecca Fraser, *The Mayflower* (New York: St Martin's Press, 2017) and Nathaniel Philbrick, *Mayflower: A Story of Courage, Community and War* (London: Penguin, 2006).

3 Verlyn Klinkenborg, 'Why Was Life So Hard for the Pilgrims?', *American History* 46 (5), December 2011.

4 John Brown, *The Pilgrim Fathers of New England and their Puritan Successors* (Pasadena, Texas: Pilgrim Publications, 1895, reprinted 1970).

5 See History website: https://www.history.com/topics/thanksgiving/history-of-thanksgiving.

6 Edward Winslow, letter of 11 December 1621, reproduced on Caleb Johnson's Mayflower History website: http://mayflowerhistory.com/letter-winslow-1621.

7 Andrew F. Smith, *The Turkey: An American Story* (Chicago and Urbana: University of Illinois Press, 2006). 這是一個富含資訊、分析和驚人的事實出色的敘述，涵蓋了野化火雞和家養火雞的多層次歷史。

8 Albert Hazen Wright, 'Early Records of the Wild Turkey, I', *The Auk*, vol. 31, no. 3, July 1914.

9 See 'The Invention of Turkey Day', in Smith, *The Turkey*.

10 James Robertson, *American Myth, American Reality* (New York: Hill and Wang, 1980). Quoted in Smith, *The Turkey*.

11 See 'Traditional Christmas Dinners in America', Morton Williams website: https://www.mortonwilliams.com/post/traditional-christmas-dinners-in-america.

12 Nora Ephron, *Huffington Post*, November 2010 https://www.facebook.com/NoraEphron/photos/a.241541749203751/516425171715406/?type=3

13 Smith, *The Turkey*.

14 See Elizabeth Pennisi, 'Quail-like creatures were the only birds to survive the dinosaur-killing asteroid impact', *Science*, 24 May 2018: https://www.science.org/content/article/quaillike-creature-was-only-bird-survivedinosaur-killing-asteroid-impact.

15 A. W. Schorger, *The Wild Turkey; its History and Domestication* (University of Oklahoma Press, 1966).

16 Smith, *The Turkey*. Turkeys can fly at speeds of 88 kmh per hour (55 mph).

17 'All About Birds: Wild Turkey', Cornell Lab: https://www.allaboutbirds.org/guide/Wild_Turkey/overview.

18 See Hugh A. Robertson and Barrie D. Heather, *The Hand Guide to the Birds of New Zealand (Penguin Random House New Zealand*, 1999, 2015).

19 Ralph Thomson, 'Richmond Park and the Georgian access controversy', National Archives, 23 June 2021: https://blog.

nationalarchives.gov.uk/richmond-park-and-the-georgian-access-controversy/.

20 See '4 Facts about Declining Turkey Populations', NWTF website: https://www.nwtf.org/content-hub/4-facts-about-declining-turkey-populations.

21 See M. Shahbandeh, 'Number of turkeys worldwide from 1990 to 2020', Statista website, 24 January 2022: https://www.statista.com/statistics/1108972/number-of-turkeys-worldwide/.

22 然而，二〇二二年六月的一項新研究重新確定了不同地點的雞的骨骼的年代，結果顯示雞馴化的時間比原先認為的晚得多：或許在大約三千五百年前。See Helena Horton, *Guardian*, 6 June 2022: https://amp.theguardian.com/science/2022/jun/06/chickens-were-first-tempted-down-from-trees-by-rice-research-suggests.

23 Michael Price, 'The turkey on your Thanksgiving table is older than you think', *Science*, November 2021, 2018: https://www.science.org/content/article/turkey-your-thanksgiving-table-older-you-think. 疣鼻棲鴨（*Cairina moschata*）是美洲另一種唯一被大規模馴化的鳥類，但牠從未因此變得常見或廣泛分布。

24 Smith, *The Turkey*.

25 5 Linda S. Cordell, *Ancient Pueblo Peoples* (Washington DC: St Remy Press and Smithsonian Institution, 1994). 會這麼稱呼，是因為它位於科羅拉多州、猶他州、亞利桑那州和新墨西哥州四個不同州的交界處。需要注意的是，因缺乏文字證據以及只能仰賴多個世紀後由西班牙征服者寫下的二手資料的關係，所以美洲的火雞是何時以及如何被馴化的，已不太可考。

26 Erin Kennedy Thornton et al., 'Earliest Mexican Turkeys (*Meleagris gallopavo*) in the Maya Region: Implications for Pre-Hispanic Animal Trade and the Timing of Turkey Domestication', 2012: https://journals.plos.org/plosone/article?id=10.1371/journal.pone.0042630.

27 Thornton et al., 'Earliest Mexican Turkeys'.

28 David Malakoff, 'We used to revere turkeys, not eat them', *Science* website, 25 November 2015: https://www.science.org/content/article/we-used-revereturkeys-not-eat-them. 全美國南部有許多這種掩埋火雞的相似例子。

29 Schorger, *The Wild Turkey*.

30 Thornton et al., 'Earliest Mexican Turkeys'.

31 Dr R. Kyle Bocinsky, Washington State University; quoted in Malakoff, 'We used to revere turkeys, not eat them'.

32 Schorger, *The Wild Turkey*.

33 Schorger, *The Wild Turkey*.

34 Schorger, *The Wild Turkey*.

35 See M. F. Fuller and N. J. Benevenga (eds), *The Encyclopaedia of Farm Animal Nutrition* (Wallingford: CABI, 2004). 儘管史翠克蘭應該只是眾多進口者之一，但他年輕時確實前往過美洲，也很可能帶回了幾隻第一批火雞。然而在《牛津國家人物傳記大辭典》史翠克蘭的條目中並未提及火雞。

36 David Gentilcore, *Food and Health in Early Modern Europe: Diet, Medicine and Society, 1450–1800* (London: Bloomsbury Academic, 2015). Quoted in Heather Horn, 'How Turkey Went Global', *The Atlantic*, 26 November 2015: https://www.theatlantic.com/international/archive/2015/11/turkey-history-world-thanksgiving/417849/.

37 7'Where Did the Domestic Turkey Come From?', All About Birds: Wild Turkey, the Cornell Lab, https://www.allaboutbirds.org/news/where-did-the-domestic-turkey-come-from/.

38 Smith, *The Turkey*.

39 Daniel Defoe, *A Tour Thro' the Whole Island of Great Britain* (1724–7).

40 Smith, *The Turkey*.

41 Smith, *The Turkey*.

42 John Gay, *Fables* (London: J. F. and C. Rivington, 1792). Quoted in Smith, *The Turkey*.

43 See 'Charles Dickens and the birth of the classic English Christmas dinner', on *The Conversation* website: https://theconversation.com/charles-dickens-and-the-birth-of-the-classic-english-christmas-dinner-108116.

44 See Robert Krulwich, 'Why a Turkey is Called a Turkey', NPR website, 27, November 2008: https://www.npr.org/templates/story/story.php?storyId=97541602&t=1644228448947.

45 Schorger, *The Wild Turkey*.

46 James A. Jobling, *The Helm Dictionary of Scientific Bird Names* (London: Christopher Helm, 2010).

47 See *Oxford English Dictionary*, ', 'Turkey': https://www.oed.com/view/Entry/207632rskey=5UbJY6&result=2&isAdvanced=false#eid.

48 William Strachey, *History of the Travaile into Virginia Britannica* (London: Hakluyt Society, 1849, written in 1612).

49 Albert Hazen Wright, 'Early Records of the Wild Turkey, II', *The Auk*, vol. 31, no. 4, October 1914.

50 Schorger, *The Wild Turkey*.

51 Schorger, *The Wild Turkey*.

52 Thomas Hamilton, *Men and Manners in America* (Philadelphia: Augustus M. Kelley, 1833). Quoted in Schorger, *The Wild Turkey*.

53 Wright, 'Early Records of the Wild Turkey, II'.

54 Mark Cocker and David Tipling, *Birds and People* (London: Jonathan Cape, 2013).

55 *Oxford English Dictionary*.

56 有趣的是，據以下文章的解釋該詞具有種族主義意涵：Merrill Perlman, 'Let's not "talk turkey"', *Columbia Journalism Review*, 23 November 2015:https://www.cjr.org/language_corner/lets_not_talk_turkey.php.

57 聽過約翰．藍儂（John Lennon）那首令人心驚膽戰的歌曲〈Cold Turkey〉的人都不會懷疑戒毒過程中所經歷的痛苦。見YouTube上的影片：https://www.youtube.com/watch?v=2C6ThAaxrWw&ab_channel=johnlennon.

58 Quoted in Schorger, *The Wild Turkey*.

59 Wright, 'Early Records of the Wild Turkey, II'.

60 Ryan Johnson, 'Global turkey meat market: Key findings and insights', the Poultry Site, 19 May 2018: https://www.thepoultrysite.com/news/2018/05/global-turkey-meat-market-key-findings-and-insights.

61 'Turkey by the numbers', National Turkey Federation website: https://www.eatturkey.org/turkeystats/.

62 The Poultry Site, 2018.

63 The Poultry Site, 2018.

64 Lorraine Murray, 'Consider the turkey', Advocates for Animals, 2007, accessed via Saving Earth (Encyclopaedia Britannica) website: https://www.britannica.com/explore/savingearth/consider-the-turkey-3.

65 *Lancaster Farming*, Pennsylvania; quoted in Murray, 2007. Ibid.

66 Murray, 'Consider the turkey'.

67 See 'The Night I Shaved the Turkey and other Thanksgiving Disasters', New England Today website: https://newengland.com/today/living/new-england-nostalgia/thanksgiving-disasters/.

68 See the UK Government's Food Standards Agency website: https://www.food.gov.uk/news-alerts/news/avoid-the-unwanted-gift-of-food-poisoningthis-christmas.

69 See 'Turkey Trouble: Home cooks risk food poisoning from washing their Christmas bird', University of Manchester website, 22 December 2014: https://www.manchester.ac.uk/discover/news/turkey-trouble-home-cooksrisk-food-poisoning-from-washing-their-christmas-bird/.

70 Helen Fielding, *Bridget Jones's Diary* (London: Picador, 1996).

71 見 BBC News website: https://www.bbc.co.uk/news/uk-englandlondon-20908427. 最終廚師和經理被判有罪並入獄，他們不僅提供受污染的火雞肉，還捏造食品安全紀錄：https://www.bbc.co.uk/news/uk-england-london-30954210.

72 'Most Common Sources Of Food Poisoning From Thanksgiving Dinner', Wallace Law website: https://www.bawallacelaw.com/most-commonsources-of-food-poisoning-from-thanksgiving-dinner/.

73 See 'Meat Eater's Guide to Climate Change and Health': https://www.ewg.org/meateatersguide/eat-smart/.

74 See Live Kindly website: https://www.livekindly.co/turkey-christmasdinner-double-emissions-vegan-roast/.

75 See the Human League website: https://thehumaneleague.org/article/lab-grown-meat.

76 See Jan Dutkiewicz and Gabriel N. Rosenberg, 'Man v food: is lab-grown meat really going to solve our nasty agriculture problem?', *Guardian*, 29 July 2021: https://www.theguardian.com/news/2021/jul/29/lab-grown-meatfactory-farms-industrial-agriculture-animals.

77 John Josselyn, *New-England's Rarities Discovered: In Birds, Beasts, Fishes, Serpents, And Plants of That Country* (London: G. Widdowes, 1672). Quoted in Smith, *The Turkey*.

78 Zadock Thompson, *History of Vermont, Natural, Civil and* Statistical, 1842. Quoted in Albert Hazen Wright, 'Early Records of the Wild Turkey, III', *The Auk*, vol. 32, no. 1, 1915.

79 Audubon, *The Birds of America*. See 'Wild Turkey' on the Audubon website: https://www.audubon.org/birds-of-america/wild-turkey.

80 T. Edward Nickens, 'Wild Turkey on the Rocks?', *Audubon Magazine*, November–December 2013: https://www.audubon.org/magazine/wildturkey-rocks.

81 See NWTF website: https://www.nwtf.org/content-hub/4-facts-about-declining-turkey-populations.

82 Nickens, 'Wild Turkey on the Rocks?'.

第四章

1 Will Cuppy, quoted in *The Dodo: The History and Legacy of the Extinct Flightless Bird* (Charles River Editors, 2020).

2 See Roisin Kiberd, 'The Dodo Didn't Look Like You Think It Does', on the Vice website: https://www.vice.com/en/article/vvbqq9/the-dodo-didntlook-like-you-think-it-does.

3 See Julian P. Hume, 'The history of the dodo Raphus cucullatus and the penguin of Mauritius', *Historical Biology*, 18:2, 2006: http://julianhume.co.uk/wp-content/uploads/2010/07/History-of-the-dodo-Hume.pdf. 薩威里至少畫了十幅度度鳥的主題畫作，數量遠超當時的其他藝術家。

4 See Alan Grihault, *Dodo: The Bird Behind the Legend* (Mauritius: IPC Ltd, 2005).

5 儘管根據《牛津英語詞典》所述，這個片語僅有一個多世紀的歷史，最早的出版紀錄出現在一九〇四年，語源同樣也是押頭韻的片語，即「as dead as a doornail」（死透了）。

6 *Oxford English Dictionary*.

7 Errol Fuller, *Dodo: From Extinction to Icon* (London: HarperCollins, 2002).

8 Fuller, *Dodo: From Extinction to Icon*.

9 See *The Ecologist* website, 22 October 2019: https://theecologist.org/2019/oct/22/age-extinction.

10 對於度度鳥及牠的近親羅德里格斯度度鳥，最詳盡而全面的各式描述，得參照所有原始與二手資料。見 Jolyon C. Parish, *The Dodo and the Solitaire: A Natural History* (Bloomington and Indianapolis, Indiana University Press, 2013).

11 From *A True Report of the gainefull, prosperous and speedy voyage to Java in the East Indies* (London, 1599).

12 From Jacob Corneliszoon van Neck, *Het Tweede Boeck* (Amsterdam, 1601).

13 Nehemiah Grew, *Musaeum Regalis Societatis: Or, a catalogue and description of the natural and artificial rarities belonging to the Royal Society, and preserved at Gresham Colledge [sic]* (London, 1685).

14 Richard Owen, *Observations on the Dodo* (London: Proc. Zool. Soc., 1846), pp. 51–3.

15 Johannes Theodor Reinhardt, 'Nøjere oplysning om det i Kjøbenhavn fundne Drontehoved', *Nat. Tidssk. Krøyer*. IV, 1842–3, pp. 71–2.

16 Hugh Edwin Strickland and Alexander Gordon Melville, *The Dodo and its Kindred; or the History, Affinities, and Osteology of the Dodo, Solitaire, and Other Extinct Birds of the Islands Mauritius, Rodriguez, and Bourbon* (London, Reeve, Benham, and Reeve, 1848).

17 B. Shapiro et al., 'Flight of the Dodo', *Science*, 295 (5560), 2002, p. 1683.

18 J. P. Hume, Extinct Birds, 2nd ed. (London, Helm, 2017). 只有秧雞（秧雞亞目，學名：*Ralliformes*）和鸚鵡（鸚形目，學名：*Psittaciformes*）遭遇了相似的災難。

19 Jeremy Hance, 'Caught in the crossfire: little dodo nears extinction', *Guardian*, 9 April 2018: https://www.theguardian.com/environment/radical-conservation/2018/apr/09/little-dodo-manumea-tooth-billed-pigeon-samoa-critically-endangered-hunting.

20 Anthony S. Cheke and Julian P. Hume, *Lost Land of the Dodo: An Ecological History of Mauritius, Réunion & Rodrigues* (New Haven and London: T. & A. D. Poyser, 2008).

21 Volkert Evertsz, quoted in Anthony S. Cheke, 'The Dodo's last island', Royal Society of Arts and Sciences of Mauritius, 2004.

22 Michael Blencowe, *Gone: A Search of What Remains of the World's Extinct Creatures* (London: Leaping Hare Press, 2020).

23 朱利安・休姆評估，或許只有極少數四到五隻度度鳥被運出模里西斯。與他合著的安東尼・奇克 Anthony Cheke）認為這個數字可能略高，可能是十一隻或更多。Cheke and Hume, *Lost Land of the Dodo*.

24 Errol Fuller, *Extinct Birds* (Oxford: Oxford University Press, 2000).

25 Fuller, *Extinct Birds*.

26 《創世紀》第一章第二十一節（詹姆士王譯本，一六一一）。

27 Arthur O. Lovejoy, *The Great Chain of Being: A Study of the History of an Idea* (New York: Harper, 1936, 1960).

28 Samuel T. Turvey and Anthony S. Cheke, 'Dead as a dodo: The fortuitous rise to fame of an extinction icon', *Historical Biology*, vol. 20, no. 2, June 2008.

29 Georges Cuvier, 'Memoir on the Species of Elephants, Both Living and Fossil', 1796, 1998: https://www.tandfonline.com/doi/abs/10.1080/02724634.1998.10011112.

30 Colin Barras, 'How humanity first killed dodo, then lost it as well', *Panorama* website, 12 April 2016: https://m.theindependentbd.com/arcprint/details/40404/2016-04-12.

31 Barras, 'How humanity first killed dodo, then lost it as well'.

32 Fuller, *Dodo: From Extinction to Icon*.

33 Oxford Museum of Natural History website: https://oumnh.ox.ac.uk/the-oxford-dodo.

34 University of Copenhagen Natural History Museum of Denmark website: https://snm.ku.dk/english/exhibitions/precious_things/. 這是萊因哈特檢驗的同一個標本，以便推斷度度鳥與鴿子的親緣關係。

35 The National Museum of the Czech Republic website: https://www.nm.cz/en/about-us/science-and-research/collection-of-birds.

36 英文常翻成「夢的池塘」，但根據休姆的說法，這池塘實際上產的是一種可食用的植物，由印度的契約工人引進模里西斯。Cheke and Hume, *Lost Land of the Dodo*.

37 Julian P. Hume and Christine Taylor, 'A gift from Mauritius: William Curtis, George Clark and the Dodo', Journal of the History of Collections, vol. 29 no. 3, 2017: http://julianhume.co.uk/wp-content/uploads/2010/07/Hume-Taylor-Curtis-Clark-dodo.pdf. 可能出於留戀，克拉克手邊還保留了一些骨骸，並於一八七三年去世時把它們留給了他的子女。將近五十年後的一九二一年，當時克拉克僅存的女兒伊迪絲（Edith）因境況困難，將它們賣給了薩塞克斯郡的哈斯廷斯和聖萊昂納德自然歷史學會（Hastings and St. Leonards Natural History Society）的創始人兼主席湯瑪斯．帕金（Thomas Parkin）。(See Grihault, *Dodo: The Bird Behind the Legend*.)

38 Julian Hume, Cheke and Hume, *Lost Land of the Dodo*.

39 Lewis Carroll, *Alice's Adventures in Wonderland* (London: Macmillan, 1865). 與普羅大眾想的一樣，《愛麗絲夢遊仙境》不斷翻印發行，有超過一百種語言的譯本，銷售了數百萬冊。然而原始的第一版僅存二十三本，其中包括道奇森自己的一本，一九九八年被以一百五十四萬美元的價格於紐約拍賣會中售出，創下當時童書的拍賣紀錄：https://www.nytimes.com/1998/12/11/nyregion/auction-record-for-anoriginal-alice.html.

40 W. J. Broderip, *The Penny Magazine* (London: Society for the Diffusion of Useful Knowledge, 1833). Later reprinted in *The Penny Cyclopaedia*, 1837.

41 Turvey and Cheke, 'Dead as a dodo'.

42 《創世紀》第一章第二十八節（詹姆士王譯本，一六一一）。Quoted in Strickland and Melville, *The Dodo and its Kindred*.

43 Errol Fuller, *The Great Auk* (Kent: Errol Fuller, 1998).

44 Strickland and Melville, *The Dodo and its Kindred*.

45 Turvey and Cheke, 'Dead as a dodo'. 諷刺的是，當初他們指出的這兩個瀕危物種，現已正式宣告滅絕。See Ian Sample, 'Yangtze river dolphin driven to extinction', *Guardian* website, 8 August 2007: https://www.theguardian.com/environment/2007/aug/08/endangeredspecies.conservation. Also Katharine Gammon, 'US to declare ivory-billed woodpecker and 22 more species extinct', *Guardian* website, 29 September 2021: https://www.theguardian.com/environment/2021/sep/29/us-bird-species-ivory-billed-woodpecker-extinct

46 Cheke and Hume, *Lost Land of the Dodo*.

47 Francois Benjamin Vincent Florens, 'Conservation in Mauritius and Rodrigues: Challenges and Achievements from Two Ecologically Devastated Oceanic Islands', in *Conservation Biology: Voices from the Tropics* (London: John Wiley & Sons, 2013).

48 Heather S. Trevino, Amy L. Skibiel, Tim J. Karels and F. Stephen Dobson, 'Threats to Avifauna on Oceanic Islands'; Heather S. Trevino, Amy L. Skibiel Tim J. Karels and F. Stephen Dobson, *Conservation Biology* Vol. 21, No. 1 (Feb. 2007).

49 http://datazone.birdlife.org/sowb/casestudy/small-island-birds-are-most-atrisk-from-invasive-alien-species-.

50 R. Galbreath and D. Brown, 'The tale of the lighthouse-keeper's cat: Discovery and extinction of the Stephens Island wren (*Traversia lyalli*)', Notornis, 51(#4), 2004, pp. 193–200: https://www.birdsnz.org.nz/publications/the-tale-of-the-lighthouse-keepers-cat-discovery-andextinction-of-the-stephens-island-wren-traversia-lyalli/.

51 Richard P. Duncan and Tim M. Blackburn, 'Extinction and endemism in the New Zealand avifauna', *Global Ecology and Biogeography*, 2004: https://doi.org/10.1111/j.1466-822X.2004.00132.x.

52 Morten Allentoft, quoted in Virginia Morell, 'Why Did New Zealand's Moas Go Extinct?', Science (American Association for the Advancement of Science, Virginia), 2014: https://www.sciencemag.org/news/2014/03/why-did-new-zealands-moas-go-extinct.

53 'Seabird recovery on Lundy', *British Birds*, vol. 112, no. 4, April 2017: https://britishbirds.co.uk/content/seabird-recovery-lundy. Also see: https:// www.theguardian.com/environment/2019/may/28/seabirds-treble-on-lundy-after-island-is-declared-rat-free.

54 E. Bell et al., 'The Isles of Scilly seabird restoration project: the eradication of brown rats (*Rattus norvegicus*) from the inhabited islands of St Agnes and Gugh, Isles of Scilly', 2019: http://www.issg.org/pdf/publications/2019_Island_Invasives/BellScilly.pdf.

55 然而，截至二〇二二年一月的最新更新顯示，第一次根除該島上所有老鼠的嘗試失敗了。'Gough Island restoration programme', RSPB website: https://www.rspb.org.uk/our-work/conservation/projects/gough-island-restoration-programme/.

56 'Update on Gough Island restoration', RSPB website, 13 January 2022: https://www.goughisland.com/.

57 二〇五〇獵食者去除計畫網站：https://pf2050.co.nz/. 二〇一七年，當時的保育部部長瑪吉・貝里（Maggie Barry）將這視為「我們國家歷史上最重要的保育項目之一——這將確保我們的本土物種免受滅絕威脅，也是保護牠們能繼續繁衍後代。」紐西蘭政府於二〇一七年七月二十五日發布的新聞稿，見Scoop website: https://www.scoop.co.nz/stories/PA1707/S00365/new-zealand-congratulated-on-predator-free-campaign.htm.

58 See Michael Greshko, National Geographic website, 25 July 2016: https:// www.nationalgeographic.com/science/article/new-zealand-invasives-islands-rats-kiwis-conservation.

59 See Norman Myers, *The Sinking Ark* (Oxford: Pergamon Press, 1979).

60 See 'Fresh hope for one of the world's rarest raptors', Birdguides, 24 July 2021: https://www.birdguides.com/news/fresh-hope-for-one-of-worlds-rarest-raptors/.

61 Carl F. Jones et al., 'The restoration of the Mauritius Kestrel population', *Ibis*, vol. 137, 1994: https://onlinelibrary.wiley.com/doi/pdf/10.1111/j.1474-919X.1995.tb08439.x.

62 See the Durrell Wildlife Conservation Trust website: https://www.durrell.org/news/pink-pigeon-bouncing-back-from-the-brink/.

63 'Mauritian Parrot No Longer Endangered: WVI Celebrates Conservation Success', on Vet Report website: https://www.vetreport.net/2020/02/mauritian-parrot-no-longer-endangered-wvi-celebrates-conservation-success/

64 瓊斯大部分的職業生涯都花在杜瑞爾野生動物保護信託（Durrell Wildlife Conservation Trust）上，該信託是由知名的《我的家庭和其他動物》（*My Family and Other Animals*）已故作者傑洛德・杜瑞爾（Gerald Durrell）及妻子李（Lee）創立，並與模里西斯政府及其他保育組織如鸚鵡信託（Parrot Trust）合作。見 the Durrell Wildlife Conservation Trust website: https://www.durrell.org/wildlife/. 若想知道更多瓊斯在海島上的保育工作，請見 Jamieson A. Copsey, Simon A. Black, Jim J. Groombridge and Carl G. Jones (eds.), *Species Conservation: Lessons from Islands* (Cambridge: Cambridge University Press, 2018).

65 David Quammen, *The Song of the Dodo: Island Biogeography in an Age of Extinctions* (London: Hutchinson, 1996).

66 See the Durrell Wildlife Conservation Trust website: https://www.durrell.org/news/professor-carl-jones-wins-2016-indianapolis-prize/.

67 Meg Charlton, 'What the Dodo Means to Mauritius', 2018: https://www.atlasobscura.com/articles/mauritius-and-the-dodo.

68 Jacques Germond and J. Roger Merven, *Les aventures de Maumau le dodo: souvenirs de genèse*, 1986. Quoted in Grihault, *Dodo: The Bird Behind the Legend.*

69 As shown in Fuller, *Dodo: From Extinction to Icon.*

70 第一套單以度度鳥為主題的郵票於二〇〇七年發行，而最新一套模里西斯的滅絕鳥類郵票則於二〇二二年發行。Cheke and Hume, *Lost Land of the Dodo.*

71 Quammen, *The Song of the Dodo.*

72 Deborah Bird Rose, 'Double Death', 2014: https://www.multispecies-salon.org/double-death/. See also D. B. Rose, *Reports from a Wild Country: Ethics for Decolonization* (Sydney: University of NSW Press, 2004).

73 Anna Guasco, '"As dead as a dodo": Extinction narratives and multispecies justice in the museum', *Nature and Space*, August 2020: https://journals.sagepub.com/doi/full/10.1177/2514848620945310.

74 See Graham Redfearn, 'How an endangered Australian songbird is forgetting its love songs', *Guardian* website, 16 March 2021. https://www.theguardian.com/environment/2021/mar/17/how-an-endangered-australian-songbird-regent-honeyeater-is-forgetting-its-love-songs.

75 Sean Dooley, correspondence.

76 Douglas Adams and Mark Carwardine, *Last Chance to See* (London: Pan Books, 1990).

第五章

1 Charles Darwin, *The Voyage of the Beagle* (London: John Murray, 1839).

2 例如加拉巴哥群島官方旅遊網站就稱，「在那些深深打動達爾文的動物中，就有以他名字命名的雀鳥」：https://www.galapagosislands.com/info/history/charles-darwin.html.

3 See Stephen Jay Gould, *Ever Since Darwin: Reflections in Natural History* (New York: W. W. Norton, 1977).

4 For a more detailed portrait of Darwin's story, see Janet Browne, *Charles Darwin*, vols 1 and 2 (London: Pimlico, 2003).

5 Charles Darwin, *On the Origin of Species by Means of Natural Selection* (London: John Murray, 1859).

6 想更了解這段迷人故事，請見 James T. Costa, *Wallace, Darwin and the Origin of Species* (Cambridge, MA: Harvard University Press, 2014).

7 See the opening chapter of Darwin, *On the Origin of Species*.

8 Frank Gill, David Donsker and Pamela Rasmussen (eds), 'Tanagers and allies', IOC World Bird List Version 10.2, International Ornithologists' Union, July 2020.

9 *Asemospiza obscura, IUCN Red List of Threatened Species* (BirdLife International, 2016): e.T22723584A94824826. https://dx.doi.org/10.2305/IUCN.UK.2016-3.RLTS.T22723584A94824826.en. 有時另一種聖露西亞黑雀（Saint Lucia Black finch，加勒比海島嶼特有種）也被認為是達爾文雀的祖先，但考慮到距離，這個可能性不大。See Hanneke Meijer, 'Origin of the species: where did Darwin's finches come from?', *Guardian*, 30 July 2018: https://www.theguardian.com/science/2018/jul/30/origin-of-the-species-where-diddarwins-finches-come-from.

10 近年來，一些科學家提出達爾文雀的祖先並非來自東方（厄瓜多），而是來自東北方（中美洲甚至加勒比海地區）。有趣的是，這或許可以解釋與可可斯島雀的關係。See L. F. Baptista and P. W. Trail, 'On the origin of Darwin's

finches', *The Auk*, 1988. Also E. R. Funk and K. J. Burns, 'Biogeographic origins of Darwin's finches (Thraupidae: Coerebinae)', *The Auk*, 2018.

11 Sangeet Lamichhaney, 'Adaptive evolution in Darwin's Finches': https://scholar.harvard.edu/sangeet/adaptive-evolution-darwins-finches.

12 達爾文的《小獵犬號航海記》當中所提到的水生蜥蜴（aquatic lizard），指的自然就是加拉巴哥群島的特有種，海鬣蜥（Marine Iguana）。

13 Darwin, *The Voyage of the Beagle*.

14 Quoted in F. J. Sulloway, 'Darwin and his finches: the evolution of a legend', *Journal of the History of Biology*, 15, 1982, pp. 1–53.

15 Charles Darwin, *Journal of researches into the natural history and geology of the countries visited during the voyage of HMS Beagle round the world, under the Command of Capt. Fitz Roy, RN*, 2nd edition (London: John Murray, 1845). Online version: http://darwin-online.org.uk/content/frameset?itemID=F14&pageseq=1&viewtype=text.

16 Charles Darwin, Letter to Otto Zacharias, 1877. Quoted in John Van Wyhe, Darwin Online: http://darwin-online.org.uk/content/frameset?itemID=A932&viewtype=text&pageseq=1.

17 Thomas Henry Huxley, *Science and Education*, vol. 3, 1869.

18 Percy Lowe, 'The Finches of the Galápagos in Relation to Darwin's Conception of Species', talk at British Association for the Advancement of Science, Norwich, 1935. Quoted in Van Wyhe, Darwin Online.

19 Van Wyhe, Darwin Online.

20 Francis Darwin (ed.), *The Foundations of the Origin of Species: Two Essays Written in 1842 and 1844 by Charles Darwin* (Cambridge: Cambridge University Press, 1909).

21 Ted. R. Anderson, *The Life of David Lack: Father of Evolutionary Ecology* (Oxford: Oxford University Press, 2013).

22 萊克把他的閒暇時間用於研究英國人最熟悉的鳥之一——歐亞鴝（European Robin，又名知更鳥），發表成果後成為暢銷書：David Lack, *The Life of the Robin* (London: H. F. & G. Witherby, 1943).

23 Anderson, *The Life of David Lack*.

24 David Lack, 'The Galápagos Finches (Geospizinae), A Study in Variation', California Academy of Sciences, San Francisco, 1945.

25 Anderson, *The Life of David Lack*.

26 David Lack, *Darwin's Finches: An Essay on the General Biological Theory of Evolution* (Cambridge: Cambridge University Press, 1947).

27 Van Wyhe, Darwin Online.

28 *The Voyage of Charles Darwin*, BBC TV series, part 6, 1978: https://www.youtube.com/watch?v=zXY-EWZU5qo&ab_channel=chiswickscience.

29 See Charles G. Sibley, 'On the phylogeny and classification of living birds', *Journal of Avian Biology*, vol. 25, no. 2, 1994: https://www.jstor.org/stable/3677024.

30 Brian Jackman, *West with the Light* (Chesham, Bradt, 2021).

31 現為著名科學家、藝術家和作家的塔利亞回憶道：「無論好壞，加拉巴哥群島都塑造了我的整個人生，影響了我所走的每個方向。」Quoted in Joel Achenbach, 'The People Who Saw Evolution', 2014: https://paw.princeton.edu/article/people-who-saw-evolution.

32 Peter Grant and Rosemary Grant, *How and Why Species Multiply: The Radiation of Darwin's Finches* (Princeton, NJ: Princeton University Press, 2008).

33 Achenbach, 'The People Who Saw Evolution'.

34 Jonathan Weiner, *The Beak of the Finch* (London: Jonathan Cape, 1994).

35 Weiner, *The Beak of the Finch*.

36 Niles Eldredge and S. J. Gould, 'Punctuated equilibria: an alternative to phyletic gradualism', in T. J. M. Schopf (ed.), *Models in Paleobiology* (San Francisco: Freeman Cooper, 1972).

37 Grant and Grant, *How and Why Species Multiply*.

38 Grant and Grant, *How and Why Species Multiply*.

39 Weiner, *The Beak of the Finch*, chapter 5.

40 Grant and Grant, How and *Why Species Multiply*. As he notes, their daughters proved surprisingly good at finding dead birds!

41 Weiner, *The Beak of the Finch*, chapter 5.

42 彼得・格蘭特解釋了天擇和演化之間的關鍵區別：「天擇發生在一個世代之內：一些個體比其他個體更成功地存活或繁殖。如果被選擇的特徵，如喙的大小可繼承下去，那麼演化就會在一代與一代之間發生。在積累了一些測量數據之後，蘿絲瑪莉和我表明，演化是可繼承（遺傳的）的各種特徵經過天擇的結果。最近，我們已經鑒定出一些相關作用的基因。」(*How and Why Species Multiply*.)

43 T. S. Schulenberg, 'The Radiations of Passerine Birds on Madagascar', in Steven M. Goodman and Jonathan P. Benstead (eds.), *The Natural History of Madagascar* (Chicago: University of Chicago Press, 2003).

44 一般認為牠們是雀科（Fringillidae），但最近一些官方機構將牠們獨立成一科：管舌鳥科（Drepanididae）。See Les Beletsky, *Birds of the World* (London: HarperCollins, 2006).

45 See 'Hawaiian honeycreepers and their evolutionary tree', blog by GrrlScientist, *Guardian*: https://www.theguardian.com/science/punctuatedequilibrium/2011/nov/02/hawaiian-honeycreepers-tangled-evolutionary-tree.

46 他們所面臨的一大威脅是鳥瘧的傳染擴散。See Wei Liao et al., 'Mitigating Future Avian Malaria Threats to Hawaiian Forest Birds from Climate Change', *Plos One*, 6 January 2017: https://journals.plos.org/plosone/article?id=10.1371/journal.pone.0168880.

47 Alvin Powell, *The Race to Save the World's Rarest Bird: The Discovery and Death of the Po'ouli* (Mechanicsburg, PA: Stackpole Books, 2008).

48 Jon Fjeldså, Les Christidis and Per G. P. Ericson (eds), *The Largest Avian Radiation* (Barcelona: Lynx Edicions, 2020).

49 若想看本書發現的精采總結，見Gehan de Silva Wijeyeratne, 'Book Review: *The Largest Avian Radiation*', December 2020: https://www.researchgate.net/publication/347593826_BOOK_REVIEW_The_Largest_Avian_Radiation_The_Evolution_of_Perching_Birds_or_the_Order_Passeriformes_Edited_by_Jon_Fjeldsa_Les_Christidis_and_Per_GP_Ericson/citation/download.

50 不要將其與美洲的森鶯科（Parulidae）中的「新大陸鶯」混淆，這些鳥類與舊大陸那些黯淡無光的對應物種完全無關。以下網站對兩科別物種間的差異進行了有趣的詮釋：https://www.allaboutbirds.org/news/whos-gotthe-best-warblers-and-why-europe-vs-america-edition/.

51 See 'The British List' (BOU): https://bou.org.uk/wp-content/uploads/2022/06/BOU_British_List_10th-and-54th_IOC12_1_Cat-F.pdf.

52 See Avibase: The World Bird Database: https://avibase.bsc-eoc.org/checklist.jsp?region=WPA.

53 Fjeldså, Christidis and Ericson, *The Largest Avian Radiation*.

54 Tim Low, *Where Song Began: Australia's Birds and How They Changed the World* (New Haven: Yale University Press,

2020).

55 Sean Dooley, review of *Where Song Began, Sydney Morning Herald*, 23 June 2014: https://www.smh.com.au/entertainment/books/book-review-wheresong-began-by-tim-low-20140623-zsj9c.html

56 Low, *Where Song Began*.

57 Low, *Where Song Began*.

58 University of Minnesota, 'Songbirds Escaped From Australasia, Conquered Rest Of World', ScienceDaily, 20 July 2004: https://www.sciencedaily.com/releases/2004/07/040720090024.htm.

59 See Gal$$$pagos Conservation Trust website: https://galapagosconservation.org.uk/wildlife/darwins-finches/. 再請參閱 'Growing parasite threat to finches made famous by Darwin', BBC News website, 17 December 2015: https://www.bbc.co.uk/news/science-environment-35114681. 值得注意的是，這個故事的開場白又重複了那個神話，即雀鳥「幫助查爾斯・達爾文完善了他的演化論」。一些好的故事永遠不會消失。

第六章

1 Henri Weimerskirch et al., 'Foraging in Guanay cormorant and Peruvian booby, the major guano-producing seabirds in the Humboldt Current System', Marine Ecology Progress Series, 458, 2012: https://www.researchgate.net/publication/271251957_Foraging_in_Guanay_cormorant_and_Peruvian_booby_the_major_guano-producing_seabirds_in_the_Humboldt_Current_System.

2 C. B. Zavalaga and R. Paredes 'Foraging behaviour and diet of the guanay cormorant', *South African Journal of Marine Science*, 21:1, 1999: https://www.tandfonline.com/doi/pdf/10.2989/025776199784125980.

3 G. T. Cushman, *Guano and the Opening of the Pacific World: A Global Ecological History* (Cambridge: Cambridge University Press, 2013).

4 Lesley J. Kinsley, 'Guano and British Victorians: an environmental history of a commodity of nature', PhD thesis, University of Bristol, 2019.: https://research-information.bris.ac.uk/en/studentTheses/guano-and-british-victorians.

5 這首詩（有多個不同版本），常見的說法是它源於維多利亞時期的音樂廳表演，但萊斯利．金斯利（Lesley Kinsley）在她的博士論文〈鳥糞和英國維多利亞時代〉（Guano and British Victorians）中表示，找不到這方面的證據。她還表示這首詩據稱為桂冠詩人阿佛烈．丁尼生男爵（Alfred, Lord Tennyson）所作。

6 Tyntesfield, National Trust website: https://www.nationaltrust.org.uk/tyntesfield. William Gibbs died, aged 85, in April 1875.

7 George Washington Peck, *Melbourne and the Chincha Islands: With Sketches of Lima, and a Voyage Round the World* (New York City: R. Craighead, 1854).

8 英格蘭銀行通膨計算機：https://www.bankofengland.co.uk/monetary-policy/inflation/inflation-calculator.

9 James Miller, *Fertile Fortune: The Story of Tyntesfield* (London: National Trust, 2003).

10 *Secrets of the National Trust*, Channel 5, December 2020: https://www.channel5.com/show/secrets-of-the-national-trust-with-alan-titchmarsh/season-4/episode-8.

11 這起有點爭議卻又重要的計畫是由國民信託所發起的，該計劃在「黑人的命也是命」運動及對人類奴隸制為西方世界創造財富所扮演的角色做了深入調查之後，國民信託終於開始正視其物業歷史的爭議性的面向。例如，廷特斯菲爾別墅的一個展覽（https://www.nationaltrust.org.uk/tyntesfield/features/tow-high-in-transit-），以及珂琳．福勒（Corinne Fowler）博士的優秀計畫《殖民鄉村：重新詮釋國家信託的房屋》（https://www.nationaltrust.org.uk/features/colonial-countryside-project）。

12 *Ace Ventura: When Nature Calls*: https://www.imdb.com/title/tt0112281/.

13 伊恩．佛萊明，《諾博士》(London: Jonathan Cape, 1958). 改編電影由史恩．康納萊（Sean Connery）主演，是長壽的詹姆斯．龐德系列的第一部作品，於一九六二年上映。https://www.imdb.com/title/tt0055928/.

14 何塞．德．阿科斯塔神父的《印度的自然與道德史》（*The natural & moral history of the Indies*），由愛德華．葛林斯頓（Edward Grimston）於一六〇四年譯成英文。

15 See 'Did Guano Make the Inca the World's First Conservationists?', blog by GrrlScientist: https://www.forbes.com/sites/grrlscientist/2020/08/30/did-guano-make-the-inca-the-worlds-first-conservationists/?sh=19d7c95c4060.

16 *The Myths of Mexico and Peru*: https://hackneybooks.co.uk/books/30/57/TheMythsOfMexicoAndPeru.html#ch7.

17 Cushman, *Guano and the Opening of the Pacific World*. See also G. T. Cushman, 'The Most Valuable Birds in the World: International Conservation Science and the Revival of Peru's Guano Industry, 1909–65', *Environmental History*, 10 (3), 2005, pp. 477–509.

18 Inca Garcilaso de la Vega, *Comentarios Reales de los Incas*, 1609. 這可能是以西班牙征服者佩德羅．西薩．德萊昂（Pedro Cieza de León）一五五三年的著作為藍本。

19 De la Vega, *Comentarios Reales de los Incas*.

20 Thomas Malthus, 'An Essay on the Principle of Population as It Affects the Future Improvement of Society', 1798.

21 Sir Humphry Davy, *Elements of Agricultural Chemistry* (London: Longman, 1813).

22 Megan L. Johnson, 'The English House of Gibbs in Peru's Guano Trade in the Nineteenth Century', thesis, Clemson University, 2017: https://tigerprints.clemson.edu/cgi/viewcontent.cgi?article=3798&context=all_theses. 本章節中許多段落的素材來自這份詳細的紀錄。

23 Cushman, *Guano and the Opening of the Pacific World.* 李比希還推廣了一個被稱為「最低量定律」（the law of the minimum）的理論，該理論指出植物與作物的生長不依賴可用資源總量，而是取決於最稀缺資源的量，他稱之為「限制因素」（limiting factor）。實際上，這意味著如果肥料中就算只缺少或缺乏一種必需的營養物質，那這就將降低其效力，並導致產量大幅下降。

24 *Farmer's Magazine* (London: Rogerson and Tuxford, 1852).

25 Cushman, *Guano and the Opening of the Pacific World.*

26 Benjamin Disraeli, *Tancred; or, The New Crusade* (London: Henry Colburn, 1847).

27 A. J. Duffield, *Peru in the Guano Age; Being a short account of a recent visit to the guano deposits, with some reflections on the money they have produced and the uses to which it has been applied* (London: Richard Bentley and Son, 1877).

28 Peck, *Melbourne and the Chincha Islands.*

29 Duffield, *Peru in the Guano Age.*

30 Watt Stewart, *Chinese Bondage in Peru: A History of the Chinese Coolie in Peru, 1849–1874* (Durham: Duke University Press, 1951).

31 See David Olusoga, 'Before oil, another resource made and broke fortunes: guano', *BBC History Magazine*, no. 5, 2020.

32 Cushman, *Guano and the Opening of the Pacific World.*

33 見國際鳥盟網站：http://datazone.birdlife.org/species/factsheet/guanay-cormorant-leucocarbo-bougainvilliorum. 根據（二十多年前，即一九九九年）最新數量估計顯示，目前約有三百七十萬隻；相比之下，一九五四年還有多達兩千一百萬隻，也就是說不到半個世紀，數量就下降了超過五分之四。

34 See 'El Niño bird', on the Living Wild in South America website: http://living-wild.net/2016/07/21/el-nino-bird/.

35 See 'LED lights reduce seabird death toll from fishing by 85 per cent, research shows', on University of Exeter website: https://www.exeter.ac.uk/news/featurednews/title_669952_en.html.

36 Fabián M. Jaksic and José M. Fariña, 'El Niño and the Birds', Anales Instituto Patagonia (Chile), 2010: https://scielo.conicyt.cl/pdf/ainpat/v38n1/art9.pdf.

37 For a vivid eyewitness account of the modern-day guano harvest, see Neil Durfee and Ernesto Benavides, 'Holy Crap! A Trip to the World's Largest Guano-Producing Islands', on the Audubon website: https://www.audubon.org/news/holy-crap-trip-worlds-largest-guano-producing-islands. Also 'The Colony', a 2016 film installation by the acclaimed Vietnamese artist Dinh Q. Lê: https://www.ikon-gallery.org/exhibition/the-colony.

38 Courtney Sexton, 'Seabird Poop Is Worth More Than $1 Billion Annually', Smithsonian Magazine website, 7 August 2020: https://www.smithsonianmag.com/science-nature/seabird-poop-worth-more-1-billion-annually-180975504/. 「鳥糞熱潮」帶來了一項奇特的結果，美國國會於一八五六年通過了《美國鳥糞島法案》（American Guano Islands Act），這項卓越的法律至今仍然有效。

39 Figures from Cushman, *Guano and the Opening of the Pacific World*.

40 See Cushman, *Guano and the Opening of the Pacific World*.

41 Cushman, *Guano and the Opening of the Pacific World*.

42 See William Furter, *A Century of Chemical Engineering* (New York: Springer, 1982).

43 令人驚訝的是，庫西曼預估到了二〇〇〇年，哈伯法僅需十天就能創造出相當於整個十九世紀從鳥糞中獲取的所有氮量。Cushman, *Guano and the Opening of the Pacific World*; quoted in Edward Posnett, *Harvest: The Hidden Histories of Seven Natural Objects* (London: Bodley Head, 2019).

44 'War Agricultural Committee, 9 September 1939', *Nature* website: https://www.nature.com/articles/144473a0.

45 Extract from the TV series *Birds Britannia*, 'Countryside Birds', BBC 4, first broadcast October 2010: https://www.bbc.co.uk/programmes/b00vssdk/episodes/guide.

46 Interviewed for *Birds Britannia*, 'Countryside Birds'.

47 若想更進一步詳細了解究竟哪裡出錯，我推薦Isabella Tree's *Wilding: The return of nature to a British farm* (London: Picador, 2018).

48 Interviewed for *Birds Britannia*, 'Countryside Birds'.

49 Rachel Carson, *Silent Spring* (Boston: Houghton Mifflin Company, 1962).

50 'DDT – A Brief History and Status', US Environmental Protection Agencywebsite: https://www.epa.gov/ingredients-used-pesticide-products/ddt-brief-history-and-status.

51 在法律還不那麼嚴格的開發中國家，目前仍然廣泛使用DDT和許多其他遭禁用的化學物質。在過去的十年，由於對牛隻廣泛使用抗蠕蟲藥物雙氯芬酸，而鳥類之後又吃進這種藥物，導致亞洲的兀鷲數量急劇下降了百分之九十九。See Darcy L. Ogada, Felicia Keesing and Munir Z. Virani, 'Dropping dead: causes and consequences of vulture population declines worldwide', Annals of the New York Academy of Sciences, 2011: https://assets.peregrinefund.org/docs/pdf/research-library/2011/2011-Ogada-vultures.pdf. 可悲的是，非洲兀鷲現在也步上同樣的命運。See Stephen Moss, 'The vultures aren't soaring over Africa – and that's bad news', *Guardian*, 13 June 2020: https://www.theguardian.com/environment/2020/jun/13/the-vultures-arent-hovering-over-africa-and-thats-bad-news-aoe.

52 Leonard Doyle, 'America's songbirds are being wiped out by banned pesticides', *Independent*, 4 April 2008: https://www.independent.co.uk/climate-change/news/american-songbirds-are-being-wiped-out-by-banned-pesticides-804547.html.

53 Damian Carrington, 'Warning of "ecological Armageddon" after dramatic plunge in insect numbers', *Guardian*, 18 October 2017: https://www.theguardian.com/environment/2017/oct/18/warning-of-ecologicalarmageddon-after-dramatic-plunge-in-insect-numbers. See also Paula Kover, 'Insect "Armageddon": 5 Crucial Questions Answered', *Scientific American*, 30 October 2017: https://www.scientificamerican.com/article/insect-ldquo-armageddon-rdquo-5-crucial-questions-answered/.

54 See Dave Goulson, *Silent Earth: Averting the Insect Apocalypse* (London: Jonathan Cape, 2021).

55 Francisco Sánchez-Bayo and Kris A.G. Wyckhuys, 'Worldwide decline of the entomofauna: A review of its drivers', *Biological Conservation*, vol. 232, 2019: https://www.sciencedirect.com/science/article/abs/pii/S0006320718313636.

56 Sánchez-Bayo and Wyckhuys, 'Worldwide decline of the entomofauna'.

57 Susan S. Lang, 'Careful with that bug! It's helping deliver $57 billion a year to the US, new Cornell study reports', 1 April 2016: https://news.cornell.edu/stories/2006/04/dont-swat-those-bugs-theyre-worth-57-billion-year.

58 Justus Von Liebig, *Letters on Modern Agriculture* (London: Bradbury and Evans, 1859). Quoted in Johnson, 'The English House of Gibbs in Peru's Guano Trade in the Nineteenth Century'.

59 Cushman, *Guano and the Opening of the Pacific World*.

第七章

1 From William Wilbanks, *Forgotten Heroes: Police Officers Killed in Early Florida, 1840–1925* (Paducah, Kentucky: Turner Publishing Company, 1998).

2 Stuart B. McIver, *Death in the Everglades: The Murder of Guy Bradley, America's First Martyr to Environmentalism*

(Gainesville, Florida: University Press of Florida, 2003).

3 Victoria Shearer, *It Happened in the Florida Keys* (Guilford, Connecticut: Globe Pequot Press, 2008).

4 McIver, *Death in the Everglades*.

5 'Flamingo Man Heard Him Say He'd Kill Bradley', *New York Times*, 10 June 1909.

6 McIver, *Death in the Everglades*. 這些學會自然是以著名的十九世紀鳥類畫家約翰・詹姆斯・奥杜邦為名。

7 'Florida Fisherman Who Shot Game Warden Says It Was Done in SelfDefense', *New York Times*, 8 June 1909.

8 William Dutcher, 'Guy M. Bradley', Bird-Lore, vol. 7 (1905), p. 218.

9 McIver, *Death in the Everglades*.

10 BirdLife International Data Zone: http://datazone.birdlife.org/species/factsheet/snowy-egret-egretta-thula.

11 John James Audubon, *Birds of America* (1827–38).

12 'Snowy Heron, or White Egret', Audubon, *Birds of America*: https://www.audubon.org/birds-of-america/snowy-heron-or-white-egret

13 Audubon, *Birds of America*.

14 一六三五年至二〇二〇年間每年每一美元的購買力見Statista website: https://www.statista.com/statistics/1032048/value-us-dollarsince-1640/ (based on 1885 values).

15 Historical Gold Prices – 1833 to present: https://nma.org/wp-content/uploads/2016/09/historic_gold_prices_1833_pres.pdf (based on 1885 values).

16 Gilbert Pearson, quoted in William Dutcher, 'The Snowy Heron', *BirdLore*, vol. 6 (1905): https://en.wikisource.org/wiki/

Page:Bird-lore_Vol_06.djvu/59.

17 Quoted in Jim Huffstodt, *Everglades Lawmen: True Stories of Danger and Adventure in the Glades* (Sarasota, Florida: Pineapple Press, 2000).

18 Quoted in Jack E. Davis, *An Everglades Providence: Marjory Stoneman Douglas and the American Environmental Century* (Athens, Georgia: University of Georgia Press, 2009). 身為一位「蒐藏者轉變來的保護者」，布萊德利有位好同伴：美國第二十六任總統狄奧多．羅斯福（Theodore Roosevelt）也曾是一位獵人，他在一九〇一年至一九一九年任職期間制定了一系列保護鳥類的法律，並劃設了五十多個聯邦野生動物保護區，第一個是成立於一九〇三年位於佛羅里達州的佩利肯島（Pelican Island）國家野生動物保護區。

19 Quoted in Tessa Boase, *Mrs Pankhurst's Purple Feather* (London: Aurum, 2018, republished in paperback 2020 as *Etta Lemon: The Woman Who Saved the Birds)*.

20 Charles Cory, 1902, quoted in Mark V. Barrow, Jr, *A Passion for Birds* Princeton, New Jersey: Princeton University Press, 1998). 順帶一提，科里麗鸌（Cory's Shearwater）這種鳥的名字就是以科里的名字命名的；近期的政治不正確風潮興起了去除人名命名法的運動，科里麗鸌有沒有可能被選上、去除人名呢？

21 「蛋糕」一詞是誤譯，她講的應該是「*Qu'ils mangent de la brioche*（讓他們吃奶油雞蛋捲吧）」。不過就跟許多評論家說的一樣，這兩者沒什麼不同。See Britannica website: https://www.britannica.com/story/did-marie-antoinette-really-say-let-them-eat-cake.

22 Kathleen Nicholson, 'Vigée Le Brun, Elisabeth-Louise' (Oxford University Press: Grove Art Online).

23 See the National Gallery of London website: https://www.nationalgallery.org.uk/paintings/international-womens-day-elisabeth-louise-vigee-le-brun.

24 Sarah Abrevaya Stein, *Plumes: Ostrich Feathers, Jews, and a Lost World of Global Commerce* (New Haven: Yale University Press, 2008).

25 Robin. W. Doughty, *Feather Fashions and Bird Preservation: A Study in Nature Protection* (Berkeley: University of California Press, 1974).

26 R. J. Moore-Colyer, 'Feathered Women and Persecuted Birds: The Struggle against the Plumage Trade, c. 1860–1922' (Cambridge: Cambridge University Press, 2000; online version, 2008: https://www.cambridge.org/core/journals/rural-history/article/abs/feathered-women-and-persecuted-birds-the-struggle-against-the-plumage-trade-c-18601922/35D6DCC1C907DCFF1C4AA0C36A2E3322).

27 Quoted in Moore-Colyer, 'Feathered Women and Persecuted Birds'.

28 T. H. Harrisson and P. A. D. Hollom, 'The Great Crested Grebe Enquiry', *British Birds*, vol. 26, 1932.

29 William T. Hornaday, *Our Vanishing Wild Life: Its Extermination and Preservation* (New York, Charles Scribner's Sons, 1913; ebook available http://www.gutenburg.net).

30 Malcolm Smith, *Hats: A Very Unnatural History* (Michigan State University Press, 2020). See also https://www.historyextra.com/period/victorian/victorian-hats-birds-feathered-hat-fashion/.

31 Smith, *Hats*.

32 Corey T. Callaghan, Shinichi Nakagawa and William K. Cornwell, 'Global abundance estimates for 9,700 bird species', Proceedings of the National Academy of Sciences of the United States of America, 2021: https://www.pnas.org/content/118/21/e2023170118.

33 The 119th Christmas Bird Count Summary', Audubon website, 9 December 2019: https://www.audubon.org/news/the-119th-christmas-bird-count-summary. 絕大多數物種都來自拉丁美洲，該地區的物種多樣性遠高於北美洲。不幸的是，儘管計算次數每年都在增加，但由於整個美洲地區生態多樣性和棲息地持續損失，所以鳥類的數量卻急遽下降。

34 Rick Wright, 'Not Quite the Last of the Carolina Parakeet', American Birding Association (ABA) website, 21 February 2018: https://blog.aba.org/2018/02/not-quite-the-last-of-the-carolina-parakeet.html.

35 Stephen Moss, *A Bird in the Bush: A Social History of Birdwatching* (London: Aurum, 2004).

36 Douglas Brinkley, *The Wilderness Warrior: Theodore Roosevelt and the Crusade for America* (New York: Harper Perennial, 2009).

37 Frank Chapman, 'Birds and Bonnets', letter to the editor of *Forest and Stream* magazine, 1886. Quoted in Boase, *Mrs Pankhurst's Purple Feather*.

38 See Hansard, 26 February 1869: http://hansard.millbanksystems.com/commons/1869/feb/26/leave.

39 See James Robert Vernam Marchant, *Wild Birds Protection Acts, 1880–96* (South Carolina: BiblioLife, 2009).

40 有關這位卓越女性以及英國皇家鳥類保護學會的其他創始人的詳情，請見博斯（Boase）的《潘克斯特夫人的紫色羽毛》（Mrs Pankhurst's Purple Feather）。

41 Tessa Boase, 'Five women who founded the RSPB', *Nature's Home*, RSPB, 2018: https://community.rspb.org.uk/ourwork/b/natureshomemagazine/posts/five-women-who-founded-the-rspb.

42 William Souder, 'How Two Women Ended the Deadly Feather Trade', *Smithsonian Magazine*, March 2013: https://www.smithsonianmag.com/science-nature/how-two-women-ended-the-deadly-feather-trade-23187277/.

43 See Kathy S. Mason, 'Out of Fashion: Harriet Hemenway and the Audubon Society, 1896–1905', 2002: https://www.tandfonline.com/doi/abs/10.1111/1540-6563.651014.

44 Quoted in 'Hats Off to Women Who Saved the Birds', National Public Radio, July 2015: https://www.npr.org/sections/npr-history-dept/2015/07/15/422860307/hats-off-to-women-who-saved-the-birds. 因為這些是由鴕鳥農場飼養的，羽毛也是以拔取得來的，牠們並不會因貿易而遭殺害，所以鴕鳥羽毛處於可接受範圍。

45 克莉絲緹娜．亞歷山大（Kristina Alexander），〈雷斯法案：通過限制交易來保護環境〉（The Lacey Act: Protecting the Environment by Restricting Trade），國會研究服務報告，二〇一四年一月十四日。根據該法案，運送禁運物品的罰款最高可達五百美元，收受禁運物品的罰款為兩百美元（相當於現今價值一萬六千美元和六千五百美元），《雷斯法案》經證明成效非凡：儘管仍有非法走私，但毛皮和羽毛交易開始迅速萎縮。

46 Henry Ford and Samuel Crowther, *My Life and Work* (Garden City, New York: Doubleday, Page & Co., 1922).

47 See *Washington Post*, August 2020: https://www.washingtonpost.com/climate-environment/2020/08/11/quoting-kill-mockingbird-judge-struckdown-trumps-rollback-historic-law-protecting-birds/.

48 See the National Audubon Society website: https://www.audubon.org/news/the-migratory-bird-treaty-act-explained.

49 H. H. Johnston, letter to *Nature*, 1 April 1920: https://www.nature.com/articles/105168a0.

50 Karen Harris, 'The Bob: A Revolutionary and Empowering Hairstyle', *History Daily*: https://historydaily.org/the-bob-a-revolutionary-and-empowering-hairstyle.

51 Paul R. Erlich et al., 'Plume Trade', 1988: https://web.stanford.edu/group/stanfordbirds/text/essays/Plume_Trade.html.

52 Dr Merle Patchett, 'Murderous Millinery': https://fashioningfeathers.info/murderous-millinery/. See also Merle Patchett, 'The Biogeographies of the Blue Bird-of-Paradise: From Sexual Selection to Sex and the City', Journal of Social History, vol. 52, issue 4, 2019 (https://doi.org/10.1093/jsh/shz013 see esp. p.1079), and Merle Patchett, 'Feather-Work: A Fashioned Ostrich Plume Embodies Hybrid and Violent Labors of Growing and Making', GeoHumanities, 7:1, 2021, pp. 257–82: https://www.tandfonline.com/doi/full/10.1080/2373566X.2021.1904789.

53 Patchett, 'Murderous Millinery'.

54 W. H. Hudson, 'Feathered Women', 1893, SPB Leaflet no. 10. Quoted in Philip McCouat, 'Fashion, Feathers and Animal Rights', *Journal of Art and Society*; http://www.artinsociety.com/feathers-fashion-and-animal-right.html.

55 *New York Times*, 31 July 1898. Quoted in Patchett, 'Murderous Millinery'.

56 Virginia Woolf, 'The Plumage Bill', *Woman's Leader* magazine, 23 July 1920. Reprinted in *The Essays of Virginia Woolf 1919–24*, edited by Andrew McNeillie (Boston: Mariner Books, 1991).

57 Patchett, 'Murderous Millinery'.

58 Boase, *Mrs Pankhurst's Purple Feather*.

59 Boase, *Mrs Pankhurst's Purple Feather*.

60 Quoted in Stephen Moss, *Birds Britannia* (London: HarperCollins, 2011).

61 Quoted in 'Hats Off to Women Who Saved the Birds'.

62 See RSPB Annual Report 2020: https://www.rspb.org.uk/globalassets/downloads/annual-report-2020/rspb-annual-report-08-10-2020-signedoff-interacrtive-pdf.pdf/.

63 See RSPB website: https://www.rspb.org.uk/our-work/.

64 Marjory Stoneman Douglas, *Nine Florida Stories by Marjory Stoneman Douglas* (Jacksonville: University of North Florida Press, 1990).

65 See *Wind Across the Everglades*, IMDb website: https://www.imdb.com/title/tt0052395/.

66 這些獎項包括一九八八年設立的國家魚類與野生動物基金會（National Fish and Wildlife Foundations）的蓋伊·布萊德利獎（Guy Bradley Award），以紀念參與野生動物執法的州和聯邦官員，以及奧杜邦學會的蓋伊·布萊德利終身保護獎（Guy Bradley Lifetime Conservation Award）。 See Jack E. Davis, *An Everglades Providence: Marjory Stoneman Douglas and the American Environmental Century* (Athens, Georgia: University of Georgia Press, 2009).

67 BBC News website, 13 September 2021: https://www.bbc.co.uk/news/science-environment-58508001.

68 為保衛野生動物或自然資源而發生的死亡事件中有超過百分之八十在發生在墨西哥、中美洲和南美洲。主要的熱點包括巴西（二〇〇二年至二〇一三年間有近四百五十人被謀殺）、洪都拉斯和祕魯。See 'Deadly Environment', a 2014 report from Global Witness:https://www.globalwitness.org/en/campaigns/environmental-activists/deadly-environment/.

69 See *Guardian*, 13 September 2021: https://www.theguardian.com/environment/2021/sep/13/colombia-12-year-old-eco-activist-refuses-to-let-death-threats-dim-passion-aoe.

70 Zane Grey, *Tales of Southern Rivers* (New York: Harper & Brothers, 1924).

第八章

1 Deena Zaru, 'The symbols of hate and far-right extremism on display in pro-Trump Capitol siege', ABC News website: https://abcnews.go.com/US/symbols-hate-extremism-display-pro-trump-capitol-siege/story?id=75177671.

2 Bend the Arc: Jewish Action @jewishaction: https://twitter.com/jewishaction/status/1278340461682442241?ref_src=twsrc%5Etfw%7Ctwcamp%5Etweetembed%7Ctwterm%5E1278340461682442241%7Ctwgr%5E%7Ctwcon%5Es1_&ref_url=https%3A%2F%2Fforward.com%2Fculture%2F450073%2Fdid-the-trump-campaign-really-slap-a-nazi-eagle-on-a-t-shirt%2F.

3 Ruth Sarles, *A Story of America First: The Men and Women Who Opposed US Intervention in World War II* (Westport, Connecticut: Greenwood Publishing Group, 2002).

4 See Krishnadev Calamur, 'A Short History of "America First"', *The Atlantic* website: https://www.theatlantic.com/politics/archive/2017/01/trump-america-first

5 Tim Murtaugh, Trump 2020 communications director, in an email to *USA Today*, quoted on https://eu.usatoday.com/story/news/factcheck/2020/07/11/fact-check-trump-2020-campaign-shirt-designsimilar-nazi-eagle/5414393002/.

6 納粹相關圖像不是只有穿在T恤上的那隻老鷹而已：在抗議活動發生一年後的二〇二二年一月，一名穿著印有標語「奧斯威辛集中營」的暴民承認進入國會大廈。

7 Steven Heller, *The Swastika and Symbols of Hate: Extremist Iconography Today* (New York: Allworth Press, 2019). See also: 'Designing for the Far Right', *Creative Review*, 2019: https://www.creativereview.co.uk/designing-for-the-far-right/.

8 Steven Heller, quoted in Justin S. Hayes, 'Jupiter's Legacy: The Symbol of the Eagle and Thunderbolt in Antiquity and Their Appropriation by Revolutionary America and Nazi Germany', Senior Capstone Projects, 2014.

9 See the National Gallery website: https://www.nationalgallery.org.uk/paintings/learn-about-art/paintings-in-depth/painting-saints/recognising-saints-animals-and-the-body/recognising-saints-eagle.

10 'The modern coat of arms of the Russian Federation celebrates its 35th anniversary', the State Duma: http://duma.gov.ru/en/news/28991/.

11 見 https://en.wikipedia.org/wiki/List_of_national_birds. 相關物種包括金鵰、角鵰（Harpy Eagle）、爪哇鷹鵰（Java Hawk Eagle）、草原鵰（Steppe Eagle）、非洲魚鵰、菲律賓鵰（Philippine Eagle）、白尾海鵰和白頭海鵰。

12 See 'Countries With Eagles On Their Flags', World Atlas website: https:// www.worldatlas.com/articles/countries-with-eagles-on-their-flags.html. 當中有一些可以看得出確切物種，例如巴拿馬國徽上的角鵰，但大部分國家所用都是一些普通版的「老鷹」，無法分辨出屬於哪種物種。見 Jack E. Davis, The Bald Eagle: The Improbable Journey of America's Bird (New York: Liveright Publishing/W. W. Norton, 2022).

13 Janine Rogers, Eagle (London: Reaktion Books, 2015).

14 M. V. Stalmaster, *The Bald Eagle* (New York: Universe Books, 1987).

15 See Guinness World Records website: https://www.guinnessworldrecords.com/world-records/largest-birds-nest.

16 See Davis, *The Bald Eagle*.

17 William Barton, 1782, quoted in Hal Marcovitz, *Bald Eagle: The Story of Our National Bird* (Philadelphia: Mason Crest, 2015).

18 See 'The Great Seal of the United States', US Department of State Bureau of Public Affairs: https://2009-2017.state.gov/documents/organization/27807.pdf.

19 Benjamin Franklin, letter to Sarah Bache, 1784. Quoted on: https://founders.archives.gov/documents/Franklin/01-41-02-0327.

20 Franklin, letter to Sarah Bache.

21 Franklin, letter to Sarah Bache.

22 See, for example, 'Did Benjamin Franklin Want the National Bird to be a Turkey?', The Franklin Institute website: https://www.fi.edu/benjaminfranklin/franklin-national-bird.

23 The opinion of Davis in *The Bald Eagle*.

24 John James Audubon, Journals, 1831, Library of America.

25 Davis, *The Bald Eagle*.

26 Quoted widely, including on: https://news.google.com/newspapersnid=2199&dat=19890717&id=Y5EzAAAAIBAJ&sjid=suYFAAAAIBAJ&pg=6526,4672472.

27 Edward J. Lenik, 'The Thunderbird Motif in Northeastern Indian Art', *Archaeology of Eastern North America*, 40, 2012, pp. 163–185: https://www.jstor.org/stable/23265141.

28 Isis Davis-Marks, 'Archaeologists Unearth 600-Year-Old Golden Eagle Sculpture at Aztec Temple', *Smithsonian Magazine*, 2 February 2021: https://www.smithsonianmag.com/smart-news/archaeologists-unearth-600-year-old-obsidian-eagle-mexico-180976894/.

29 Matthew Fielding, 'Australia's Birds and Embedded Within Aboriginal Culture', *DEEP (Dynamics of Eco-Evolutionary Patterns)*: https://www.deep-group.com/post/australia-s-birds-are-embedded-within-aboriginal-australian-culture

30 《撒母耳記下》第一章第二十三節（詹姆士王譯本）。

31 《啟示錄》第四章第七節（詹姆士王譯本）。聖經中老鷹的形象很複雜，因為當中提及的一些老鷹實際上可能指的是兀鷲，就像《何西阿書》中的一句警告：「敵人如鷹來攻打耶和華的家；因為這民違背我的約，干犯我的律法。」《何西阿書》第八章第一節（詹姆士王譯本）。

32 A. B. Cook, *Zeus: A Study in Ancient Religion* (Cambridge: Cambridge University Press, 1914). 在荷馬史詩《伊里亞德》（*Iliad*）和《奧德賽》（*Odyssey*）（西元前九至八世紀左右寫成）中，儘管老鷹還未成為主要同伴，但宙斯已經是眾神中的翹楚。不久之後，這兩者不可分割地聯繫在一起，老鷹變成了「宙斯的其中一種具體樣貌，宙斯的實質化身」。

33 Michael Apostoles (circa mid-fifteenth century ad), quoted in George E. Mylonas, 'The Eagle of Zeus', *Classical Journal*, vol. 41, no. 5, 1946.

34 波斯帝國的核心在今日的伊朗，向西包括土耳其，向南包括中東和埃及，向東包括巴基斯坦和阿富汗的部分地區。See 'Persian Empire', National Geographic website: https://www.nationalgeographic.org/encyclopedia/persian-empire/.

35 See 'Cyrus the Great', Britannica website: https://www.britannica.com/biography/Cyrus-the-Great.

36 *Monty Python's Life of Brian* (1979). See: https://www.youtube.com/watchv=djZkTnJnLR0&ab_channel=SF1971.

37 Justin S. Hayes, 'Jupiter's Legacy: The Symbol of the Eagle and Thunderbolt in Antiquity and Their Appropriation by Revolutionary America and Nazi Germany', Senior Capstone Projects, 261, 2014: https://digitallibrary.vassar.edu/collections/institutional-repository/jupiters-legacysymbol-eagle-and-thunderbolt-antiquity-and.

38 See Caesar, *Commentarii de Bello Gallico; Dio Cassius, Roman History; Florus, Epitome of Roman History*.

39 Hubert de Vries, 'Two-headed Eagle', 17 July 2011: http://www.hubertherald.nl/TwoHeadedEagle.htm.

40 Tom Holland, personal communication.

41 See 'The Fascist Messaging of the Trump Campaign Eagle': https://hyperallergic.com/576095/facist-trump-campaign-eagle-america-first-t-shirt/.

42 Arthur Moeller van den Bruck, *Das Dritte Reich* (Berlin Ring-Verlag, 1923).

43 See Stan Lauryssens, *The Man Who Invented the Third Reich* (Stroud: The History Press, 1999).

44 See Anti-Defamation League (ADL) website: https://www.adl.org/education/references/hate-symbols/nazi-eagle.

45 Hayes, 'Jupiter's Legacy'.

46 Wagner, Richard (1995a). *Art and Politics*. Vol. 4. Lincoln (NE) and London: University of Nebraska Press. ISBN 978-0-8032-9774-6.

47 Volker Losemann, 'The Nazi Concept of Rome', in Catharine Edwards, *Roman Presences: Receptions of Rome in European Culture, 1789–1945* (Cambridge: Cambridge University Press, 1999).

48 Hayes, 'Jupiter's Legacy'.

49 Steven Morris, 'Nazi concerns denied as Barclays eagle comes down', *Guardian*, 21 Aug 2007: https://www.theguardian.com/media/2007/aug/21/advertising.business.

50 'Barclays set to drop eagle logo', Reuters website, 19 June 2007: https://www.reuters.com/article/uk-barclays-abn-eagle-idUKL1942925820070619.

51 Heller, in Hayes, 'Jupiter's Legacy'.

52 See the Boy London website: https://www.boy-london.com/collections/heritage.

53 'Fury at trendy fashion label's logo that bears an astonishing resemblance to NAZI eagle', Daily Mail, 5 May 2014: https://www.dailymail.co.uk/news/article-2620605/Angry-shoppers-demand-fashion-label-changes-logo-lookslike-NAZI-eagle-symbol.html.

54 Heller, in Hayes, 'Jupiter's Legacy'.

55 BBC News website, 22 April 2022: https://www.bbc.co.uk/news/world-us-canada-61192975.

56 M. B. Himle, R. G. Miltenberger, B. J. Gatheridge and C. A. Flessner, 'An evaluation of two procedures for training skills to prevent gun play in children', *Pediatrics*, 113 (1 Pt 1), January 2004: https://pubmed.ncbi.nlm.nih.gov/14702451/.

57 Paul Helmke, 'NRA's "Eddie Eagle" Doesn't Fly or Protect', *Huffington Post*, 25 May 2011: https://www.huffpost.com/entry/nras-eddie-eagle-doesntf_b_572285.

58 Janet Reitman, 'All-American Nazis: Inside the Rise of Fascist Youth in the US', *Rolling Stone*, 2 May 2018.

59 Maria R. Audubon (ed.), *Audubon and His Journals*, Volume 1, 1897.

60 W. Devitt Miller, from the American Museum of Natural History in New York, quoted in *Popular Science Monthly*, March

1930: https://books.google.co.uk/books?id=HCoDAAAAMBAJ&pg=PA62&redir_esc=y#v=onepage&q&f=false.

61 US Fish & Wildlife Service, Migratory Bird Treaty Act: https://www.fws.gov/birds/policies-and-regulations/laws-legislations/migratory-bird-treaty-act.php.

62 US Fish & Wildlife Service, Bald and Golden Eagle Protection Act: https://www.fws.gov/law/bald-and-golden-eagle-protection-act.

63 Carson, *Silent Spring*.

64 Davis, *The Bald Eagle*.

65 US Fish & Wildlife Service, History of Bald Eagle Decline, Protection and Recovery: https://www.fws.gov/midwest/eagle/History/index.html.

66 See 'Celebrating Our Living Symbol of Freedom', *USA Today Magazine*, vol. 144, issue 2853, June 2016.

67 'Celebrating Our Living Symbol of Freedom'.

68 Davis, *The Bald Eagle*.

69 'New Wind Energy Permits Would Raise Kill Limit of Bald Eagles But Still Boost Conservation, Officials Say', ABC News: https://abcnews.go.com/US/wind-energy-permits-raise-kill-limit-bald-eagles/story?id=38881089.

70 'Trump just gutted the law that saved American bald eagles from extinction', *Fast Company*, 12 August 2019. https://www.fastcompany.com/90389091/trump-guts-the-endangered-species-act-that-saved-bald-eagles.

71 'Mysterious death of bald eagles in US explained by bromide poisoning', *New Scientist*, 25 March 2021: https://www.newscientist.com/article/2272670-mysterious-death-of-bald-eagles-in-us-explained-by-bromide-poisoning/.

72 'Watch Donald Trump Dodge a Bald Eagle', *Time* Magazine, 9 December 2015: https://time.com/4141783/time-

person-of-the-year-runner-up-donald-trump-eagle-gif/.

第九章

1 改編自沙葉新證詞，'The Chinese Sparrows of 1958', 31 August 1997: http://www.zonaeuropa.com/20061130_1.htm. 經韓素音等證人證實，'The Sparrow Shall Fall', *New Yorker*, 10 October 1959: https://birdingbeijing.com/wp-content/uploads/2015/07/the-new-yorker-oct-10-1959.pdf.

2 Suyin, 'The Sparrow Shall Fall'.

3 See 'The Four Pests Campaign', NHD Central website: https://00-08943045.nhdwebcentral.org/The_Sparrow_Massacre. 譯者註：本條註釋並未標示毛澤東這句話的出處，也未能尋得對應原句，故本句為直譯。

4 Suyin, 'The Sparrow Shall Fall'.

5 Esther Cheo Ying, *Black Country Girl in Red China* (London: Hutchinson, 1980). 吃驚的是，距首次出版四十多年後，這本書仍然在印刷販售中，書名修改為*Black Country to Red China* (London: The Cresset Library, 1987), 非常值得一讀！

6 這段話及其後的引述和評論皆取自於二〇二一年八月五日，與周瑛進行的面對面訪談。

7 Cheo Ying, *Black Country to Red China*.

8 'RED CHINA: Death to Sparrows', *Time* Magazine, 5 May 1958.

9 'RED CHINA: Death to Sparrows'.

10 Suyin, 'The Sparrow Shall Fall'.

11 Suyin, 'The Sparrow Shall Fall'.

12 Suyin, 'The Sparrow Shall Fall'.

13 Sheldon Lou, *Sparrows, Bedbugs, and Body Shadows* (Honolulu: University of Hawaii Press, 2005).

14 Cheo Ying, *Black Country to Red China*.

15 Suyin, 'The Sparrow Shall Fall'.

16 Suyin, 'The Sparrow Shall Fall'.

17 See Alexander Pantsov, *Mao: The Real Story* (New York: Simon and Schuster, 2013).

18 Cheo Ying, *Black Country to Red China*.

19 鄭作新，《中國鳥類分布名錄》（北京：科學出版社，一九七六）。雖標為一九七六年，但實際出版年為一九七八年。見 Jeffery Boswall, 'Notes on the current status of ornithology in the People's Republic of China', *Forktail*, vol. 2, 1986.

20 若想對這起可怕事件有個初步概念並知其原由，可見「毛澤東的大饑荒」（Mao's Great Famine）影片：https://www.youtube.com/watch?v=r33Q8cl87HY；維基百科資訊：https://en.wikipedia.org/wiki/Great_Leap_Forward.

21 See Jonathan Mirsky, 'Unnatural Disaster', *New York Times*, 7 December 2012: https://www.nytimes.com/2012/12/09/books/review/tombstone-the-great-chinese-famine-1958-1962-by-yang-jisheng.html.

22 Jonathan Mirsky, 'China: The Shame of the Villages', *New York Review of Books*, vol. 53, no. 8, 11 May 2006.

23 馮客，《毛澤東的大饑荒：中國浩劫史一九五八至一九六二》（*Mao's Great Famine: The History of China's Most Devastating Catastrophe, 1958–62*）（London: Bloomsbury, 2010; 繁體中文版為聯經出版，二〇一二）。

24 馮客，《毛澤東的大饑荒》。

25 引自楊繼繩，《墓碑：中國六十年代大饑荒紀實》（香港：天地圖書，二〇〇九），頁二六。

26 楊繼繩，《墓碑：中國六十年代大饑荒紀實》。儘管楊繼繩以記者身分聞名，但他被迫得在香港出版《墓碑》。該書發行十年後中國仍禁止販售，楊繼繩懷疑有數以萬計的影本已走私進入中國境內。

27 楊繼繩，《墓碑：中國六十年代大饑荒紀實》。

28 Tania Branigan, 'China's Great Famine: the true story', *Guardian*, 1 January 2013: https://www.theguardian.com/world/2013/jan/01/china-great-famine-book-tombstone.

29 Roderick MacFarquhar and John K. Fairbank (eds), *The Cambridge History of China, Volume 14: The People's Republic, Part 1: The Emergence of Revolutionary China, 1949–1965* (Cambridge: Cambridge University Press, 1987), p. 223.

30 該段取自下列書籍的書名，*Mao's War against Nature: Politics and the Environment in Revolutionary China* by Judith Shapiro (Cambridge: Cambridge University Press, 2001).

31 戴晴，二〇〇四年發表的言論，引述於多個來源，包括：http://news.bbc.co.uk/1/hi/world/asia-pacific/3371659.stm.

32 Quoted in *Sunday Herald*, 5 July 1953: https://trove.nla.gov.au/newspaper/article/18516559.

33 *Sunday Herald*, 5 July 1953.

34 'Western Australia Makes War on Emus', *British Movietone*, 5 January 1933: https://www.youtube.com/watch?v=Y1wA0PKeJqc.

35 Quoted in Jasper Garner Gore, 'Looking back: Australia's Emu Wars', Australian Geographic, 18 October 2016: https://www.australiangeographic.com.au/topics/wildlife/2016/10/on-this-day-the-emu-wars-begin/.

36 J. Denis Summers-Smith, 'Studies of West Palearctic birds 197. Tree Sparrow', British Birds, vol. 91, 1998: https://britishbirds.co.uk/wp-content/uploads/article_files/V91/V91_N04/V91_N04_P124_138_A031.pdf.

37 See BTO BirdTrends, Tree Sparrow: https://www.bto.org/our-science/publications/birdtrends/birdtrends-2018-trends-numbers-breeding-successand-survival-uk.

38 張淑萍等人，〈城市化對城市麻雀棲息地利用的影響：以北京市為例〉，《生物多樣性》，二〇〇六年，第一四卷第五期，頁三七二至三八一。

39 'Frozen sparrows the tip of the iceberg', *New Scientist*, 18 December 1993: https://www.newscientist.com/article/mg14019040-900-frozen-sparrowsthe-tip-of-th

40 Summers-Smith, 'Studies of West Palearctic birds 197. Tree Sparrow'.

41 'Hong Kong has higher sparrow density than the UK, survey finds', 《信報財經新聞》（*Hong Kong Economic Journal*）網站，二〇一六年七月十九日：https://www.ejinsight.com/eji/article/id/1347102/20160719-survey-finds-hong-kong-has-higher-sparrow-density-than-uk. 主辦這次活動的是香港觀鳥會，根據統計，在市區平均每平方公里有一千四百三十四隻麻雀，牠們主要在通風口、管道及建築物牆壁的空隙中築巢。

42 'Urban sparrow population stable, bird watching group finds', *Standard* website, 23 August 2020: https://www.thestandard.com.hk/breaking-news/section/4/153662/Urban-sparrow-population-stable,-bird-watching-group-finds. 由於Covid-19大流行，所以二〇二〇年並未公開招募任何志工，該協會只能仰賴自己的工作人員，也導致所記錄的麻雀數量可能較低。

43 J. del Hoyo, A. Elliott and D. Christie (eds), *Handbook of the Birds of the World*, vol. 14, *Bush-shrikes to Old World Sparrows* (Barcelona: Lynx Edicions, 2009).

44 See Fiona Burns et al., 'Abundance decline in the avifauna of the European Union reveals global similarities in

biodiversity change', 2021: https://zenodo.org/record/5544548#.Yl52CtPMJBw. Quoted in Patrick Barkham, 'House sparrow population in Europe drops by 247 million', *Guardian*, 16 November 2021: https://www.theguardian.com/environment/2021/nov/16/house-sparrow-population-in-europe-drops-by-247m.

45 馮客，《毛澤東的大饑荒》。

46 Jung Chang and Jon Halliday, *Mao: The Untold Story* (London: Jonathan Cape, 2005).

47 馮客，《毛澤東的大饑荒》。

48 馮客，《毛澤東的大饑荒》。

49 芮納．米德對楊繼繩《墓碑》的評論，*Guardian*, 7 December 2012. https://www.theguardian.com/books/2012/dec/07/tombstone-mao-great-famine-yeng-jisheng-review.

50 Mike McCarthy, 'The sparrow that survived Mao's purge', *Independent*, 3 September 2010: https://www.independent.co.uk/climate-change/news/nature-studies-by-michael-mccarthy-the-sparrow-that-survived-mao-s-purge-2068993.html

51 Shapiro, *Mao's War against Nature*.

52 沙葉新，'The Chinese Sparrow War of 1958', EastSouthWestNorth website, 31 August 1997: http://www.zonaeuropa.com/20061130_1.htm.

53 Charlie Gilmour, personal communication.

54 Sai Kumar Sela, 'Four Pests Campaign', posted on LinkedIn: https://www.linkedin.com/pulse/four-pests-campaign-sai-kumar/?trk=read_related_article-card_title. 在這次的短暫復興中，「四害」中的麻雀已經被替換成蟑螂。

55 Tim Luard, 'China follows Mao with mass cull', BBC News website, 6 January 2004: http://news.bbc.co.uk/1/hi/world/asia-pacific/3371659.stm.

第十章

1 Broadcast in autumn 2018. See BBC iPlayer website: https://www.bbc.co.uk/programmes/p06mvqjc.

2 Peter T. Fretwell et al., 'An Emperor Penguin Population Estimate: The First Global, Synoptic Survey of a Species from Space', *Plos One*, 2012: https://www.ncbi.nlm.nih.gov/pmc/articles/PMC3325796/.

3 See Birdlife International website: https://www.iucnredlist.org/species/22697752/157658053.

4 See *Aptenodytes forsteri*, IUCN Red List of Threatened Species, BirdLife International, 2020: https://www.iucnredlist.org/species/22697752/157658053.

5 See Birdlife International website: http://datazone.birdlife.org/sowb/casestudy/one-in-eight-of-all-bird-species-is-threatened-with-global-extinction.

6 Tony D. Williams, *The Penguins* (Oxford: Oxford University Press, 1995).

7 J. Prévost, *Ecologie du manchot empereur* (Ecology of the Emperor Penguin) (Paris: Hermann, 1961).

8 See Aaron Waters and François Blanchette, 'Modeling Huddling Penguins', National Library of Medicine, 16 November 2012: https://journals.plos.org/plosone/article?id=10.1371/journal.pone.0050277.

9 這些節目有《冰櫃中的生命》（*Life in the Freezer*）(1993)、《冰凍星球》（*Frozen Planet*）(2011) a以及《王朝》紀錄片系列（*Dynasties*）(2018). 這些節目在播出時吸引了大量觀眾，部分片段仍然可在YouTube上找到，其中一些吸引了數百萬名觀眾觀看。See, for example, 'Emperor Penguins: The Greatest Wildlife Show on Earth': https://www.youtube.com/watchv=MfstYSUscBc&ab_channel=BBCEarth.

10 這部分的繁殖周期資訊取材自Williams, *The Penguins*.

11 See Ben Webster, 'Emperor penguins heading for extinction unless emissions are cut, US-Cambridge study finds', *The Times*, 4 August 2021: https://www.thetimes.co.uk/article/emperor-penguins-heading-for-extinction-unless-emissions-are-cut-us-cambridge-study-finds-8nvx3gvlh.

12 Stéphanie Jenouvrier et al., 'Projected continent-wide declines of the emperor penguin under climate change', Nature Climate Change website, 2014: https://www.nature.com/articles/nclimate2280.

13 Stéphanie Jenouvrier et al., 'The call of the emperor penguin: Legal responses to species threatened by climate change', *Global Change Biology*, 2021: https://onlinelibrary.wiley.com/doi/full/10.1111/gcb.15806.

14 Jenouvrier et al., 'The call of the emperor penguin'.

15 Edward Wilson, quoted in Bernard Stonehouse, 'The Emperor Penguin, I. Breeding Behaviour and Development', Falkland Islands Dependencies Survey, Scientific Reports No. 6., Falkland Islands Dependencies Scientific Bureau, 1953.

16 Apsley Cherry-Garrard, *The Worst Journey in the World* (London, Constable & Co., 1922).

17 Cherry-Garrard, *The Worst Journey in the World*.

18 Cherry-Garrard, *The Worst Journey in the World*.

19 Jenouvrier et al., 'The call of the emperor penguin'.

20 'Endangered and Threatened Wildlife and Plants; Threatened Species Status With Section 4(d) Rule for Emperor Penguin', 該篇美國魚類及野生動物管理局於二〇二一年八月四日發布於美國政府的聯邦公報上：https://www.federalregister.gov/documents/2021/08/04/2021-15949/endangered-and-threatened-wildlife-and-plants-threatened-species-status-with-section-4d-rule-for.

21 Paul Voosen, 'The Arctic is warming four times faster than the rest of the world', Science, 14 December 2021: https://

www.science.org/content/article/arctic-warming-four-times-faster-rest-world.

22 Sandy Bauers, 'Globe-spanning bird, B95 is back for another year', *Philadelphia Inquirer*, 28 May 2014.

23 See BirdLife International website: http://datazone.birdlife.org/species/factsheet/red-knot-calidris-canutus/text.

24 See Elly Pepper, 'Red Knot Listed as Threatened under the Endangered Species Act', National Resources Defense Council website, 9 December 014: https://www.nrdc.org/experts/elly-pepper/red-knot-listed-threatened-under-endangered-species-act.

25 See '"This Is the Climate Emergency": Dozens of Sudden Deaths Reported as Canada Heat Hits Record 121 ° F': https://www.commondreams.org/news/2021/06/30/climate-emergency-dozens-sudden-deaths-reported-canada-heat-hits-record-121degf.

26 Red Knot *Calidris Canutus Rufa*, US Fish and Wildlife Service, August 2005: https://www.fws.gov/species/rufa-red-knot-calidris-canutus-rufa.

27 See USFWS Northeast Region Division of External Affairs, Northeast Region, US Fish and Wildlife Service: https://www.fws.gov/species/red-knot-calidris-canutus-rufa.

28 Atlantic Puffin *Fratercula arctica*: see Annette L. Fayet et al., 'Local prey shortages drive foraging costs and breeding success in a declining seabird, the Atlantic puffin', *Journal of Animal Ecology*, 21 March 2021: https://besjournals.onlinelibrary.wiley.com/doi/10.1111/1365-2656.13442.

29 'The Horseshoe Crab *Limulus Polyphemus* – A Living Fossil', US Fish & Wildlife Service, August 2006: www.fws.gov/northeast/pdf/horseshoe.fs.pdf.

30 Jan A. van Gils et al., 'Body Shrinkage Due to Arctic Warming Reduces Red Knot Fitness in Tropical Wintering Range', *Science*, American Association for the Advancement of Science, 13 May 2016: https://www.science.org/doi/10.1126/

science.aad6351.

31 See ‘Species Profile for Red Knot （*Calidris canutus ssp. rufa*)’: https://web.archive.org/web/20111019183433/http://ecos.fws.gov/speciesProfile/profile/speciesProfile.action?spcode=B0DM.

32 Thomas Pennant, *Genera of Birds* (Edinburgh, 1773).

33 Alexander Wilson, *American Ornithology, or, The natural history of the birds of the United States* (Edinburgh: Constable and Co., 1831).

34 Thomas Alerstam, *Bird Migration* (Cambridge: Cambridge University Press, 1991).

35 Ulf Büntgen et al., ‘Plants in the UK flower a month earlier under recent warming’, *Proceedings of the Royal Society*, 2 February 2022: https:// royalsocietypublishing.org/doi/10.1098/rspb.2021.2456. Also see ‘Butterflies emerging earlier due to rising temperatures’, Natural History Museum website: https://www.nhm.ac.uk/discover/news/2016/december/butterflies-emerging-earlier-due-to-rising-temperatures.html.

36 See M. D. Burgess, et al., ‘Tritrophic phenological match–mismatch in space and time’, BTO Publications, April 2018: https://www.bto.org/our-science/publications/peer-reviewed-papers/tritrophic-phenological-match-mismatch-space-and-time.

37 John Terborgh, *Where Have All the Birds Gone? Essays on the Biology and Conservation of Birds That Migrate to the American Tropics* (Princeton, New Jersey: Princeton University Press, 1989).

38 See BirdLife International website: http://datazone.birdlife.org/species/factsheet/22721607.

39 Terborgh, *Where Have All the Birds Gone?*

40 Terborgh, *Where Have All the Birds Gone?*

41 二〇二二年一月，自我首次意識到鳳尾綠咬鵑已存在超過五十年之際，我前往哥斯達黎加去看看被譽為世界上最美麗的鳥，而這在我看來是正確的。關於對牠的描述可在 BBC Radio 4的節目《From Our Own Correspondent》中收聽，請點擊此處（大約在廣播的十七分三十秒處）：https://www.bbc.co.uk/sounds/play/p0bpndd5。

42 See Susan D. Gillespie, The Aztec Kings: *The Construction of Rulership in Mexica History* (Tucson, Arizona: University of Arizona Press, 1989).

43 Jonathan Evan Maslow, *Bird of Life, Bird of Death* (New York: Simon & Schuster, 1986).

44 See 'Golden-Cheeked Warbler' (*Dendroica chrysoparia*), US Fish & Wildlife Service website: https://web.archive.org/web/20111015042905/http://ecos.fws.gov/speciesProfile/profile/speciesProfile.action?spcode=B07W.

45 Ross Crates, et al., 'Loss of vocal culture and fitness costs in a critically endangered songbird', Royal Society Publishing: https://royalsocietypublishing.org/doi/10.1098/rspb.2021.0225.

46 Report by Pallab Ghosh, 'Climate change boosted Australia bushfire risk by at least 30 percent', BBC News website, 4 March 2020: https://www.bbc.co.uk/news/science-environment-51742646.

47 'Wildlife in a Warming World: The effects of climate change on biodiversity in WWF's Priority Places', Report by the World Wide Fund for Nature, March 2018: https://www.wwf.org.uk/sites/default/files/2018-03/WWF_Wildlife_in_a_Warming_World.pdf.

48 WWF, 'Wildlife in a Warming World'.

49 我沒有仔細研究當前氣候危機的具體原因，我也不打算提出解決方案；然而，這些解決方案正審慎列入考慮。它們是否能夠及時實施以拯救地球，或者至少拯救那些依賴於地球的物種，包括我們自己，這是值得辯論的。See '10 Solutions for Climate Change', Scientific American: https://www.scientificamerican.com/article/10-solutions-for-climate-change/.

50 Netflix二〇二一年發行的電影《千萬別抬頭》（*Don't Look Up*）狠狠諷刺了這種不願思考後果的現象。在這部獲得奧斯卡提名的電影故事中，以一顆彗星即將威脅毀滅地球，但政府及大型企業依舊「照常經營」的態度為賣點。https://www.imdb.com/title/tt11286314/。

51 舉例來說，可見：Damaris Zehner, 'Apocalypse Fatigue, Selective Inattention, and Fatalism: The Psychology of Climate Change', Resilience website, 27 January 2020: https://www.resilience.org/stories/2020-01-27/apocalypse-fatigue-selective-inattention-and-fatalism-the-psychology-of-climate-change/.

52 Peter T. Fretwell and Philip N. Trathan, 'Discovery of new colonies by *Sentinel2* reveals good and bad news for emperor penguins', *Remote Sensing in Ecology and Conservation*, vol. 7, issue 2, 4 August 2020: https://zslpublications.onlinelibrary.wiley.com/doi/10.1002/rse2.176.

53 Alexander C. Lees et al., 'State of the World's Birds', *Annual Review of Environment and Resources*, vol. 472022: https://www.annualreviews.org/doi/10.1146/annurev-environ-112420-014642. Also reported by Damian Carrington, *Guardian*, 5 May 2022: https://www.theguardian.com/environment/2022/may/05/canaries-in-the-coalmine-loss-of-birds-signalschanging-planet

鳥類創世紀：神話、餐桌到政治，改變世界的關鍵物種／史蒂芬．摩斯（Stephen Moss）作；賴皇良譯——初版——新北市：臺灣商務印書館股份有限公司，2024.02　面；公分（Thales）.
譯自：Ten Birds That Changed The World

ISBN　978-957-05-3549-5（平裝）

1. 鳥類　2. 自然史　3. 文明史

388.8　　112020441

Thales

鳥類創世紀

神話、餐桌到政治，改變世界的關鍵物種

原著書名　Ten Birds That Changed The World
作　　者　史蒂芬．摩斯（Stephen Moss）
譯　　者　賴皇良
發 行 人　王春申
選書顧問　陳建守
總 編 輯　張曉蕊
責任編輯　洪偉傑
封面設計　萬勝安
內文排版　菩薩蠻電腦科技有限公司
版　　權　翁靜如
業　　務　王建棠
資訊行銷　劉艾琳、謝宜華
出版發行　臺灣商務印書館股份有限公司
　　　　　23141 新北市新店區民權路 108-3 號 5 樓（同門市地址）
電話：（02）8667-3712　　傳真：（02）8667-3709
讀者服務專線：0800-056193　　郵撥：0000165-1
E-mail：ecptw@cptw.com.tw　　網路書店網址：www.cptw.com.tw
Facebook：facebook.com.tw/ecptw

TEN BIRDS THAT CHANGED THE WORLD
Copyright © 2023 by Stephen Moss
This edition arranged with FABER AND FABER LIMITED of Bloomsbury House
Published by arrangement with BIG APPLE AGENCY, INC. LABUAN, MALAYSIA.
Complex Chinese Language Translation copyright ©2024
by The Commercial Press, Ltd.
ALL RIGHTS RESERVED.

局版北市業字第 993 號
2024 年 2 月初版 1 刷
印刷　鴻霖印刷傳媒股份有限公司
定價　新台幣 500 元

法律顧問　何一芃律師事務所
版權所有．翻印必究
如有破損或裝訂錯誤，請寄回本公司更換